网络安全技术与实战教程

主　编　翟瑞卿　靳晓娟

副主编　杨　杰　杨福萍　许世杰　葛　尧

参　编　张　川　王兆国　刘　琪

　　　　孙玉博　张　航

北京理工大学出版社

BEIJING INSTITUTE OF TECHNOLOGY PRESS

图书在版编目（CIP）数据

网络安全技术与实战教程／翟瑞卿，靳晓娟主编.

北京：北京理工大学出版社，2025. 1.

ISBN 978-7-5763-4869-9

Ⅰ. TP393.08

中国国家版本馆 CIP 数据核字第 2025VG3131 号

责任编辑：钟　博　　　**文案编辑**：钟　博
责任校对：刘亚男　　　**责任印制**：施胜娟

出版发行／北京理工大学出版社有限责任公司
社　　址／北京市丰台区四合庄路 6 号
邮　　编／100070
电　　话／（010）68914026（教材售后服务热线）
　　　　　　　（010）63726648（课件资源服务热线）
网　　址／http://www.bitpress.com.cn

版印次／2025 年 1 月第 1 版第 1 次印刷
印　　刷／涿州市新华印刷有限公司
开　　本／787 mm×1092 mm　1/16
印　　张／17
字　　数／410 千字
定　　价／84. 00 元

前　言

随着互联网技术的普及和推广，人们日常的学习和工作对网络的依赖程度不断提高，计算机网络安全的实施和防范技术成为目前最受关注的学习内容。《国家网络空间安全战略》提出，维护我国网络安全是协调推进全面建成小康社会、全面深化改革、全面依法治国、全面从严治党战略布局的重要举措，是实现"两个一百年"奋斗目标、实现中华民族伟大复兴中国梦的重要保障。

本书在每章的开篇先介绍本章的知识目标、能力目标、素养目标，明确学习目的，通过"引导案例"介绍一个真实的网络安全事件；然后介绍本章所涉及的相关知识、技术以及需要使用的网络安全工具，并对解决网络问题和实施网络安全防范措施的方法进行详细介绍；在"实战训练"环节让学生自己动手尝试解决网络问题和实施网络安全防范措施。

本书紧跟高等职业教育的教学特色，注重动手能力的培养，力求突出以下特色。

第一，力求结构清晰、体系完整。本书在编写过程中参阅了大量国内现有教材，结合网络安全的特点和人才培养需求，在内容编排上兼顾信息加密技术、Web安全技术、防火墙与入侵检测技术、计算机病毒防护技术、操作系统加固技术、网络攻击技术等内容，方便学生实践能力的提升。

第二，力求通俗易懂，便于教学和自学。本书采用情境启发式教学模式，注重提高学生的学习兴趣及主动性。本书配套PPT等教学资源，便于教师教和学生学。

第三，注重实用性。每章的"实战训练"内容均来自实际工作需求，实施操作步骤详细，有利于学生在做中学，在学中做，边做边学，重点突出技能培养。

本书由山东劳动职业技术学院翟瑞卿、靳晓娟担任主编，由山东劳动职业技术学院杨杰、杨福萍、许世杰、葛尧担任副主编，山东劳动职业技术学院张川、王兆国、刘琪、孙玉博，济南亘泉信息科技有限公司张航参与本书编写。具体分工为：第一章由张川、翟瑞卿编写，第二章由王兆国、翟瑞卿编写，第三章由刘琪、靳晓娟编写，第四章由杨杰编写，第五章由葛尧编写，第六章由靳晓娟编写，第七章由许世杰、孙玉博编写，第八章由杨福萍、张航编写。翟瑞卿负责组织编写及全书整体统稿工作。

本书为校企"双元"合作开发教材，在编写过程中得到了深信服科技股份有限公司、济南亘泉信息科技有限公司等企业专家的大力支持和指导。本书借鉴了大量的国内外文献资料，并吸收了有关的研究成果，在此对相关作者表示衷心的感谢。由于编者水平与时间有限，书中一些疏漏和不足之处在所难免，恳请专家和广大读者给予批评指正。

编　者

目　　录

第一章
网络安全概述

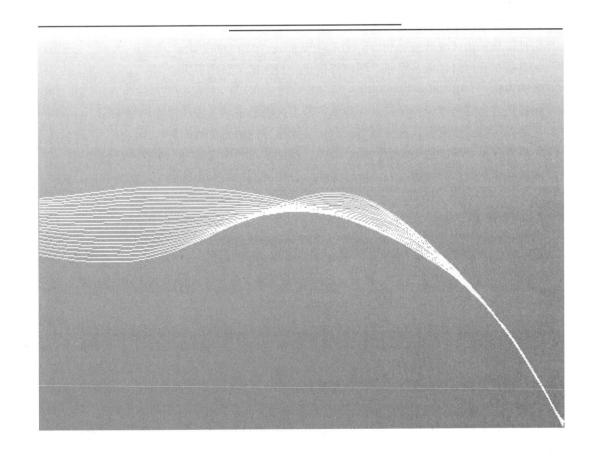

知识目标

➢ 理解网络安全的定义、基本要素。

➢ 熟悉网络安全的体系结构。

➢ 熟悉网络安全的威胁。

➢ 掌握网络安全策略及技术。

➢ 掌握计算机网络安全实训环境搭建步骤。

➢ 掌握 ipconfig 命令格式及使用方法。

➢ 掌握 ping 命令格式及使用方法。

➢ 掌握 arp 命令格式及使用方法。

➢ 掌握 tracert 命令格式及使用方法。

➢ 掌握 netstat 命令格式及使用方法。

➢ 掌握 net 命令格式及使用方法。

能力目标

➢ 熟练掌握网络安全的体系结构。

➢ 能够理解网络安全的威胁，及避免网络安全威胁的策略与技术。

➢ 能够自主搭建网络安全实训环境。

➢ 具备查看主机网络配置信息的能力。

➢ 具备探测网络连通性的能力。

➢ 具备显示并修改 IP 地址与 MAC 地址映射关系的能力。

➢ 具备探测节点路由的能力。

➢ 具备显示协议统计信息和当前 TCP/IP 网络连接信息的能力。

➢ 具备查看网络环境、服务、用户等信息，及发送信息的能力。

素养目标

➢ 提高信息安全意识和保护个人隐私的能力，能够主动关注和保护网络安全。

➢ 培养网络安全意识，重视网络安全，自觉遵守网络安全规则和政策。

➢ 培养分析和解决网络安全问题的能力，持续学习和跟进网络安全技术。

➢ 培养团队合作和沟通能力，能够与他人合作解决网络安全问题。

 引导案例

SolarWinds 公司成立于 1999 年，主要生产销售网络和系统监测管理类软件产品，为全球 30 万家客户服务，覆盖政府、军事、教育等大量重要机构和超过 90% 的世界 500 强企业。2020 年的太阳能风暴事件，也叫作"Sunburst"攻击，它是一次复杂的供应链攻击，更是一次影响深远的网络安全事件。2020 年 12 月 13 日，美国网络安全公司 FireEye 发布分析报告称，SolarWinds 公司旗下的 Orion 基础设施管理平台的发布环境遭到黑客组织 UNC2452 入侵，黑客对文件 SolarWinds. Orion. Core. BusinessLayer. dll 的源代码进行篡改，添加了后门代码。该文件具有合法数字签名，会伴随软件更新下发，这些后门会执行命令，包括传输文件、执行文件、分析系统、重启设备和禁用系统服务的功能，当客户下载并安装更新时，恶意软件会随之被部署到客户的网络中。由于 SolarWinds 公司的 Orion 基础设施管理平台在全球范围内被广泛使用，所以受影响的组织数量众多，包括政府机构、大型企业和关键基础设施运营商。

1.1 网络安全的定义

随着网络技术的飞速发展，信息的产生、传输、处理和存储都离不开网络的支持。然而，网络的开放性和共享性给网络安全带来了极大的威胁。网络安全不仅关系到个人隐私的保护，还涉及国家安全、社会稳定和经济发展等多个方面，提高网络安全意识和防范能力是当今世界的重要任务。

1.1.1 网络安全的定义

网络安全是指网络系统的硬件、软件及其中的数据受到保护，不因偶然的或者恶意的原因遭到破坏、更改、泄露，网络系统连续可靠正常地运行，网络服务不中断；也指保护计算机网络及其相关设备、系统和数据免受未经授权的访问、使用、披露、破坏、干扰和篡改的能力。它涵盖了计算机网络安全和计算机通信网络安全，旨在保护网络中的信息安全，确保数据的保密性、完整性、可用性、可控性与不可否认性，防止非法访问、恶意攻击、数据泄露和其他网络威胁。

网络安全是一个多维度的概念，涉及多个角度的考量。

从技术角度来说，网络安全依赖于先进的技术措施来确保网络系统的稳定和安全。这包括使用防火墙、入侵检测系统（IDS）和入侵防御系统（IPS）来防止未经授权的访问和恶意攻击。此外，加密技术、身份认证和访问控制等技术手段也用于保护数据的保密性和完整性。

从管理角度来说，网络安全需要有效的管理策略。这包括制定和执行网络安全政策、进行安全审计和风险评估，以及培训员工以提高其网络安全意识。通过管理手段，可以确保网络安全措施得到正确实施，并及时应对潜在的安全威胁。

从法律与合规角度来说，国家和国际组织制定了一系列网络安全法律法规，要求企业和个人遵守相关规定，保护网络数据的安全。企业和组织需要建立合规机制，确保网络安全措施符合法律要求，并避免因违规行为面临法律制裁。

从经济角度来说，随着互联网的普及和数字化转型的加速，网络攻击可能导致企业数据泄露、业务中断和声誉受损，进而造成巨大的经济损失。因此，保障网络安全对于促进经济稳定和发展具有重要意义。

从社会与文化角度来说，网络空间的开放性和匿名性使信息传播更加迅速和广泛，但同时带来了虚假信息、网络欺诈和网络暴力等问题。因此，加强网络安全教育，提高公众的网络安全意识，培养健康的网络文化，对于维护社会稳定和促进社会和谐发展具有重要意义。

1.1.2 网络安全的基本要素

网络安全的目的旨在确保网络系统的稳定、可靠和安全，从而保护计算机网络、系统和数据免受未经授权的访问、使用、披露、破坏、干扰和篡改。

网络安全的目的，也就是网络安全的 5 个基本要素包括保密性（Confidentiality）、完整性（Integrity）、可用性（Availability）、可控性（Controllability）与不可否认性（Non-Repudiation）。这 5 个基本要素共同构成了网络安全的核心，确保网络系统的稳定运行和数据安全。

（1）保密性，是指保护信息免受未经授权的访问和披露，确保只有授权的用户可以访问敏感信息。保密性通常通过加密技术和访问控制实现，确保只有授权人员才能访问特定的数据和信息。

（2）完整性，是指确保数据在传输和存储过程中免受经授权的修改、篡改或损坏。完整性保证数据的准确性和可信度，通常通过消息摘要算法、数字签名和哈希算法来检验信息是否被篡改。

（3）可用性，是指确保网络系统和网络服务始终处于可用状态，用户能够按需访问和利用系统资源，涉及物理、网络、系统、数据、应用和用户等多方面的因素，是对信息网络总体可靠性的要求。可用性的保障包括防范拒绝服务攻击、灾难恢复规划和系统性能优化等措施。

（4）可控性，是指对网络系统和网络资源的访问和使用进行控制和管理，确保合法用户按照其权限和策略进行操作，同时限制未经授权的访问和操作。可控性通常通过访问控制机制和权限管理实现。

（5）不可否认性，是指确保数据和通信的参与者的真实身份和合法性，防止伪造身份的冒充行为。不可否认性通常通过身份验证、数字签名和认证机制等技术手段实现。

1.2 网络安全的体系结构

网络安全的体系结构是指组成网络安全的各种组件、技术和策略的结构框架。它包括多层次、多方面的安全措施，用于保护网络、系统和数据免受各种安全威胁和攻击。研究网络安全的体系结构，就是研究如何从管理和技术上保证完整、准确地实现网络安全，全面、准确地满足网络安全需求。

1.2.1 网络安全的基本模型

网络安全的基本模型是指用于描述和实现网络安全的基本框架或模式，如图1-1所示。在网络中传输信息时，首先需要在收、发双方之间建立一条逻辑通道。为此，需要确定从发送方到接收方的路由，并选择该路由上使用的通信协议，如TCP/IP等。

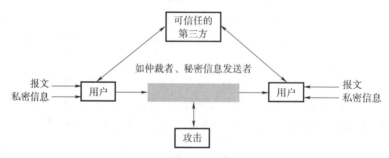

图1-1　网络安全的基本模型

为了在开放式的网络环境中安全地传输信息，需要为信息提供安全机制和安全服务。信息的安全传输包含两个方面的内容：一是对发送的信息进行安全转换，如进行加密，以实现信息的保密性，或附加一些特征码，以实现对发送方身份的验证等；二是收、发双方共享的某些秘密信息，如加密密钥等，这些秘密信息除了对可信任的第三方公开，对其他用户是保密的。

为了使信息安全地传输，通常需要一个可信任的第三方，其作用是负责向收、发双方分发秘密信息，以及在收、发双方发生争执时进行仲裁。

一个安全的网络通信方案必须考虑以下内容。

（1）实现与安全相关的信息转换的规则或算法。

（2）用于信息转换的秘密信息（如密钥）。

（3）秘密信息的分发和共享。

（4）利用信息转换算法和秘密信息获取安全服务所需的协议。

1.2.2　OSI 安全体系结构

OSI 安全体系结构的研究始于 1982 年，当时 OSI 基本参考模型刚刚确立。这项工作由 ISO/IEC JTCI/SC21 完成，结束于 1988 年，其成果标志是 ISO 发布了 ISO7498—2 标准，作为 OSI 基本参考模型的新补充。1990 年，ITU 决定采用 ISO7498—2 作为它的 X.800 推荐标准，我国的国标 GB/T 9387.2—1995《信息处理系统开放系统互连基本参考模型第 2 部分：安全体系结构》等同于 ISO/TIEC7498—2。

OSI 安全体系结构不是能实现的标准，而是关于如何设计标准的标准。因此，具体产品不应声称自己遵从这一标准。OSI 安全体系结构定义了许多术语和概念，还建立了一些重要的结构性准则。它们中有一部分已经过时，仍然有用的部分主要是术语、安全服务和安全机制的定义。

1. 术语

OSI 安全体系结构给出了标准中的部分术语的正式定义，其所定义的术语只限于 OSI 安全体系结构，在其他标准中对某些术语采用了更广泛的定义。

2. 安全服务

OSI 安全体系结构中定义了五大类安全服务，也称为安全防护措施。五大类安全服务包括认证（鉴别）服务、访问控制服务、数据保密性服务、数据完整性服务和抗否认性服务。

（1）认证（鉴别）服务：提供对通信中对等实体和数据来源的认证（鉴别）。对等实体鉴别对实体本身的身份进行鉴别；数据源鉴别对数据项是否来自某个特定实体进行鉴别。

（2）访问控制服务：用于防止未授权用户非法使用系统资源，包括用户身份认证和用户权限确认。

（3）数据保密性服务：保护信息不被泄露或暴露给未授权的实体。保密性服务又分为数据保密性服务和业务流保密性服务。数据保密性服务包括连接保密性服务，对某个连接上传输的所有数据进行加密；无连接保密性服务，对构成一个无连接数据单元的所有数据进行加密；选择字段保密性服务，仅对某个数据单元中指定的字段进行加密。业务流保密性服务使攻击者很难通过网络的业务流获得敏感信息。

（4）数据完整性服务：对数据提供保护，以对抗未授权的改变、删除或替代。数据完整性服务有三种类型：连接完整性服务，对连接上传输的所有数据进行完整性保护，确保收到的数据没有被插入、篡改、重排序或延迟；无连接完整性服务，对无连接数据单元的数据进行完整性保护；选择字段完整性服务，对数据单元中指定的字段进行完整性保护。数据完整性服务还分为不具有恢复功能和具有恢复功能两种类型。仅能检测和报告信息的完整性是否被破坏，而不采取进一步措施的服务为不具有恢复功能的数据完整性服务；能检测到信息的完整性是否被破坏，并能将信息正确恢复的服务为具有恢复功能的数据完整性服务。

（5）抗否认性服务：用于防止发送方在发送数据后否认发送和接收方在收到数据后否认收到或伪造数据的行为。抗否认性服务可分为两种不同的形式：数据原发证明的抗否认性服务，使发送者不承认曾发送过这些数据或否认其内容的企图不能得逞；交付证明的抗否认性服务，使接收者不承认曾收到这些数据或否认其内容的企图不能得逞。

表 1-1 所示为对付典型网络安全威胁的安全服务，表 1-2 所示为网络各层提供的安全服务。

表 1-1　对付典型网络安全威胁的安全服务

网络安全威胁	安全服务
假冒攻击	认证（鉴别）服务
非授权侵犯	访问控制服务
窃听攻击	数据保密性服务
完整性破坏	数据完整性服务
否认服务	抗否认性服务
拒绝服务	认证（鉴别）服务、访问控制服务、数据完整性服务

表 1-2　网络各层提供的安全服务

安全服务	网络层次	物理层	数据链路层	网络层	传输层	会话层	表示层	应用层
认证（鉴别）服务	对等实体鉴别			✓	✓			✓
	数据源鉴别			✓	✓			✓
访问控制服务				✓	✓			✓
数据保密性服务	连接保密性服务	✓	✓	✓	✓		✓	✓
	无连接保密性服务		✓	✓	✓			✓
	选择字段保密性服务						✓	✓
	业务流保密性服务	✓		✓				✓
数据完整性服务	不具有恢复功能的连接完整性服务				✓			✓
	具有恢复功能的连接完整性服务			✓	✓			✓
	选择字段的连接完整性服务							✓
	无连接完整性服务			✓	✓			✓
	选择字段完整性服务							✓
抗否认性服务	数据原发证明的抗否认性服务							✓
	交付证明的抗否认性服务							✓

3. 安全机制

OSI 安全体系结构没有详细说明安全服务应该如何实现。作为指南，它给出了一系列可用来实现这些安全服务的安全机制，如表 1-3 所示。其基本安全机制有：加密机制、数字签名机制、访问控制机制、数据完整性机制、认证机制、业务流填充机制、路由控制机制和公证机制（把数据向可信任的第三方注册，以便使人相信数据的内容、来源、时间和传递过程）。网络安全的体系结构三维图如图 1-2 所示。

表 1-3　安全服务与安全机制的关系

安全服务 ＼ 安全机制		加密机制	数字签名机制	访问控制机制	数据完整性机制	认证机制	业务流填充机制	路由控制机制和公证机制
认证（鉴别）服务	对等实体鉴别	✓	✓			✓		
	数据源鉴别	✓	✓					
访问控制服务				✓				
数据保密性服务	连接保密性服务	✓						✓
	无连接保密性服务	✓						✓
	选择字段保密性服务	✓						
	业务流保密性服务	✓					✓	✓
数据完整性服务	不具有恢复功能的连接完整性服务	✓			✓			
	具有恢复功能的连接完整性服务	✓			✓			
	选择字段的连接完整性服务	✓			✓			
	无连接完整性服务	✓	✓		✓			
	选择字段完整性服务	✓	✓		✓			
抗否认性服务	数据原发证明的抗否认性服务	✓	✓		✓			✓
	交付证明的抗否认性服务	✓	✓		✓			✓

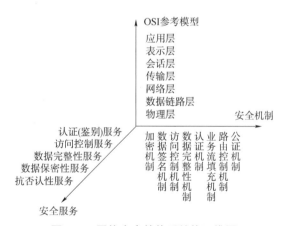

图 1-2　网络安全的体系结构三维图

（1）加密机制：是确保数据安全性的基本方法。在 OSI 安全体系结构中，应根据加密对象所在的层次及加密对象的不同而采用不同的加密方法。

（2）数字签名机制：是确保数据安全性的基本方法。利用数字签名技术可进行用户的身份认证和消息认证，它具有解决收、发双方纠纷的能力。

（3）访问控制机制：在计算机系统的处理能力方面对信息提供保护。访问控制机制按照事先确定的规定决定主体对客体的访问是否合法。当主体访问一个不合法的客体时系统会报警，并将该事件记录到日志中。

（4）数据完整性机制：破坏数据完整性的主要因素有数据在信道中传输时受信道干扰影响而产生错误、数据在传输和存储过程中被非法入侵者篡改、计算机病毒感染程序和数据等。纠正编码和差错控制是对付信道干扰的有效方法；对付非法入侵者主动攻击的有效方法是报文认证；对付计算机病毒有各种病毒检测、杀毒和免疫方法。

（5）认证机制：计算机网络中的认证主要有用户认证、消息认证、站点认证和进程认证等，可用于认证的方法有已知信息（如口令）、共享密钥、数字签名、生物特征（如指纹）等。

（6）业务流填充机制：攻击者通过分析网络中一个路径上的信息流量和流向来判断某些事件是否发生，为了对付这种攻击，一些关键站点间在无正常信息传输时，持续传输一些随机数据，使攻击者不知道哪些数据是有用的，哪些数据是无用的，从而破坏攻击者的信息流分析。

（7）路由控制机制：在大型计算机网络中，从源点到目的地往往存在多条路径，其中有些路径是安全的，有些路径是不安全的，路由控制机制可以根据信息发送者的申请选择安全路径，以确保数据安全。

（8）公证机制：在大型计算机网络中，并不是所有用户都是诚实可信的，同时，设备故障等技术原因可能造成信息丢失、延迟等，用户之间很可能发生责任纠纷。为了解决这个问题，需要有一个各方都信任的第三方来提供公证仲裁，仲裁数字签名技术是对这种公正机制的一种技术支持。

1.2.3 网络安全体系结构示例

以下是一个常见的网络安全体系结构示例。

（1）边界防御层（Perimeter Defense）：位于网络边界的第一层防御，包括防火墙、入侵检测/防御系统、反病毒网关等，用于监控和过滤网络流量，防止未经授权的访问和恶意攻击。

（2）身份和访问管理层（Identity and Access Management）：用于管理用户身份验证、授权和访问控制的层级，包括身份认证、多因素身份验证、访问控制策略和权限管理等技术和措施，确保只有合法用户获得适当的权限。

（3）安全监控和事件响应层（Security Monitoring and Incident Response）：负责实时监控网络和系统的安全状态，识别异常行为和安全事件，包括安全信息和事件管理系统（SIEM）、入侵检测系统、日志分析和响应机制等，用于及时发现、分析和响应安全事件。

（4）数据保护和加密层（Data Protection and Encryption）：用于保护数据的保密性和完整性的层级，包括数据加密、数据备份和恢复、数据遗失防护和数据泄露防护等技术和策略，确保敏感数据在存储、传输和处理过程中得到保护。

（5）安全意识和培训层（Security Awareness and Training）：负责提高用户和员工的安全意识和技能，以减小人为因素对网络安全的影响，包括安全培训、社会工程学测试、安全政策宣传和员工安全行为规范等，增强组织整体的安全文化。

1.3　网络安全的威胁

网络安全的威胁是指对计算机网络或网络系统的安全造成损害、干扰或未经授权访问的各种风险和威胁，这些风险和威胁可能来自外部攻击者、内部员工、恶意软件、黑客，如网络钓鱼、DDoS 攻击（分布式拒绝服务攻击）等。主要的网络安全的威胁如下。

（1）网络攻击：包括黑客攻击、拒绝服务攻击、网络钓鱼、病毒入侵、恶意软件破坏等，攻击者可以利用各种手段入侵系统、窃取敏感信息或破坏网络正常运行。病毒通常需要用户执行某些操作（如打开附件或下载文件）才能感染系统。恶意软件则可能更隐蔽，如间谍软件、广告软件等，它们会在用户不知情的情况下收集数据或执行恶意操作。DDoS 攻击是攻击者通过控制大量计算机或设备向目标服务器发送大量请求，使其无法处理正常请求，从而导致服务器崩溃。钓鱼攻击通常通过伪装成可信任实体（如银行或电子邮件服务提供商）来欺骗用户提供个人信息，如密码或信用卡信息。网络钓鱼则通过发送包含恶意链接或附件的电子邮件或短信来实施。

（2）数据泄露：指未经授权地披露、访问或获取敏感数据。这可能是由内部员工的疏忽、恶意代码注入、错误配置、黑客攻击或其他安全漏洞导致的。

（3）身份盗窃：指攻击者盗取他人的身份信息，例如用户名、密码、信用卡信息等。被盗取的身份信息可以被用于进行欺诈、非法访问或其他违法活动。这可能导致财务损失、信用评级下降或身份滥用等问题。

（4）社会工程：指攻击者利用人类心理弱点（如好奇心、贪婪或恐惧），通过欺骗、诱骗或操纵人类行为来获取信息或访问权限。这可能包括电话诈骗、假冒身份或创建虚假网站等。

（5）漏洞利用：指攻击者利用软件或系统中的漏洞获取非法访问权限。这些漏洞可以是由于软件错误、配置错误而产生的。

（6）数据篡改：指攻击者未经授权地修改、篡改或破坏数据的完整性。这可能导致数据不准确、误导用户或无法使用。

（7）无线网络攻击：指攻击者利用无线网络的弱点非法访问、窃取数据或干扰网络通信，包括 Wi-Fi 钓鱼（创建假冒的无线网络以窃取用户信息）和 Wi-Fi 劫持（控制用户与网络的连接以拦截数据）。

（8）勒索软件攻击：指攻击者加密受害者的文件或系统，要求受害者支付赎金以恢复访问权限。这可能导致数据丢失、业务中断和重大经济损失。

（9）物联网攻击：指攻击者利用物联网设备的弱点进行攻击，如控制无人机、攻击智能家居设备等。

（10）AI 驱动攻击：指攻击者利用 AI 算法识别漏洞，绕过安全防护措施并进行自动化攻击的过程，它使攻击更加复杂、高效且难以检测。

1.4　网络安全策略与技术

网络安全策略与技术是一个多层次、多方面的体系，需要综合考虑物理、技术、管理等多个方面，是为了保护网络、系统和数据免受各种安全威胁和攻击而采取的一系列措施和方法，旨在确保网络系统和数据的安全。

常见的网络安全策略与技术如下。

（1）物理安全策略。

①硬件保护：对计算机服务器、网络设备、存储设备等关键硬件进行物理保护，防止未

经授权的访问、破坏或盗窃。

②环境控制：确保数据中心或机房的环境安全，包括温度、湿度、电力供应等，以维护硬件的正常运行。

③访问控制：对物理访问进行严格控制，例如使用门禁系统、视频监控等，确保只有授权人员能够进入关键区域。

（2）访问控制策略：控制网络资源访问权限的一种策略。

①身份认证：采用多因素身份认证机制，如密码、生物识别等，确保用户身份的真实性和可靠性。

②权限管理：基于角色和职责分配网络资源的访问权限，遵循最小权限原则，降低潜在的安全风险。

③访问日志记录：记录用户的访问行为，包括访问时间、访问内容等，以便进行事后审计和追溯。

（3）加密技术：用于保护数据的机密性和完整性，确保数据在存储、传输和处理过程中不被未授权的人访问和篡改。

①对称加密：使用相同的密钥进行加密和解密，适用于大量数据的快速加密。

②非对称加密：使用公钥和私钥进行加密和解密，适用于对安全性要求较高的场景，如数字签名和身份验证。

③哈希算法：用于验证数据的完整性和是否被篡改，常用于密码存储和文件校验。

（4）安全审计和日志记录：对网络进行实时监测和日志记录，以便及时发现和应对安全事件和安全威胁。

①定期审计：对网络系统进行定期的安全审计，检查潜在的安全隐患和漏洞。

②日志收集和分析：收集和分析网络系统的日志数据，发现异常行为和潜在威胁。

③事件响应：建立事件响应机制，对发现的安全事件进行快速响应和处理。

（5）防火墙技术：防火墙是位于网络边界的第一道防线，用于监控和过滤网络流量，阻止未经授权的访问和恶意攻击。

①网络层防护：通过防火墙设备，过滤进出网络的数据包，阻止未经授权的访问和攻击。

②应用层防护：通过应用层防火墙或 Web 应用防火墙（WAF），保护特定应用免受攻击。

（6）入侵检测和防御系统：用于监测和防御网络中的入侵行为。

①网络入侵检测（NIDS）：实时监测网络流量，发现异常行为和潜在威胁。

②主机入侵检测（HIDS）：监控单个主机的行为，检测并应对恶意软件和攻击。

③入侵防御系统（IPS）：在检测到攻击时，能够主动采取防御措施，如阻断攻击流量。

（7）漏洞管理和补丁更新：用于发现和修补系统和应用程序中的漏洞。

①漏洞扫描：定期使用漏洞扫描工具对网络系统进行扫描，发现潜在的安全漏洞。

②补丁管理：及时获取并安装系统、应用和设备的安全补丁，修复已知漏洞。

（8）员工培训和教育。

①安全意识培训：提高员工对网络安全的重视程度，使员工了解常见的网络威胁和防范方法。

②技能培训：培训员工掌握基本的安全操作技能，如设置复杂密码、识别钓鱼邮件等。

1.5　实战训练

1.5.1　网络安全实训环境的搭建

本书需要使用 Windows Server 2016 操作系统，但是常用软件需要在 Windows 10 操作系统中使用，同时安装两个操作系统可能导致磁盘空间不足、系统性能下降、安全性和稳定性差等缺点，并且需要不断重启计算机来进入不同的操作系统。因此，可以借助 VMware 虚拟机软件，先在 Windows 10 操作系统中安装 VMware 虚拟机软件，然后在 VMware 虚拟机软件中创建 Windows Server 2016 虚拟机。

VMware 公司是一家全球领先的虚拟化解决方案提供商，提供用于构建和管理虚拟化基础架构的软件和服务。VMware 是一款功能强大的桌面虚拟计算机软件，为用户提供在单一桌面上运行不同的操作系统，进行一系列开发、测试，部署新的应用程序的最佳解决方案。VMware 的核心技术是虚拟化，它可以将一台物理计算机划分为多个虚拟计算机，每个虚拟计算机都可以运行独立的操作系统和应用程序。

VMware 提供了一系列产品和解决方案，包括以下几个主要产品。

（1）VMware vSphere：用于构建和管理虚拟化基础架构的核心产品，提供虚拟化、存储、网络和管理功能。

（2）VMware Workstation 和 VMware Fusion：用于个人和开发人员的桌面虚拟化软件，可以在一台物理计算机上运行多个操作系统。

（3）VMware vCenter Server：用于集中管理和监控虚拟化环境的管理平台。

（4）VMware NSX：用于软件定义网络的产品，提供网络虚拟化和安全性功能。

（5）VMware Cloud：提供基于云的虚拟化解决方案，包括公有云、私有云和混合云。

VMware 具有以下主要优点。

（1）硬件资源的最大化利用：通过虚拟化技术，VMware 可以将一台物理服务器划分为多个虚拟机，并在每个虚拟机中运行独立的操作系统和应用程序。这种方式可以最大化地利用硬件资源，提高服务器的利用率，降低硬件成本。

（2）灵活性和可扩展性：使用 VMware，可以根据需要轻松地添加、删除或重新分配虚拟机。这使用户可以根据业务需求快速调整和扩展计算机资源，从而提供更高的灵活性和可扩展性。

（3）简化管理和部署：VMware 提供了集中化的管理平台，如 vCenter Server，可以轻松地管理和监控整个虚拟化环境。此外，使用 VMware 的模板和克隆功能，可以快速部署新的虚拟机，节省了部署和配置的时间，减小了工作量。

（4）高可用性和容错性：VMware 提供了高可用性和容错性，确保关键应用程序的连续性。通过将虚拟机分布在多个物理服务器上，并利用 VMware 的故障转移和自动恢复功能，可以在物理服务器故障时自动将虚拟机迁移到其他可用的服务器上，以确保业务的持续运行。

（5）测试和开发环境的便利性：VMware 提供了桌面虚拟化软件（如 VMware Workstation 和 VMware Fusion），可以在一台物理计算机上运行多个虚拟机。这使开发人员和测试人员可以在同一台计算机上同时测试和开发不同的操作系统和应用程序，提高了效率并降低了成本。

（6）跨平台兼容性：VMware 的虚拟化技术可以用于不同的操作系统和硬件平台，提供了更大的兼容性和灵活性。这意味着用户可以在虚拟机中运行各种操作系统，如 Windows、Linux、Mac 等，无须额外的硬件设备或配置。

首先，在 Windows 10 操作系统中安装 VMware Workstation 软件，具体操作步骤如下。

（1）从 VMware 公司的官方网站下载安装软件，这里选择 VMware Workstation Player 16.2.5 版本，安装环境是 Windows 10，如图 1-3 所示。

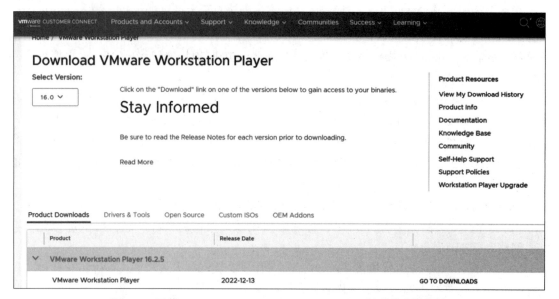

图 1-3　下载 VMware Workstation Player 16.2.5 版本的安装软件

（2）双击下载好的安装软件程序包，进入程序安装向导，如图 1-4 所示。

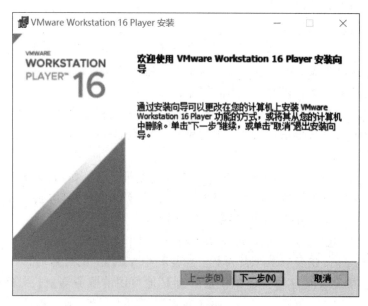

图 1-4　程序安装向导

（3）在图 1-4 所示界面中单击"下一步"按钮，进入"最终用户许可协议"界面，勾选"我接受许可协议中的条款"复选框，然后单击"下一步"按钮，如图1-5所示。

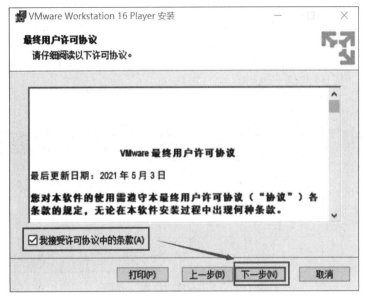

图1-5 "最终用户许可协议"界面

（4）进入"自定义安装"界面，单击"更改"按钮，选择VMware软件的安装目录，然后单击"下一步"按钮，如图1-6所示。

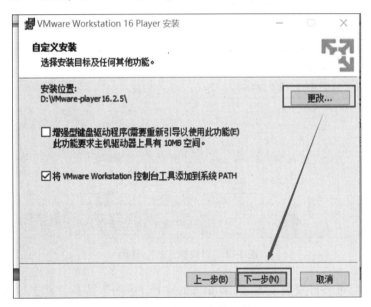

图1-6 "自定义安装"界面

（5）进入"用户体验设置"界面，根据个人需要选择是否勾选"启动时检查产品更新"和"加入VMware客户体验提升计划"复选框，这里选择不勾选，然后单击"下一步"按钮，如图1-7所示。

（6）进入"快捷方式"界面，选择在适当的位置创建快捷方式，这里勾选"桌面"和"开始菜单程序文件夹"复选框，然后单击"下一步"按钮，如图1-8所示。

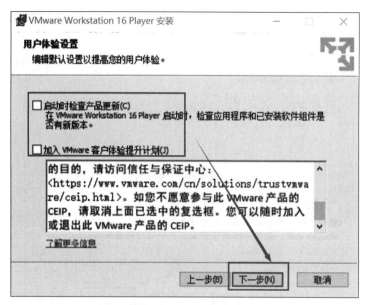

图 1-7 "用户体验设置"界面

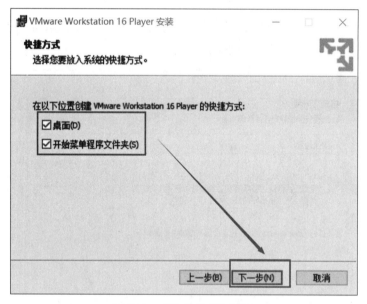

图 1-8 "快捷方式"界面

（7）进入"已准备好安装 VMware Workstation 16 Player"界面，单击"安装"按钮，如图 1-9 所示。

（8）进入"正在安装 VMware Workstation 16 Player"界面，如图 1-10 所示。

（9）进入"VMware Workstation 16 Player 安装向导已完成"界面，单击"完成"按钮，如图 1-11 所示。

在 Windows 10 操作系统中安装完 VMware Workstation 软件后，接下来需要利用 VMware Workstation 软件创建一台 Windows Server 2016 虚拟机，具体操作步骤如下。

（1）启动 VMware Workstation 软件。方法一：双击桌面上的 VMware Workstation 16

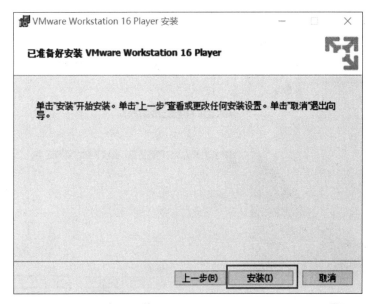

图 1-9 "已准备好安装 VMware Workstation 16 Player"界面

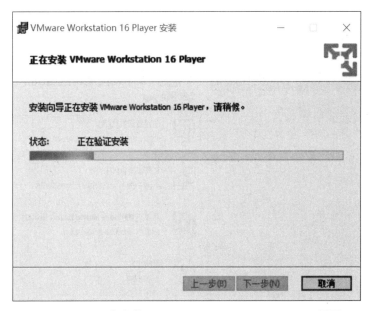

图 1-10 "正在安装 VMware Workstation 16 Player"界面

Player 快捷方式图标;方法二:在"开始"菜单中选择"VMware Workstation 16 Player"选项,进入 VMware Workstation 16 Player 软件欢迎界面,单击"创建新虚拟机"按钮,如图1-12所示。

(2)进入新建虚拟机向导界面,有 3 种安装来源可以选择,分别是"安装程序光盘""安装程序光盘映像文件""稍后安装操作系统"。这里单击"稍后安装操作系统"单选按钮,如图 1-13 所示。

①安装程序光盘:这是一种传统的安装方式,将操作系统的安装程序(通常是一张光盘)插入计算机的光驱,然后从光驱启动计算机进行安装。这种方式需要实际的光盘,并

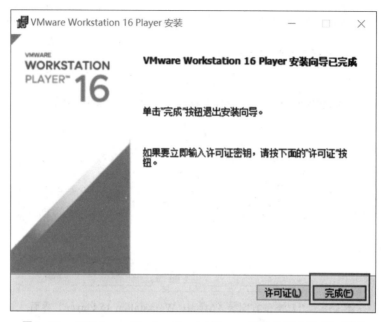

图 1-11　"VMware Workstation 16 Player 安装向导已完成"界面

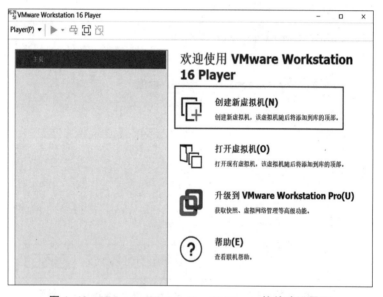

图 1-12　VMware Workstation 16 Player 软件欢迎界面

且计算机必须支持从光驱启动。

　　②安装程序光盘映像文件：这是一种将光盘映像文件加载到虚拟光驱中进行安装的方式。光盘映像文件通常是一个 ISO 文件，可以使用虚拟光驱将其加载到计算机上，并将其视为实际的光盘。然后，可以从虚拟光驱启动计算机进行安装。这种方式不需要实际的光盘，而是使用光盘映像文件进行安装。

　　③稍后安装操作系统：这是一种将安装过程推迟的方式。在这种情况下，已经准备好安装所需的安装程序或光盘映像文件，但稍后进行安装。在这种情况下，可以将安装程序或光

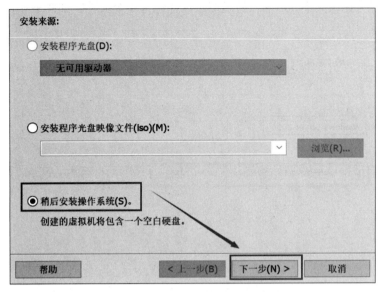

图 1-13　选择安装来源

盘映像文件保存在计算机上，并在准备好安装操作系统时进行安装。

（3）进入"选择客户机操作系统"界面，该虚拟机软件可以支持 Windows、Linux 等众多版本的操作系统，这里需要安装 Windows Server 2016 操作系统，因此选择客户机操作系统为 Microsoft Windows，版本为 Windows Server 2016，然后单击"下一步"按钮，如图 1-14 所示。

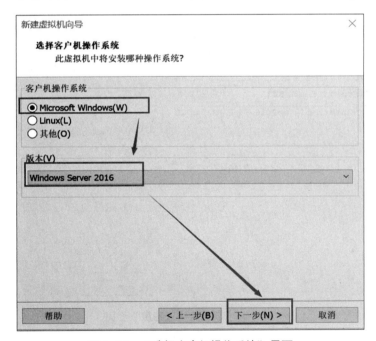

图 1-14　"选择客户机操作系统"界面

（4）进入"命名虚拟机"界面，编辑虚拟机名称，单击"浏览"按钮选择虚拟机的安装位置，然后单击"下一步"按钮，如图 1-15 所示。

（5）进入"指定磁盘容量"界面，设置最大磁盘容量大小和虚拟磁盘状态，这里将最大磁盘大小设置为建议大小 60 GB，将虚拟磁盘存储为单个文件，如图 1-16 所示。

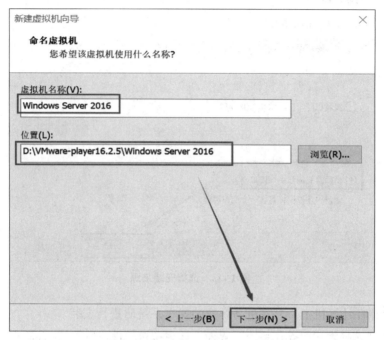

图 1-15 　"命名虚拟机"界面

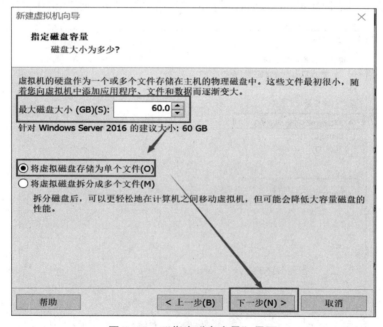

图 1-16 　"指定磁盘容量"界面

（6）进入"已准备好创建虚拟机"界面，该界面显示虚拟机的相关配置信息，其中内存为 2 048 MB，硬盘为 60 GB，网络适配器为 NAT，单击"完成"按钮，如图 1-17 所示。如若想更改虚拟机的相关配置，可单击"自定义硬件"按钮，打开"硬件"对话框，如图 1-18 所示。

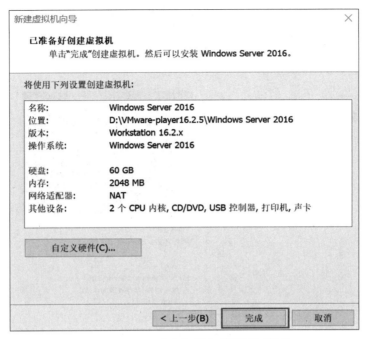

图 1-17 "已准备好创建虚拟机"界面

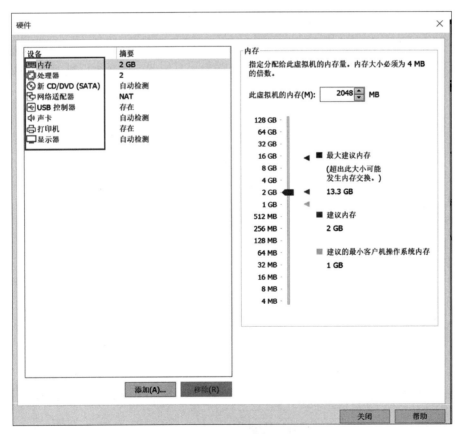

图 1-18 "硬件"对话框

（7）在图 1-17 所示界面中单击"完成"按钮后，进入 VMware Workstation 软件主界面，单击"编辑虚拟机设置"按钮，如图 1-19 所示。

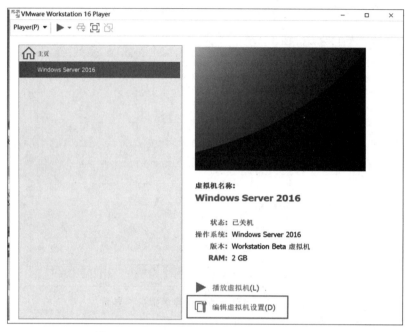

图 1-19　VMware Workstation 软件主界面

（8）打开"虚拟机设置"对话框，该对话框中可以设置虚拟机的内存、处理器、硬盘、CD/DVD、网络适配器、USB 控制器、声卡、打印机、显示器，以及虚拟机选项，如图 1-20、图 1-21 所示。

图 1-20　"虚拟机设置"对话框"硬件"选项卡

图 1-21　"虚拟机设置"对话框"选项"选项卡

（9）由于图 1-13 中客户机操作系统的安装来源选择的是"稍后安装操作系统"，所以这里需要设置 Windows Server 2016 虚拟机的系统镜像并安装操作系统。设置 Windows Server 2016 虚拟机的系统镜像的方法如下：在图 1-20 所示对话框中选择"CD/DVD"选项，单击"使用 ISO 映像文件"单选按钮，单击"浏览"按钮选择 Windows Server 2016 的镜像文件，选择完成后单击"确定"按钮，如图 1-22 所示。

①使用物理驱动。将操作系统安装介质（如光盘或 USB 驱动器）插入计算机的物理驱动器，计算机会从安装介质中读取操作系统的文件，并将其安装到硬盘或其他存储设备上。物理介质通常是光盘或 USB 驱动器，以及对应的驱动器接口。通常在启动计算机时，需要通过 BIOS 或 UEFI 设置为从物理驱动器启动，以便开始安装过程。

②使用 ISO 映像文件。ISO 映像文件是一个完整的操作系统副本，以文件形式保存在计算机的硬盘或其他存储设备上。使用 ISO 映像文件安装操作系统的方法包括将 ISO 映像文件写入可启动的 USB 驱动器或创建虚拟光驱来模拟光盘，使计算机在启动时可以识别 ISO 映像文件作为安装介质，并从中读取操作系统的文件进行安装。

（10）单击"确定"按钮后，进入 VMware Workstation 软件主界面，选择 Windows Server 2016 虚拟机，单击"播放虚拟机"按钮，如图 1-23 所示。

（11）单击"播放虚拟机"按钮后，进入镜像检索界面，根据提示在键盘按任意键即可，如图 1-24 所示。单击"播放虚拟机"按钮后，若进入图 1-25 所示"Time out"界面或图 1-26 所示"Boot Manager"界面，则单击虚拟机软件菜单栏中"挂起客户机"下拉按钮，选择"重新启动客户机"选项，进入图 1-24 所示的镜像检索界面，这时必须快速在键盘上

图 1-22　设置 Windows Server 2016 镜像

按任意键，否则又会进入图 1-25 所示的"Time out"界面或图 1-26 所示的"Boot Manager"界面。

（12）正确操作上述步骤后，会打开"Windows 安装程序"对话框，"要安装的语言"选择"中文（简体，中国）"，"时间和货币格式"选择"中文（简体，中国）"，"键盘和输入方法"选择"微软拼音"，单击"下一步"按钮，如图 1-27 所示。

（13）单击"现在安装"按钮，如图 1-28 所示。

（14）显示"安装程序正在启动"，如图 1-29 所示。静待几秒钟选择要安装的操作系统，非"桌面体验"的版本，其安装之后基本只能使用命令行操作，因此这里选择第二项，如图 1-30 所示。

（15）进入"适用的声明和许可条款"界面，勾选"我接受许可条款"复选框，单击"下一步"按钮，如图 1-31 所示。

（16）进入"你想执行哪种类型的安装"界面，这里选择"自定义：仅安装 Windows（高级）"选项，如图 1-32 所示。

（17）进入"你想将 Windows 安装在哪里"界面，这里选择"驱动器 0 未分配的空间"选项，单击"下一步"按钮，如图 1-33 所示。

（18）进入"正在安装 Windows"界面，安装过程需要持续几分钟，如图 1-34 所示。

（19）安装完成后系统会自动重启，这个过程无须操作，如图 1-35 所示。

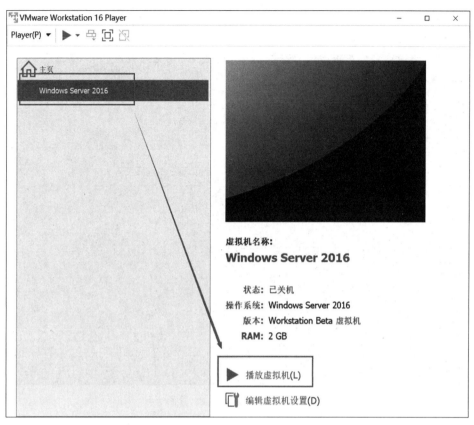

图1-23　单击"播放虚拟机"按钮

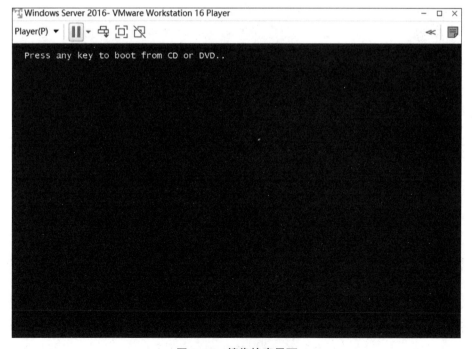

图1-24　镜像检索界面

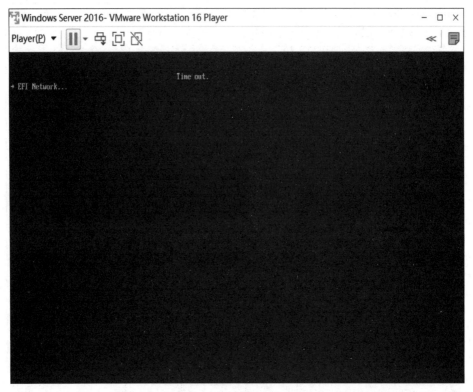

图 1-25 "Time out" 界面

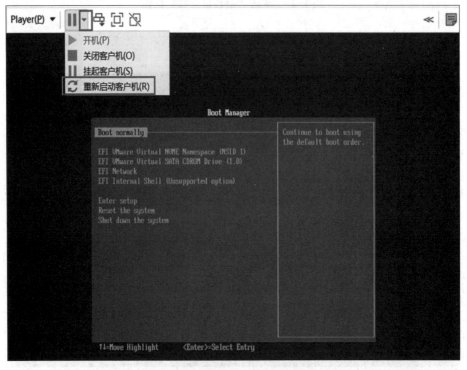

图 1-26 "Boot Manager" 界面

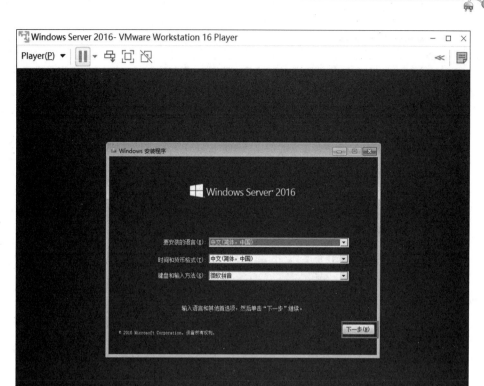

图 1-27　"Windows 安装程序"对话框

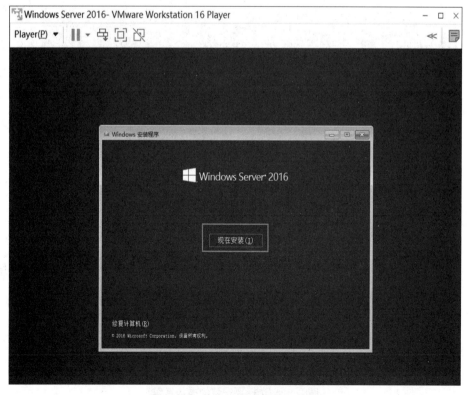

图 1-28　单击"现在安装"按钮

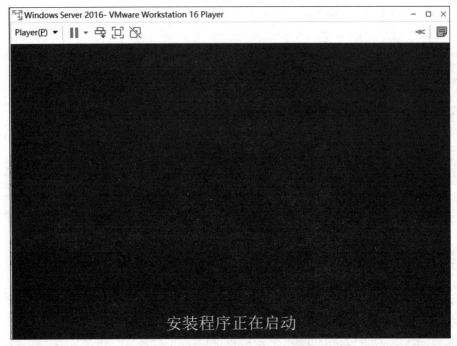

图1-29　显示"安装程序正在启动"

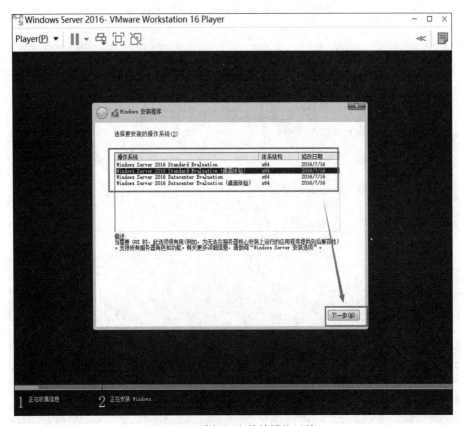

图1-30　选择要安装的操作系统

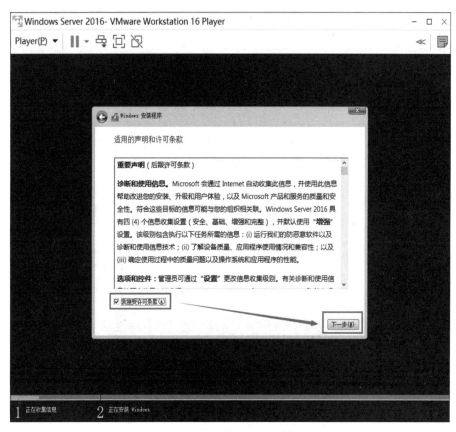

图 1-31 "适用的声明和许可条款"界面

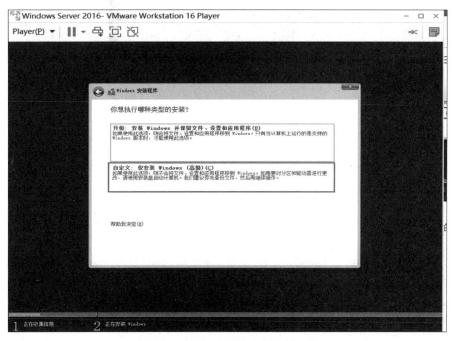

图 1-32 "你想执行哪种类型的安装"界面

网络安全技术与实战教程

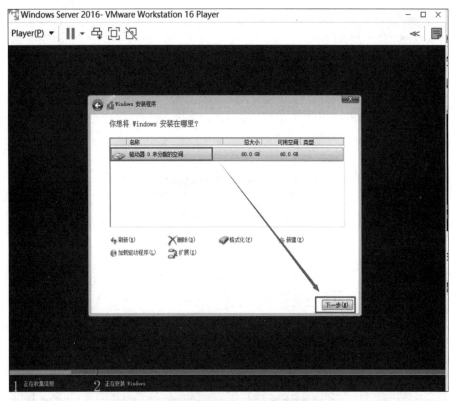

图 1-33　"你想将 Windows 安装在哪里"界面

图 1-34　"正在安装 Windows"界面

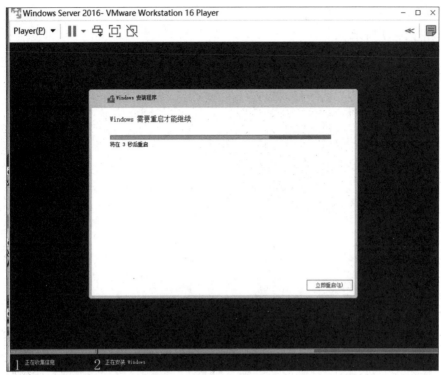

图 1-35 系统自动重启

（20）系统重启完成后进入"自定义设置"界面，在此设置用户名、密码后单击"完成"按钮，如图 1-36 所示。输入的密码必须符合复杂性的要求，最少包含 6 个字符，且必须包含字母（大写或小写）、数字和字符，如 P@ ssw0rd。

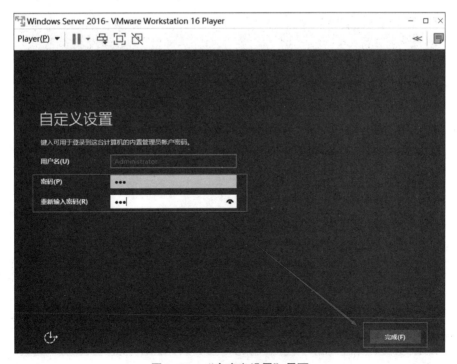

图 1-36 "自定义设置"界面

（21）进入系统登录界面，按"Ctrl+Alt+Delete"组合键解锁，输入密码后按 Enter 键完成登录，如图 1-37 所示。

图 1-37　系统登录界面

（22）登录成功后显示 Windows Server 2016 操作系统桌面，如图 1-38 所示。

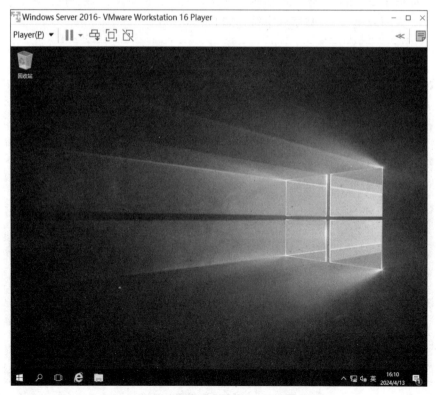

图 1-38　Windows Server 2016 操作系统桌面

（23）测试虚拟机与主机的连通性。首先，确认虚拟机的网络适配器是什么。这里设置虚拟机相关安装信息时选择的网络适配器为 NAT。其次，关闭虚拟机和主机的防火墙，如图 1-39 所示。再次，使用 ipconfig 命令在虚拟机中查看虚拟机网卡的 IP 地址，在主机中查看 VMware Network Adapter VMnet8 的 IP 地址，这里虚拟机网卡的 IP 地址为 192.168.171.128，VMware Network Adapter VMnet8 的 IP 地址为 192.168.171.1，如图 1-40 和图 1-41 所示。最后，使用 ping 命令测试虚拟机与主机的连通性，如图 1-42 和图 1-43 所示。

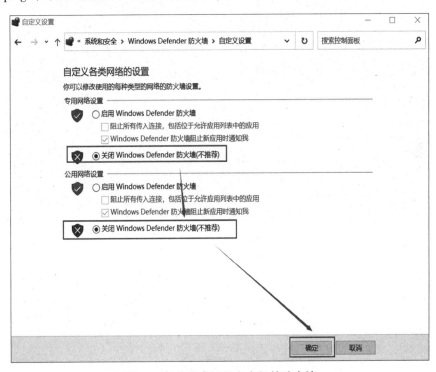

图 1-39　关闭虚拟机和主机的防火墙

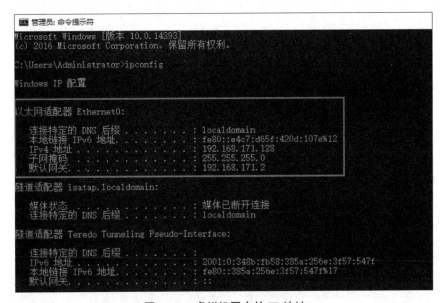

图 1-40　虚拟机网卡的 IP 地址

```
管理员: 命令提示符

Microsoft Windows [版本 10.0.19044.1288]
(c) Microsoft Corporation。保留所有权利。

C:\Users\Administrator>ipconfig

Windows IP 配置

以太网适配器 以太网:

    媒体状态  . . . . . . . . . . . . : 媒体已断开连接
    连接特定的 DNS 后缀 . . . . . . . :

以太网适配器 VMware Network Adapter VMnet1:

    连接特定的 DNS 后缀 . . . . . . . :
    本地链接 IPv6 地址. . . . . . . . : fe80::1575:446d:46dc:98de%9
    IPv4 地址 . . . . . . . . . . . . : 192.168.112.1
    子网掩码  . . . . . . . . . . . . : 255.255.255.0
    默认网关. . . . . . . . . . . . . :

以太网适配器 VMware Network Adapter VMnet8:

    连接特定的 DNS 后缀 . . . . . . . :
    本地链接 IPv6 地址. . . . . . . . : fe80::d0:6261:c5e3:7d3d%14
    IPv4 地址 . . . . . . . . . . . . : 192.168.171.1
    子网掩码  . . . . . . . . . . . . : 255.255.255.0
    默认网关. . . . . . . . . . . . . :
```

图 1-41　VMware Network Adapter VMnet8 的 IP 地址

```
    默认网关. . . . . . . . . . . . . :

以太网适配器 VMware Network Adapter VMnet8:

    连接特定的 DNS 后缀 . . . . . . . :
    本地链接 IPv6 地址. . . . . . . . : fe80::d0:6261:c5e3:7d3d%14
    IPv4 地址 . . . . . . . . . . . . : 192.168.171.1
    子网掩码  . . . . . . . . . . . . : 255.255.255.0
    默认网关. . . . . . . . . . . . . :

无线局域网适配器 WLAN:

    连接特定的 DNS 后缀 . . . . . . . :
    IPv6 地址 . . . . . . . . . . . . : 2409:8a3c:543:23d0:5c7f:a8c7:2b57:950c
    临时 IPv6 地址. . . . . . . . . . : 2409:8a3c:543:23d0:65d4:3a06:9ddf:4bf9
    本地链接 IPv6 地址. . . . . . . . : fe80::5c7f:a8c7:2b57:950c%10
    IPv4 地址 . . . . . . . . . . . . : 192.168.1.6
    子网掩码  . . . . . . . . . . . . : 255.255.255.0
    默认网关. . . . . . . . . . . . . : fe80::1%10
                                        192.168.1.1

以太网适配器 蓝牙网络连接:

    媒体状态  . . . . . . . . . . . . : 媒体已断开连接
    连接特定的 DNS 后缀 . . . . . . . :

C:\Users\Administrator>ping 192.168.171.128

正在 Ping 192.168.171.128 具有 32 字节的数据:
来自 192.168.171.128 的回复: 字节=32 时间<1ms TTL=128
来自 192.168.171.128 的回复: 字节=32 时间<1ms TTL=128
来自 192.168.171.128 的回复: 字节=32 时间<1ms TTL=128
来自 192.168.171.128 的回复: 字节=32 时间<1ms TTL=128

192.168.171.128 的 Ping 统计信息:
    数据包: 已发送 = 4, 已接收 = 4, 丢失 = 0 (0% 丢失),
往返行程的估计时间(以毫秒为单位):
    最短 = 0ms, 最长 = 0ms, 平均 = 0ms
```

图 1-42　主机 ping 虚拟机

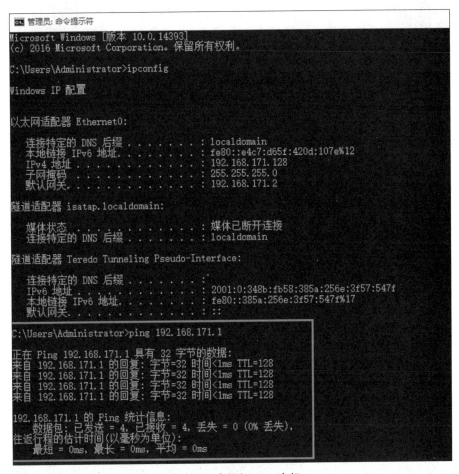

图 1-43　虚拟机 ping 主机

1.5.2　常用网络命令

在 Windows Server 2016 操作系统中使用网络命令时，首先需要打开命令提示符。可以通过以下方式打开命令提示符。

（1）使用键盘快捷方式。按"Win+R"组合键，打开"运行"对话框，输入"cmd"或"cmd.exe"，然后按 Enter 键，如图 1-44 所示。

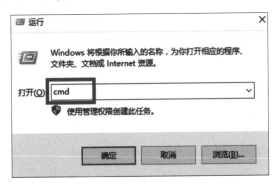

图 1-44　使用键盘快捷方式打开命令提示符

（2）使用"开始"菜单。单击"开始"按钮（通常位于屏幕左下角）；在"开始"菜单中找到并打开"Windows 系统"文件夹；在"Windows 系统"文件夹中找到并打开"命令提示符"应用程序，如图 1-45 所示。

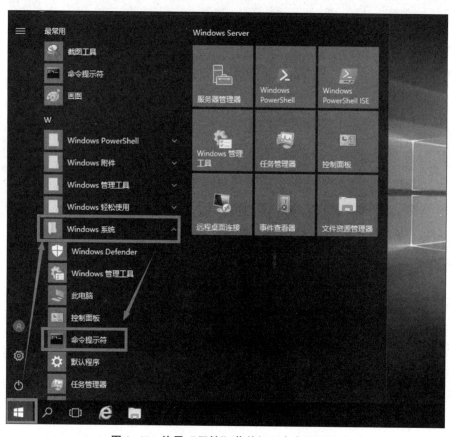

图 1-45　使用"开始"菜单打开命令提示符

（3）使用文件资源管理器。打开文件资源管理器（Windows Explorer），在地址栏中输入"cmd"，然后按 Enter 键，如图 1-46 所示。

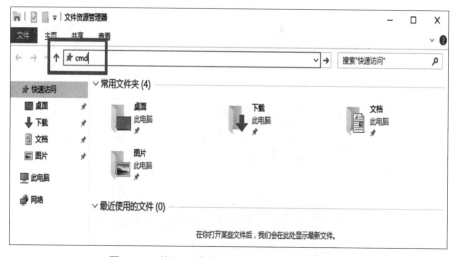

图 1-46　使用文件资源管理器打开命令提示符

1. ipconfig 命令

ipconfig 是一个用于在 Windows 操作系统中查看和管理网络配置的命令行工具。

（1）ipconfig：显示本地计算机的网络配置信息，包括 IP 地址、子网掩码、默认网关以及适配器信息等，如图 1-47 所示。

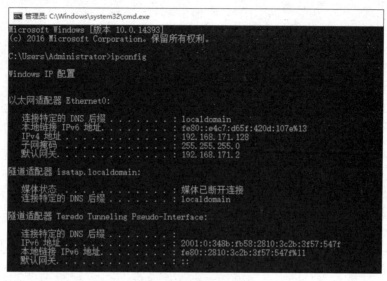

图 1-47 ipconfig 命令

（2）ipconfig/all：显示详细的网络配置信息，包括 DNS 服务器、DHCP 服务器、物理地址等，如图 1-48 所示。

图 1-48 ipconfig/all 命令

（3）ipconfig/?：显示 ipconfig 命令的帮助文档，如图 1-49 所示。

```
管理员: C:\Windows\system32\cmd.exe
C:\Users\Administrator>ipconfig/?

用法:
    ipconfig [/allcompartments] [/? | /all |
                                /renew [adapter] | /release [adapter] |
                                /renew6 [adapter] | /release6 [adapter] |
                                /flushdns | /displaydns | /registerdns |
                                /showclassid adapter |
                                /setclassid adapter [classid] |
                                /showclassid6 adapter |
                                /setclassid6 adapter [classid] ]

其中
    adapter             连接名称
                        (允许使用通配符 * 和 ?，参见示例)

    选项:
       /?               显示此帮助消息。
       /all             显示完整配置信息。
       /release         释放指定适配器的 IPv4 地址。
       /release6        释放指定适配器的 IPv6 地址。
       /renew           更新指定适配器的 IPv4 地址。
       /renew6          更新指定适配器的 IPv6 地址。
       /flushdns        清除 DNS 解析程序缓存。
       /registerdns     刷新所有 DHCP 租用并重新注册 DNS 名称
       /displaydns      显示 DNS 解析程序缓存的内容。
       /showclassid     显示适配器允许的所有 DHCP 类 ID。
       /setclassid      修改 DHCP 类 ID。
       /showclassid6    显示适配器允许的所有 IPv6 DHCP 类 ID。
       /setclassid6     修改 IPv6 DHCP 类 ID。

默认情况下，仅显示绑定到 TCP/IP 的每个适配器的 IP 地址、子网掩码和
默认网关。

对于 Release 和 Renew，如果未指定适配器名称，则会释放或更新所有绑定
到 TCP/IP 的适配器的 IP 地址租用。

对于 Setclassid 和 Setclassid6，如果未指定 ClassId，则会删除 ClassId。

示例:
    > ipconfig                   ... 显示信息
    > ipconfig /all              ... 显示详细信息
    > ipconfig /renew            ... 更新所有适配器
    > ipconfig /renew EL*        ... 更新所有名称以 EL 开头
                                     的连接
    > ipconfig /release *Con*    ... 释放所有匹配的连接，
                                     例如"有线以太网连接 1"或
                                     "有线以太网连接 2"
    > ipconfig /allcompartments  ... 显示有关所有隔离舱的
```

图 1-49　ipconfig/？命令

（4）ipconfig/release：释放当前网络连接的 IP 地址、网关等网络信息，如图 1-50 所示。

```
C:\Users\Administrator>
C:\Users\Administrator>ipconfig/release

Windows IP 配置

以太网适配器 Ethernet0:

    连接特定的 DNS 后缀 . . . . . . . :
    本地链接 IPv6 地址. . . . . . . . : fe80::e4c7:d65f:420d:107e%13
    默认网关. . . . . . . . . . . . . :

隧道适配器 Teredo Tunneling Pseudo-Interface:

    连接特定的 DNS 后缀 . . . . . . . :
    IPv6 地址 . . . . . . . . . . . . : 2001:0:348b:fb58:2810:3c2b:3f57:547f
    本地链接 IPv6 地址. . . . . . . . : fe80::2810:3c2b:3f57:547f%11
    默认网关. . . . . . . . . . . . . : ::
```

图 1-50　ipconfig/release 命令

（5）ipconfig/renew：自动获取网络连接的 IP 地址、DNS 服务器 IP 地址、网关 IP 地址等网络配置信息，如图 1-51 所示。

```
C:\Users\Administrator>ipconfig/renew

Windows IP 配置

以太网适配器 Ethernet0:

   连接特定的 DNS 后缀 . . . . . . . . : localdomain
   本地链接 IPv6 地址. . . . . . . . . : fe80::e4c7:d65f:420d:107e%13
   IPv4 地址 . . . . . . . . . . . . : 192.168.171.128
   子网掩码  . . . . . . . . . . . . : 255.255.255.0
   默认网关. . . . . . . . . . . . . : 192.168.171.2

隧道适配器 isatap.localdomain:

   媒体状态  . . . . . . . . . . . . : 媒体已断开连接
   连接特定的 DNS 后缀 . . . . . . . . : localdomain

隧道适配器 Teredo Tunneling Pseudo-Interface:

   连接特定的 DNS 后缀 . . . . . . . .
   IPv6 地址 . . . . . . . . . . . . : 2001:0:348b:fb58:1844:2da1:3f57:547f
   本地链接 IPv6 地址. . . . . . . . . : fe80::1844:2da1:3f57:547f%11
   默认网关. . . . . . . . . . . . . : ::
```

图 1-51 ipconfig/renew 命令

（6）ipconfig/flushdns：清除 DNS 缓存，以便刷新 DNS 记录，如图 1-52 所示。

```
C:\Users\Administrator>ipconfig/flushdns

Windows IP 配置

已成功刷新 DNS 解析缓存。
```

图 1-52 ipconfig/flushdns 命令

（7）ipconfig/registerdns：向 DNS 服务器注册计算机的 DNS 记录，如图 1-53 所示。

```
C:\Users\Administrator>ipconfig/registerdns

Windows IP 配置

已经启动了注册此计算机的所有适配器的 DNS 资源记录。任何错误都将在 15 分钟内在事件查看器中报告。
```

图 1-53 ipconfig/registerdns 命令

2. ping 命令

ping 命令是一个测试程序，用于测试网络连接和测量与目标主机之间的延迟，如果 ping 运行正确，基本可以排除网络访问层、网卡、调制解调器（Modem）的输入/输出线路、电缆和路由器等存在故障，从而缩小问题范围。

ping 命令的语法格式：ping[选项]<目标主机>。

ping 命令常用参数说明如下。

（1）ping/? 或 ping-h：查看特定操作系统的 ping 命令的帮助信息。

（2）-t：持续测试远程主机，直到按"Ctrl + C"组合键停止。示例：ping - t www.example.com。

（3）－n＜次数＞：指定要发送的 ICMP 回显请求的次数。示例：ping－n5 www. example. com。

（4）－l＜大小＞：设置 ICMP 回显请求消息的数据包大小（字节）。示例：ping－l1000 www. exa mple. com。

（5）－f：设置"不分段"标志，强制将数据包作为一个整体发送，而不进行分段。示例：ping－f www. example. com。

（6）－i＜时间＞：设置发送 ICMP 回显请求的时间间隔（秒）。示例：ping－i2 www. example. com。

（7）－vTOS：设置服务类型（Type of Service）字段的值。示例：ping－v16 www. example. com。

（8）－r＜次数＞：设置记录路由的最大跃点数（跃点数是数据包从源主机到目标主机经过的路由器数量）。示例：ping－r4 www. example. com。

（9）－w＜超时时间＞：设置等待目标主机响应的超时时间（毫秒）。示例：ping－w2000 www. example. com。

（10）－4：强制使用 IPv4 地址进行 ping 测试。示例：ping－4 www. example. com。

（11）－6：强制使用 IPv6 地址进行 ping 测试。示例：ping－6 www. example. com。

假设目标主机的 IP 地址为 192. 168. 171. 1，测试网络连通性结果如图 1-54 所示。TTL=128，表示连接本机，通过默认 TTL 返回值可以检测对方操作系统的类型。4 条来自（Reply from）语句表示网络连通。

操作系统	TTL 返回值
UNIX 类	255
Windows 95	32
Windows NT/2000/2003	128
Compaq Tru64 5.0	64

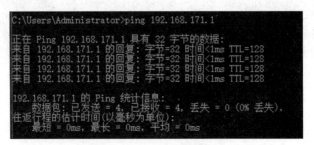

图 1-54　测试网络连通性结果

连续发送 2 个数据包给主机 192. 168. 171. 1，数据包长度为 3 000 字符，命令如图 1-55 所示。

3. arp 命令

arp 命令用于查看和管理操作系统的地址解析协议（Address Resolution Protocol，ARP；一种用于将 IP 地址映射到物理 MAC 地址的协议）缓存中的项目，以及手动添加、修改和删

```
C:\Users\Administrator>ping -l 3000 -n 2 192.168.171.1

正在 Ping 192.168.171.1 具有 3000 字节的数据:
来自 192.168.171.1 的回复: 字节=3000 时间<1ms TTL=128
来自 192.168.171.1 的回复: 字节=3000 时间<1ms TTL=128

192.168.171.1 的 Ping 统计信息:
    数据包: 已发送 = 2, 已接收 = 2, 丢失 = 0 (0% 丢失),
往返行程的估计时间(以毫秒为单位):
    最短 = 0ms, 最长 = 0ms, 平均 = 0ms
```

图 1-55 ping 命令数据包信息

除 ARP 表项，可以显示和修改 IP 地址与 MAC 地址之间的映射。

arp 命令的语法格式：arp[选项][目标主机]。

在命令行下输入 arp 命令并按 Enter 键，就会显示 arp 命令的帮助信息，如图 1-56 所示。

```
C:\Users\Administrator>arp

显示和修改地址解析协议(ARP)使用的“IP 到物理”地址转换表。

ARP -s inet_addr eth_addr [if_addr]
ARP -d inet_addr [if_addr]
ARP -a [inet_addr] [-N if_addr] [-v]

  -a            通过询问当前协议数据，显示当前 ARP 项。
                如果指定 inet_addr，则只显示指定计算机
                的 IP 地址和物理地址。如果不止一个网络
                接口使用 ARP，则显示每个 ARP 表的项。
  -g            与 -a 相同。
  -v            在详细模式下显示当前 ARP 项。所有无效项
                和环回接口上的项都将显示。
  inet_addr     指定 Internet 地址。
  -N if_addr    显示 if_addr 指定的网络接口的 ARP 项。
  -d            删除 inet_addr 指定的主机。inet_addr 可
                以是通配符 *，以删除所有主机。
  -s            添加主机并且将 Internet 地址 inet_addr
                与物理地址 eth_addr 相关联。物理地址是用
                连字符分隔的 6 个十六进制字节。该项是永久的。
  eth_addr      指定物理地址。
  if_addr       如果存在，此项指定地址转换表应修改的接口
                的 Internet 地址。如果不存在，则使用第一
                个适用的接口。
示例:
  > arp -s 157.55.85.212   00-aa-00-62-c6-09.... 添加静态项。
  > arp -a                                  .... 显示 ARP 表。
```

图 1-56 arp 命令的帮助信息

arp 命令常用参数说明如下。

（1）-a[inetaddr][-n ifaceaddr]：显示所有接口当前的 ARP 缓存信息。示例：arp-a。要显示指定 IP 地址的 ARP 表项，则使用带有 inetaddr 参数的 arp-a 命令，这里的 inetaddr 代表指定的 IP 地址，如图 1-57 所示。要显示指定接口的 ARP 表项，则使用“-n ifaceaddr”参数，这里的 ifaceaddr 代表分配给指定接口的 IP 地址，-n 参数区分大小写。

（2）-d inetaddr [ifaceaddr]：删除指定的 IP 地址项。示例：arp-d 192.168.0.1。这里的 inetaddr 代表 IP 地址。对于指定的接口，要删除 ARP 表中的某项，则使用 ifaceaddr 参数，这里的 ifaceaddr 代表分配给该接口的 IP 地址。要删除所有 ARP 表项，则使用“*”通配符代表 inetaddr。如图 1-58 所示，arp-d 命令删除 ARP 表中的地址对应关系。

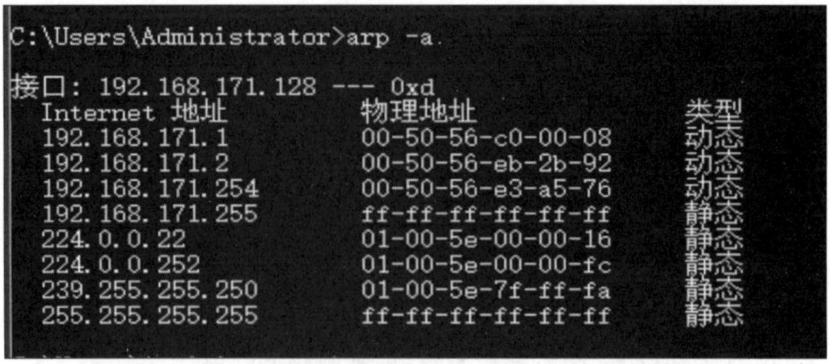

图 1-57 arp-a 命令

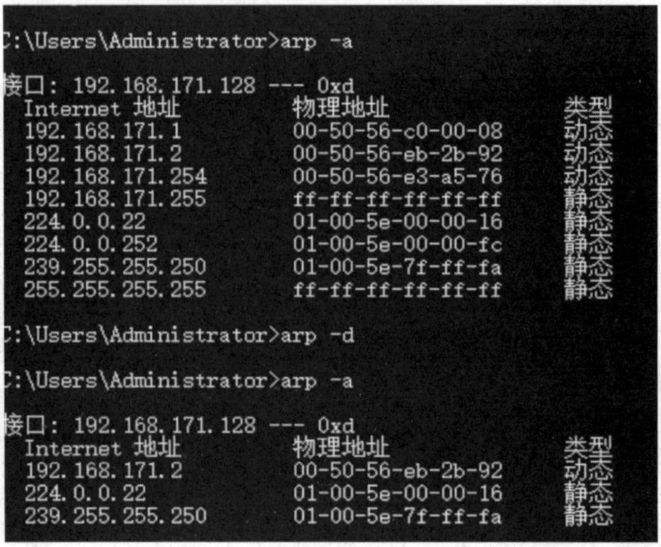

图 1-58 arp-d 命令

（3）-s<IP 地址><MAC 地址>：手动添加或修改指定 IP 地址和 MAC 地址的 ARP 表项。示例：arp-s192.168.0.100-11-22-33-44-55，如图 1-59 所示。

4. tracert 命令

tracert 命令是路由跟踪实用程序，它通过发送 ICMP 回显请求消息（类似 ping 命令），并记录数据包经过的路由器跃点来确定到达目标主机所经过的路径和延迟。

tracert 命令的语法格式：tracert[选项]目标主机。

tracert 命令常用参数说明如下。

（1）-d：不对地址进行域名解析，直接显示 IP 地址。示例：tracert-d www.example.com。

（2）-h<最大跃点数>：设置最大跃点数，即数据包从源主机到目标主机经过的最大路由器数量。示例：tracert-h 30 www.example.com。

（3）-w<超时时间>：设置等待每个主机回复的超时时间（毫秒）。示例：tracert-w 2000 www.example.com。

在命令提示符中输入 "tracert www.baidu.com"，可以查看从本机到百度网站都经历了哪些路由，并查看每个路由的 IP 地址，如图 1-60 所示。

```
C:\Users\Administrator>arp -a

接口: 192.168.171.128 --- 0xd
  Internet 地址        物理地址              类型
  192.168.171.2        00-50-56-eb-2b-92     动态
  224.0.0.22           01-00-5e-00-00-16     静态
  239.255.255.250      01-00-5e-7f-ff-fa     静态

C:\Users\Administrator>arp -s 192.168.0.1 00-11-22-33-44-55

C:\Users\Administrator>arp -a

接口: 192.168.171.128 --- 0xd
  Internet 地址        物理地址              类型
  192.168.0.1          00-11-22-33-44-55     静态
  192.168.171.2        00-50-56-eb-2b-92     动态
  192.168.171.254      00-50-56-e3-a5-76     动态
  192.168.171.255      ff-ff-ff-ff-ff-ff     静态
  224.0.0.22           01-00-5e-00-00-16     静态
  224.0.0.252          01-00-5e-00-00-fc     静态
  239.255.255.250      01-00-5e-7f-ff-fa     静态
```

图 1-59   arp-s 命令

```
C:\Users\Administrator>tracert www.baidu.com

通过最多 30 个跃点跟踪
到 www.baidu.com [39.156.66.14] 的路由:

  1    <1 毫秒    <1 毫秒    <1 毫秒  192.168.171.2 [192.168.171.2]
  2   135 ms     10 ms      4 ms    192.168.1.1 [192.168.1.1]
  3    18 ms     10 ms      7 ms    10.168.0.1 [10.168.0.1]
  4     9 ms      *          8 ms    223.99.132.129
  5     *         *          *       请求超时。
  6     *         *          *       请求超时。
  7    24 ms     26 ms     23 ms    221.183.49.130
  8    35 ms     32 ms     23 ms    111.13.0.174
  9    20 ms     20 ms     19 ms    39.156.27.5
 10    20 ms     20 ms     21 ms    39.156.67.17
 11     *         *          *       请求超时。
 12    20 ms      *          *       10.166.96.2 [10.166.96.2]
 13     *         *         25 ms    10.166.0.6 [10.166.0.6]
 14    20 ms     20 ms     21 ms    39.156.66.14

跟踪完成。
```

图 1-60   tracert 命令

首先显示的信息是目的地，随后一行文字表示默认最多追踪 30 跳路由，"[ ]"内是该域名解析出来的 IP 地址。

在列表说明中，1~14 显示到达目标地址所经过的每一跳路由的详细信息。列表的第 2~4 列显示路由器的响应时间（对每跳路由都进行 3 次测试）。例如列表的第 2 行的含义如下：第一次响应时间是 135 ms，第二次响应时间小于 10 ms，第三次响应时间是 4 ms。" * "代表未响应。例如列表的第 5 行，对某个路由的测试结果是 Requesttimedout（请求超时），表示该路由没有回应，而对其他路由的测试都是成功的。该路由极有可能因为进行了相关设置而不回应 ICMP 报文。

5. netstat 命令

netstat 命令是一个用于查看和分析网络连接和网络统计信息的命令行工具，能够显示当前操作系统中的网络连接状态和相关统计信息，包括 TCP、UDP 和其他协议的连接。它可以用于定位网络连接问题、查看活动连接、监视网络资源的使用情况等。

netstat 命令的语法格式：netstat［选项］。

netstat 命令常用参数说明如下。

（1）-a：显示所有活动的连接和监听端口。示例：netstat-a。

（2）-n：以数字形式显示 IP 地址和端口号，而不进行域名解析。示例：netstat-n。命令 netstat-an 可以以数字形式显示本地主机所有连接和监听的端口，如图 1-61 所示。

图 1-61　netstat-an 命令

（3）-o：显示本地连接相关的进程 ID。示例：netstat-o，如图 1-62 所示。

图 1-62　netstat-o 命令

（4）-s：显示网络统计数据，如传输的数据包数、错误数等。示例：netstat-s，如图 1-63 所示。

（5）-r：显示本地的路由表信息。示例：netstat-r，如图 1-64 所示。

6. net 命令

net 命令是一个用于管理和操作网络资源的命令行工具，用于管理和操作网络资源，如网络连接、用户账户、共享资源等；也可以执行各种网络操作，包括连接、断开连接、映射网络驱动器、查看和管理用户账户和组账户等。

net 命令的语法格式：net［命令］［参数］。

使用 net 命令时，需要指定一个主要的命令，然后根据命令的要求提供相应的参数来执行特定的操作。每个子命令都有不同的语法格式和功能，可以根据具体的需求选择合适的子命令和参数。请注意，具体可用的子命令和参数可能因操作系统和版本而有所不同。可以在命令提示符中输入"net/?"或"net help"来查看特定操作系统的 net 命令的帮助信息，以获取更多详细的命令和参数说明。

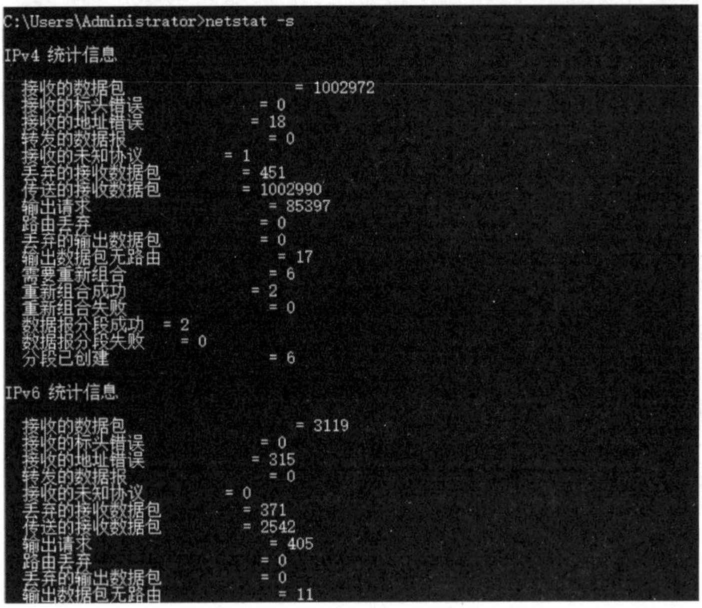

图 1-63　netstat-s 命令

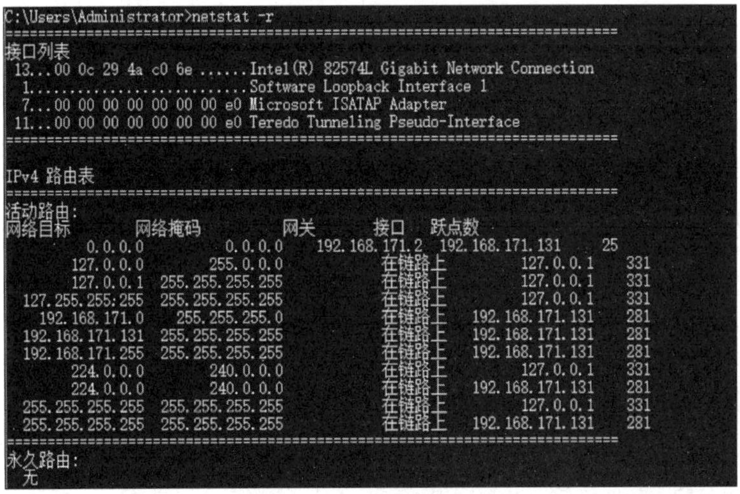

图 1-64　netstat-r 命令

net 命令常用参数说明如下。

1）user［username］［password］［/domin］

作用：添加或更改用户账户或显示用户账户信息，如创建、删除、禁用、启用用户账户等。username 表示用户名；password 表示为用户账户分配或更改密码；/domin 是/add 或/delete，add 参数表示新建用户，delete 参数表示删除用户。值得注意的是，用户名最多为 20 个字符，密码最多为 127 个字符，且密码要包含字母、数字和特殊符号。net user 不加任何参数，表示查看本机用户账户列表。示例：添加新用户 test，密码为 123456，命令为 net user test 123456/add，然后使用 net user 命令查看本机用户账户列表，确认 test 用户是否添加成功，如图 1-65 所示。命令 net user test/delete 表示删除用户 test，如图 1-66 所示。

```
C:\Users\Administrator>net user

\\WIN-O9B3G8SQEPN 的用户账户

-------------------------------------------------------------------------------
Administrator              DefaultAccount           Guest
命令成功完成。

C:\Users\Administrator>net user test 123456 /add
密码不满足密码策略的要求。检查最小密码长度、密码复杂性和密码历史的要求。

请键入 NET HELPMSG 2245 以获得更多的帮助。

C:\Users\Administrator>net user test win@123456 /add
命令成功完成。

C:\Users\Administrator>net user

\\WIN-O9B3G8SQEPN 的用户账户

-------------------------------------------------------------------------------
Administrator              DefaultAccount           Guest
test
命令成功完成。
```

图 1-65   使用 net user 命令查看本机用户账户列表

建立一个登录时间受限制的用户，用以下方法可实现对计算机使用时间的控制。例如，需要建立一个 text1 用户，密码为 win@ 123456，登录权限在星期一   星期五的早上 8 点   晚上 10 点和双休日的晚上 7 点   晚上 9 点有效。对于 12 小时制，可输入命令"net user text1 win@ 123456/add/times：monday－Friday，8AM－10PM；saturday－sunday，7PM－9PM"，按 Enter 键确定即可。对于 24 小时制，可输入命令"net user text1 win@ 123456/add/times：M－F，8：00-22：00；Sa－Su，19：00-21：00"，按 Enter 键确定即可，如图 1-67 所示。

```
C:\Users\Administrator>net user

\\WIN-O9B3G8SQEPN 的用户账户

-------------------------------------------------------------------------------
Administrator              DefaultAccount           Guest
test
命令成功完成。

C:\Users\Administrator>net user test /delete
命令成功完成。

C:\Users\Administrator>net user

\\WIN-O9B3G8SQEPN 的用户账户

-------------------------------------------------------------------------------
Administrator              DefaultAccount           Guest
命令成功完成。
```

图 1-66   使用 net user 命令删除用户

2）net use

（1）作用：连接计算机或断开计算机与共享资源的连接，或显示计算机的连接信息。

（2）语法格式。

［net use［devicename ｜ ＊］

［\\computername \sharename［\volume］］

［password｜＊］

［/user：［domainname\］username］

［［/delete］｜［/persistent：｜yes｜no］］

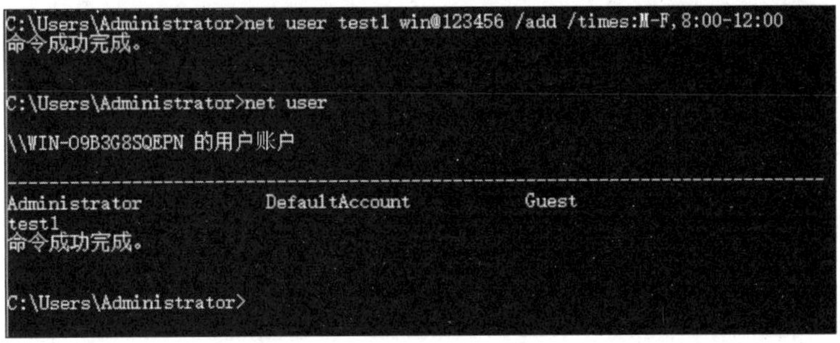

```
C:\Users\Administrator>net user test1 win@123456 /add /times:M-F,8:00-12:00
命令成功完成。

C:\Users\Administrator>net user

\\WIN-O9B3G8SQEPN 的用户账户

-------------------------------------------------------------------------------
Administrator           DefaultAccount          Guest
test1
命令成功完成。

C:\Users\Administrator>
```

图 1-67　使用 net user 命令建立登录时间受限制的用户

示例：net use f:\\GHQ \ TEMP，将"\GHQ \ TEMP"目录建立为 F 盘；net use f:\\GHQ VTEMP/delete，断开连接。

（3）参数说明。

①输入不带参数的 net use，列出网络连接。

②devicename：指定要连接到的资源名称或要断开的设备名称。

③\\computername\sharename：服务器及共享资源的名称。

④password：访问共享资源的密码。

⑤*：提示输入密码。

⑥/user：指定进行连接的另外一个用户。

⑦domainname：指定另一个域。

⑧username：指定登录的用户名。

⑨/delete：取消指定网络连接。

⑩/persistent：控制永久网络连接的使用。

3）net start

（1）作用：启动服务，或显示已启动服务的列表。

（2）语法格式：net start service。

net start 命令能够开启的服务如下：alerter（警报）、client service for netware（Netware 客户端服务）、clipbook server（剪贴簿服务器）、computer browser（计算机浏览器）、directory replicator（目录复制器）、ftp publishing service（ftp）（FTP 发行服务）、lpdsvc、net logon（网络登录）、network dde（网络 DDE）、onetwork dde dsdm（网络 DDE DSDM）、network monitor agent（网络监控代理）、ole（对象链接与嵌入）、bremole aces conection manager（远程访问连接管理器）；remote acess isnsap service（远程访问 isnsap 服务）；bremote access server（远程访问服务器）、remote procedure call（rpc）locator（远程过程调用定位器）、remote procedure call（rpc）service（远程过程调用服务）、schedule（调度）、server（服务器）、simple tcp/ip services（简单 TCP/IP 服务）、snmp、spooler（后台打印程序）、tcp/ip Netbios helper（TCP/IP NETBIOS 辅助工具）、ups、workstation（工作站）、messenger（信使）、dhcp client。

4）net pause

（1）作用：暂停正在运行的服务。

（2）语法格式：net pause service。

5）net continue

（1）作用：重新激活挂起的服务。

（2）语法格式：net continue service。

6）net stop

（1）作用：停止 Windows NT/2000/2003 网络服务。

（2）语法格式：net stop service。

7）net send

（1）作用：向网络的其他用户、计算机或通信名发送消息。

（2）语法格式：

$$\left[\begin{array}{l} \text{net send}\{\text{ name }|\ *\ |/\text{domain}\ [\ :\text{name}\ ]|\text{users}\} \\ \text{message} \end{array}\right.$$

（3）参数说明。

①name：要接收发送消息的用户名、计算机名或通信名。

②*：将消息发送到组中所有名称。

③/domain［:name］：将消息发送到计算机域中的所有名称。

④/users：将消息发送到与服务器连接的所有用户。

⑤message：作为消息发送的文本。

示例："net send/ users server will shutdown in 10 minutes."表示给所有连接到服务器的用户发送消息。

注意：要发送和接收消息，必须开启 messenger 服务。利用 net start messenger 可以开启 messenger 服务，也可以在"控制面板"的"管理工具"→"服务"中开启 messenger 服务。

8）net time

（1）作用：使计算机的时间与另一台计算机或域的时间同步。

（2）语法格式：nettime［ \\computername |/domain［ :name］］［/set］。

（3）参数说明。

①computername：要检查或同步的服务器名。

②/domain［:name］：指定要与其时间同步的域。

③/set：使本计算机的时间与指定计算机或域的时间同步。

9）net statistics

（1）作用：显示本地工作站或服务器服务的统计记录。

（2）语法格式：net statistics［workstation |server］。

（3）参数说明。

①输入不带参数的 net statistics：列出其统计信息可用的运行服务。

②workstation：显示本地工作站服务的统计信息。

③server：显示本地服务器服务的统计信息。

示例：net satistics server | more，显示服务器服务的统计信息。

10）net share

（1）作用：创建、删除或显示共享资源。

（2）语法格式：net share sharename = drive:path［/users:number |/unlimited］［remark:"text"］。

（3）参数说明。

①输入不带参数的 net share：显示本地计算机上所有共享资源的信息。

②sharename：共享资源的网络名称。

③drive：path：指定共享目录的绝对路径。

④/users：number：设置可同时访问共享资源的最大用户数。

⑤/unlimited：不限制同时访问共享资源的用户数。

⑥/remark："text"：添加关于资源的注释，注释文字用引号括住。

示例：net share yesky＝c：\temp/remark："my first share"，以"yesky"为共享名共享"C：\temp"；net share yesky/delete，停止共享"yesky"目录。

11）net session

（1）作用：列出或断开本地计算机和与之连接的客户端的会话。

（2）语法格式：net session[\\computername]|[/delete]。

（3）参数说明。

①输入不带参数的 net session：显示所有与本地计算机会话的信息。

②\\computerame：标识要列出或断开会话的计算机。

③/delete：结束与\computername 计算机的会话，并关闭本次会话期间计算机中所有打开的文件；如果省略\computername 参数，将取消与本地计算机的所有会话。

示例：net session\\GHQ，显示计算机名为"GHQ"的客户端会话信息列表。

12）net localgroup

（1）作用：添加、显示或更改本地组。

（2）语法格式：net localgroup groupname name[…]{/add[/comment："text"]|/delete}[/domain]。

（3）参数说明。

①输入不带参数的 net localgroup：显示服务器名称和计算机的本地组名。

②groupname：要添加、扩充或删除的本地组名。

③name［…］：列出要添加到本地组或从本地组中删除的一个或多个用户名或组名。

④/add：将全局组名或用户名添加到本地组中。

⑤/comment："text"：为新建或现有组添加注释。

⑥/delete：从本地组中删除组名或用户名。

⑦/domain：在当前域的主域控制器中执行操作，否则仅在本地计算机上执行操作。

示例：net localgroup ggg/add，将名为"ggg"的本地组添加到本地用户账户数据库；net localgroup ggg，显示 ggg 本地组中的用户。

13）net group

（1）作用：在 Windows NT/2000/Server 2003 域中添加、显示或更改全局组。

（2）语法格式：net group groupname username［…］{/add[/comment："text"]|/delete}[/domain]。

（3）参数说明。

①输入不带参数的 net group：显示服务器名及服务器的组名。

②groupname：要添加、扩展或删除的组。

③username［…］：列表显示要添加到组或从组中删除的一个或多个用户。

④/add：添加组或在组中添加用户名。

⑤/comment："text"：为新建组或现有组添加注释。

⑥/delete：删除组或从组中删除用户名。

⑦/domain：在当前域的主域控制器中执行该操作，否则在本地计算机上执行操作。

示例：net group ggg GHQ1 GHQ2/add，将现有用户账户 GHQ1 和 GHQ2 添加到本地计算机的 ggg 组。

14）net computer

（1）作用：从域数据库中添加或删除计算机。

（2）语法格式：net computer computername {/add|/del}。

（3）参数说明。

①computername：指定要添加到域或从域中删除的计算机。

②/add：将指定计算机添加到域。

③/del：将指定计算机从域中删除。

示例：net computer\\js/add，将计算机 js 添加到登录域。

 素养提升

随着互联网的普及和信息技术的迅速发展，网络安全的威胁也变得更加复杂和普遍。网络安全涉及方方面面，例如个人隐私、商业利益、公共安全、数字经济发展等，为此，国家出台了各项法律法规。

①《中华人民共和国网络安全法》自 2017 年 6 月 1 日起施行，旨在维护网络安全，保护网络信息的安全和合法使用，规定了网络运营者的责任和义务，以及网络安全的监管和处罚措施。其主要目的是保障网络安全，维护网络空间主权和国家安全、社会公共利益，保护公民、法人和其他组织的合法权益，促进经济社会信息化健康发展。

②2019 年 12 月 1 日，《信息安全技术网络安全等级保护基本要求》正式实施，其更加注重主动防御，从被动防御到事前、事中、事后全流程的安全可信、动态感知和全面审计，实现了对传统信息系统、基础信息网络、云计算、大数据、物联网、移动互联网和工业控制信息系统等级保护对象的全覆盖。

③《中华人民共和国密码法》自 2020 年 1 月 1 日起施行，旨在了规范密码应用和管理，促进密码事业发展，保障网络与信息安全，维护国家安全和社会公共利益，保护公民、法人和其他组织的合法权益，是中国密码领域的综合性、基础性法律。

④《中华人民共和国数据安全法》自 2021 年 9 月 1 日起施行，旨在保护数据安全，规定了数据安全的基本要求和措施，明确了数据出境、数据共享、数据安全评估等方面的规定。《中华人民共和国数据安全法》的颁布实施，对于规范数据处理活动，保障数据安全，促进数据开发利用，保护个人、组织的合法权益，维护国家主权、安全和发展利益，具有重要的作用和意义。

⑤《关键信息基础设施安全保护条例》自 2021 年 9 月 1 日起施行，旨在保障关键信息基础设施的安全和稳定运行，维护国家安全和社会公共利益，保护公民、法人和其他组织的合法权益，它是根据《中华人民共和国网络安全法》等法律制定的条例。

⑥《中华人民共和国个人信息保护法》自 2021 年 11 月 1 日起施行，旨在保护个人信息的合法权益，规范了个人信息范围、处理原则、处理方式、安全保障的条件和要求，促进了个人信息的合理利用，明确了个人信息保护的责任和义务。

这些法律法规的实施和遵守，对于保护个人隐私、数据安全以及关键信息基础设施的安全具有重要意义，也为网络安全提供了法律保障和指导。

综合练习

一、单选题

1. （　　）不是网络安全的基本要素。

A. 保密性　　　　　　　B. 可靠性　　　　　　C. 完整性　　　　　　D. 性能

2. （　　）不是常见的网络攻击类型。

A. 黑客攻击　　　　　　B. 拒绝服务攻击　　　C. 网络钓鱼　　　　　D. 数据库备份

3. （　　）不是常见的网络安全威胁类型。

A. 网络攻击　　　　　　B. 数据泄露　　　　　C. 防火墙　　　　　　D. 身份盗窃

二、填空题

1. 使用命令_____可以在 Windows 操作系统中查看当前的网络连接状态和统计信息。

2. _____是网络安全的 5 个基本要素之一，指确保信息只能被授权的实体访问。

3. 使用命令_____可以测试主机和虚拟机之间的连通性。

三、操作题

1. 搭建网络安全实训环境。

2. 进行常用网络安全命令实训。

 学习评价

知识巩固与技能提高（40 分）	得分：
计分标准：得分＝5×单选题正确个数+3×填空题正确个数+8×操作题正确个数	

学生自评（20 分）	得分：
计分标准：初始分＝2×A 的个数+1×B 的个数+0×C 的个数 得分＝初始分÷18×20	

专业能力	评价指标	自测结果	要求（A 掌握；B 基本掌握；C 未掌握）
网络安全实训环境的搭建	1. 虚拟机安装 2. Windows Server 2016 安装 3. 主机与虚拟机之间互相通信	A□　B□　C□ A□　B□　C□ A□　B□　C□	掌握网络安全实训环境搭建步骤
常用网络命令	1. ping 命令的使用 2. ipconfig 命令的使用 3. arp 命令的使用 4. tracert 命令的使用 5. netstat 命令的使用 6. net 命令的使用	A□　B□　C□ A□　B□　C□ A□　B□　C□ A□　B□　C□	掌握常用网络命令
实战训练	1. 网络安全实训环境搭建 2. 常用网络命令实训	A□　B□　C□ A□　B□　C□	熟练掌握网络安全实训环境搭建步骤； 熟练运用常用网络命令

小组评价（20 分）			得分：
计分标准：得分＝10×A 的个数+5×B 的个数+3×C 的个数			
团队合作	A□　B□　C□	沟通能力	A□　B□　C□

教师评价（20 分）	得分：
教师评语	
总成绩	教师签字

第二章
信息加密技术

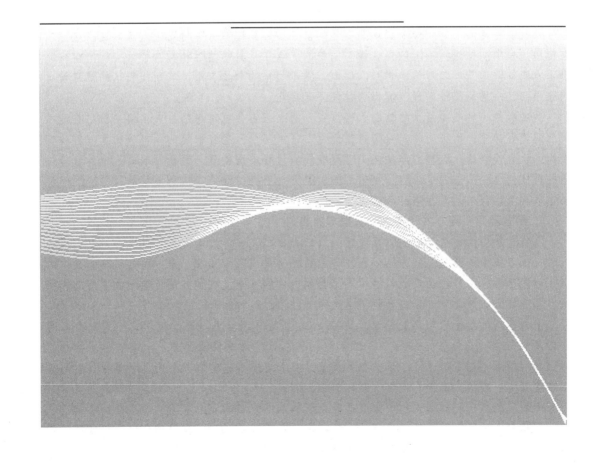

知识目标

➤ 理解信息加密技术对网络安全的作用。

➤ 掌握不同加密算法的原理和特征。

➤ 掌握数字签名与认证技术的作用及应用。

能力目标

➤ 能运用简单的加密算法对文本进行加密及解密。

➤ 能使用数字签名技术验证身份以及验证数据完整性。

素养目标

➤ 在加密、解密的过程中锻炼运算能力。

➤ 培养数据安全意识和维护数据安全的责任感。

⚙ 引导案例

在人类历史的长河中，信息加密技术的发展与演进一直伴随着文明的进步。中国和西方各自在加密技术的探索中积累了宝贵的经验。

1. 阴符和阴书：中国古代信息加密技术的启蒙

在中国古代通信中，由于传递的信息经常涉及政治、军事机密，所以保密成为信息传递的关键。在这样的背景下，阴符和阴书作为中国古代信息加密技术的代表，为信息的保密传递提供了有效的手段。

阴符，作为一种特殊的通信符号，主要用于军事领域。它利用不同形状、图案或材质的符号来代表特定的信息或命令。这些符号的设计和解读通常只有特定的人员知道，这使信息在传递过程中能够保持一定的保密性。阴符的优点在于其简洁性和易携带性，即使在战时环境下也能够快速而准确地传递指令。然而，由于阴符的数量有限，其所能表达的信息量也相对有限，且一旦阴符被破译，其保密性便不复存在。

阴书则是一种更为复杂的信息加密方式。阴书采用分割信息的方式，将一份完整的书信拆分成多个部分，由不同的人分别携带传递。每个部分只包含书信的一部分内容，且各部分之间并无直接联系。这样，即使某个部分在传递过程中被截获，截获阴书的人也无法得知书信的整体内容。阴书的这种设计使信息的传递更加安全，降低了信息泄露的风险。同时，阴书也体现了古代中国人在信息加密方面的智慧和创造力。

2. 凯撒密码：西方古代信息加密技术的典范

在信息加密的悠久历史中，凯撒密码（Caesar Cipher）以其简洁而高效的特点，成为西方古代加密技术的典范。凯撒密码也被称为移位密码或凯撒移位，是一种通过将明文中的每个字母在字母表中移动固定数目的位置来得到密文的方法。这种方法得名于古罗马的凯撒大帝，尽管实际上并无确切证据显示凯撒大帝曾使用过此种密码。

凯撒密码的加密原理相对简单。它基于 26 个英文字母表，通过把明文中的每个字母在字母表中向后（或向前）按照一个固定数目的位置移动来实现加密。例如，当偏移量是 3 时，所有的 A 将被替换成 D，B 被替换成 E，依此类推。这种加密方式对于非专业密码破译者来说具有一定的迷惑性，使密文难以解读。

然而，凯撒密码的弱点也十分明显。由于其加密方式固定且简单，一旦破译者知道了加密的偏移量，就能轻易地解密。因此，凯撒密码在现代信息加密技术中已经不再使用，但在学习和理解基础信息加密原理时，它仍然是一个很好的教学工具。

3. Scytale 密码：古希腊斯巴达人的加密智慧

在信息加密的悠久历史中，古希腊斯巴达人所创造的 Scytale（读音：/ˈskɪtəlɪ/）密码以其独特性和巧妙性，成为古代加密技术中的佼佼者。这种基于物理原理的加密方法不仅展示了斯巴达人在信息安全领域的智慧，也为后世信息加密技术的发展提供了重要的启示。

Scytale 密码的核心原理在于利用一根特定直径的圆木（Scytale）和一条长皮带进行信息的加密和解密（图 2-1）。在加密过程中，发送者首先将皮带紧密地缠绕在圆木上，把需要传递的信息横向书写在皮带上。由于皮带被螺旋式地缠绕在圆木上，所以原本连续的信息在皮带上呈现一种混乱无序的状态。当将皮带从圆木上取下后，没有密钥（即相同直径的原木）的接收者将无法解读原始的信息内容，从而实现了信息的保密。

解密过程与加密过程类似，只有拥有与加密时相同直径的圆木，接收者才能将皮带再次缠绕上去，使信息按照正确的顺序排列，从而还原原始的信息内容。这种加密方式的安全性在于圆木的直径和皮带的缠绕方式，只有掌握这些信息的双方才能进行有效的通信。

图 2-1　Scytale 密码

2.1　信息加密技术概要

信息加密技术作为信息安全领域的核心组成部分，其主要目的是保护数据的机密性、完整性和可用性，防止未经授权的访问和篡改。随着信息技术的快速发展，信息加密技术也在不断地演进和创新，为现代社会的信息安全提供了强有力的保障。

2.1.1　信息加密的基本概念

信息加密，简而言之，就是将明文（原始信息）通过特定的算法和密钥转换成密文（加密后的信息）的过程。这个转换过程必须是可逆的，即密文可以通过相应的解密算法和密钥还原为明文。加密技术的关键在于密钥的管理和使用，只有拥有正确密钥的人才能解密和获取原始信息。

（1）明文。明文是指待加密的原始信息，它以可读的形式存在，如文字、数字、图像等。

（2）密文。密文是经过加密处理后的信息，它以不可读或难以理解的形式存在。密文的设计目的是保护信息的机密性。

（3）密钥。密钥是加密和解密过程中使用的关键参数，它决定了加密算法的变换方式和密文的生成方式。密钥可以是数字、字符串或其他形式的数据。密钥的保密性对于整个加密系统的安全性至关重要，必须妥善保管密钥，防止泄露。

（4）加密算法。加密算法是用于将明文转换为密文的特定数学或逻辑规则。它定义了如何将明文和密钥结合以生成密文。加密算法的设计要求是在保证信息机密性的同时，具有足够的复杂性和随机性。

（5）解密算法。解密算法是加密算法的逆算法，用于将密文还原为明文。它同样依赖于密钥的作用，只有拥有正确密钥的人才能使用解密算法将密文转换为可读的明文。解密算法与加密算法相互配合，共同构成了完整的加密系统。在解密过程中，如果使用的密钥不正确或加密算法实现有误，将无法正确还原原始的明文。

2.1.2　信息加密的主要类型

信息加密可以根据不同的分类标准进行分类。根据密钥的使用方式，信息加密可以分为对称加密和非对称加密两大类。

1. 对称加密

对称加密是使用相同的密钥进行加密和解密。对称加密的优点是加密速度快，其缺点是密钥管理和分发较为困难，因为密钥在分发时可能泄露。

2. 非对称加密

非对称加密是使用一对密钥（公钥和私钥）进行加密和解密。公钥用于加密信息，私钥用于解密信息。非对称加密的优点是密钥管理方便，但其加密速度相对较低。

此外，根据加密方式的不同，信息加密还可以分为替换式加密、置换式加密、流密码等。

在计算机中各类信息是按字节存储的，流密码的特点是对明文的每个字节逐一进行加密，每个字节使用不同的随机密钥进行加密，这些随机密钥使用程序产生。流密码不是对完整的明文进行操作，运算量小，适合对大量数据进行实时加密。

2.1.3　信息加密技术的应用领域

信息加密技术在现代社会中的应用十分广泛，涉及通信、金融、军事、电子商务等多个领域。例如，在通信领域，信息加密技术可以保护通信内容的机密性，防止信息泄露；在金融领域，信息加密技术可以确保电子交易的安全性和可靠性；在军事领域，信息加密技术是保障军事通信和指挥系统安全的重要手段。

2.1.4　信息加密技术的发展趋势

随着云计算、大数据、物联网等新兴技术的快速发展，信息加密技术面临着新的挑战和机遇。未来，信息加密技术将更加注重密钥管理的安全性、加密算法的效率和兼容性以及其自身的易用性和普及性。同时，随着量子计算等新型计算技术的出现，传统的加密算法可能面临被破解的风险，因此量子加密等新型信息加密技术的研究和应用将成为未来的重要方向。

2.2　对称加密算法

对称加密算法，也称为私钥加密算法或单密钥加密算法，是一种密码学技术，其加密和解密过程使用相同的密钥，加密算法和解密算法互为逆算法，也就是解密算法为加密算法从后往前执行，并且每一步骤都反向操作。这种算法基于一个简单但强大的原则：只要通信双方能够安全地共享一个密钥，就可以保证在不受信任的通信链路上传输数据的机密性和完整性。早期的信息加密技术多采用对称加密算法，如凯撒密码、维吉尼亚密码等

2.2.1 对称加密算法的特点

1. 特点与优势

（1）密钥的唯一性。对称加密算法的核心在于使用相同的密钥进行加密和解密。这意味着发送方使用此密钥将明文转换为密文，而接收方则使用相同的密钥将密文还原为明文。

（2）高效性。由于对称加密算法通常设计得较为简单，所以加密和解密过程通常很快。对称加密算法适用于需要处理大量数据的场景。高效性使对称加密算法在实时通信、数据存储和云计算等领域得到广泛应用。

2. 挑战与限制

（1）密钥分发。由于对称加密算法在加密和解密过程中使用同一个密钥，所以信息发送方在发送密文的同时，需要考虑如何让接收者得知密钥，并且保证密钥不被人截获。对称加密算法面临的主要挑战之一是密钥的分发和管理。通信双方必须在加密通信之前安全地交换密钥，并确保密钥在整个通信过程中得到妥善保护。这通常涉及复杂的密钥分发协议和物理安全措施。

（2）密钥扩展。随着通信参与者的增加，密钥的分发和管理变得更加复杂。每个新的参与者都需要与所有其他参与者共享同一个唯一的密钥，这可能导致密钥管理的不可扩展性。

（3）数字签名不可用。对称加密算法本身不提供数字签名功能，这意味着它无法验证数据的完整性和来源。如果需要验证数据的完整性和来源，通常需要使用公钥加密算法（如 RSA）或数字签名算法（如 DSA）（注：数字签名相关内容参见 2.4 节"数字签名与认证技术"）。

2.2.2 常见的对称加密算法

1. DES 算法

DES 算法是最早被广泛应用的对称加密算法之一，由美国国家标准局（NBS）在 1977 年提出。DES 算法采用 56 位密钥长度，通过 16 轮迭代和复杂的替换–置换网络结构进行加密。DES 算法的核心是 Feistel 结构，该结构将明文分为左、右两部分，通过一系列函数进行迭代处理，最终得到密文。

1）优点

（1）结构清晰，易于实现。

（2）加密速度高，适用于大量数据的加密。

2）缺点

（1）密钥较短，容易受到暴力破解攻击。

（2）已经公开多年，存在已知的安全漏洞。

3）应用领域

DES 算法在早期被广泛用于金融、电信等领域的数据加密，但随着对安全性要求的提高，它逐渐被更安全的算法所取代。

2. 3DES 算法

为了弥补 DES 算法密钥较短的缺陷，人们提出了 3DES 算法。3DES 算法是对 DES 算法的扩展，它采用 3 个密钥（每个密钥为 56 位）进行 3 次 DES 加密和解密操作。具体过程如下：首先，使用第一个密钥进行 DES 加密；其次，使用第二个密钥进行 DES 解密（实际上起到了混淆的作用）；最后，使用第三个密钥进行 DES 加密。

1）优点

（1）通过增加密钥长度和加密轮数，提高了安全性。

（2）兼容 DES 算法，便于升级和替换。

2）缺点

（1）因为需要进行 3 次加密和解密操作，所以加密速度较 DES 算法低。

（2）密钥管理复杂，需要管理 3 个密钥。

3）应用领域

3DES 算法在需要较高安全性的场景中得到了广泛应用，如电子商务、电子政务等领域。

3. AES 算法

AES 算法是美国国家标准和技术研究所（NIST）在 21 世纪初制定的一种新的对称加密算法。AES 算法采用 Rijndael 算法作为核心算法，支持 128 位、192 位和 256 位 3 种密钥长度。AES 算法通过多轮迭代和复杂的字节替换、行移位、列混合和轮密钥等步骤进行加密和解密操作。

1）优点

（1）具有较高的安全性，能够抵抗已知的各种攻击。

（2）支持多种密钥长度，满足不同的安全需求。

（3）加密速度高，适用于大规模数据加密。

2）缺点

（1）与 DES 算法和 3DES 算法相比，AES 算法的实现相对复杂。

（2）密钥管理仍然是一个挑战。

3）应用领域

AES 算法已成为当前应用最广泛的对称加密算法之一，在军事、金融、电信、电子商务等领域得到了广泛应用。

4. 对称加密算法的选择与应用

在选择对称加密算法时，需要根据实际的安全需求、加密数据量、加密速度等因素进行综合考虑。一般来说，对于需要较高安全性的领域，如军事、金融等领域，建议选择 AES 等具有较高安全性的算法；对于加密数据量较大、对加密速度要求较高的领域，如云计算、大数据等领域，可以考虑使用 DES 或 3DES 等算法。

此外，在实际应用中，还需要注意密钥的管理和分发问题。由于对称加密算法使用相同的密钥进行加密和解密操作，所以密钥的保密性至关重要。在密钥管理方面，可以采用密钥分级原则、密钥更换原则以及密钥管理相关的标准规范等提高密钥的安全性和可管理性。

1）密钥分级原则

对于大型系统，通常采用密钥分级原则。根据密钥的职责和重要性，将密钥分为几个级别，如初级密钥、二级密钥和主密钥（高级密钥）。高级密钥用于保护低级密钥，而最高级别的密钥则通过物理、技术和管理安全保护。这种方式可以减少受保护的密钥数量，并简化密钥管理工作。

2）密钥更换原则

密钥必须按时更换，因为密钥使用时间越长，被破译的可能性就越大。在理想情况下，一个密钥只使用一次，但完全的一次一密在实际应用中并不现实。因此，通常初级密钥采用一次一密，中级密钥更换的频率稍低一些，而主密钥更换的频率更低。密钥更换的频率越高，越有利于安全，但密钥管理也会更加复杂。实际应用中需要在安全和方便之间找到平衡。

3）密钥管理相关的标准规范

国际标准化机构已经制定了关于密钥管理的技术标准规范，如 ISO/IEC JTC1 起草的关于密钥管理的国际标准规范。这些标准规范为密钥管理提供了框架和机制，有助于确保密钥的安全性和管理的规范性。

2.2.3　对称加密算法在网络安全中的应用

1. 数据传输加密

在网络通信中，数据在传输过程中容易被截获、篡改或伪造。为了保障数据的安全性，可以使用对称加密算法对传输的数据进行加密。发送方使用密钥对数据进行加密后，将数据以密文的形式发送给接收方。接收方在收到密文后，使用相同的密钥进行解密，还原原始数据。这样可以确保数据在传输过程中不被窃取或篡改，保障数据的机密性和完整性。

2. 数据存储加密

在数据存储领域，对称加密算法同样具有广泛的应用。通过对存储的数据进行加密，可以防止数据被非法访问和滥用。例如，在数据库中存储敏感数据时，可以使用对称加密算法对敏感数据进行加密。只有持有密钥的用户才能解密并访问这些数据，从而保障数据的机密性和安全性。

3. 密钥管理

在网络安全中，密钥管理是一个重要环节。对称加密算法中的密钥需要被妥善管理和保护，以防止泄露和滥用。为此，可以采用密钥分发中心（KDC）等技术实现密钥的安全分发和管理。KDC 负责生成、分发、存储和保护密钥，确保密钥在传输和使用过程中的安全性。同时，KDC 还可以提供密钥更新和撤销等功能，以适应密钥管理的需求。

4. 身份认证

身份认证是网络安全中的另一个重要环节。通过使用对称加密算法，可以实现用户身份的验证和授权。例如，在远程登录系统中，客户端可以使用密钥对登录请求进行加密并发送给服务器。服务器在收到请求后，使用相同的密钥进行解密并验证客户端的身份。只有身份验证通过的用户才能访问系统资源，从而保障系统的安全性和可用性。

2.2.4　实验：使用在线 AES 工具进行数据加密与解密

本实验使用在线 AES 工具进行操作，不涉及算法细节，旨在使用实际案例帮助学生理解对称加密算法的特点。

AES 加密方式的明文为文本格式，密文为十六进制数字格式，密钥长度可为 16 字节、24 字节或 32 字节，不能为其他长度（注：密钥可以使用汉字、英文字母、数字或特殊字符，一个汉字占 2 字节，一个其他字符占 1 字节）。

实验网址：https://www.lddgo.net/encrypt/aes。

详细步骤如下。

（1）两人为一组（记为 A 和 B），同一组的两人协商并确定密钥，密钥长度必须为 16 字节、24 字节或 32 字节。

（2）每一组中 A 同学进行如下操作。

①在浏览器中打开上面的网址，或者扫描二维码访问此网页。

②加密模式选择 ECB，填充方式选择 pkcs5padding，输入格式选择 string，输出格式选择 hex，字符集选择 UTF-8。

③在"密码"栏输入密钥。

④在"输入内容"栏输入明文，明文可以为中文、英文字符，数字，特殊符号等。

⑤单击"AES 加密"按钮。

⑥复制输出结果，把输出结果通过网络发给 B 同学，模拟密文传送的过程。

（3）B 同学收到密文后，进行如下操作。

①打开网页，按照 A 同学操作的步骤②设置加密模式、填充方式、字符集。

②输入格式选择 hex，输出格式选择 string。

③在"密码"栏输入相同的密钥。

④在"输入内容"栏输入收到的密文。

⑤单击"AES 解密"按钮，查看输出结果。

完成一次实验之后，可以两人交换，B 同学作为发送方，A 同学作为接收方再次执行上述步骤。

2.3 非对称加密算法

非对称加密算法的产生源于对安全通信的更高需求。在网络通信日益频繁的今天，确保信息传输的安全性和保密性变得至关重要。传统的对称加密算法虽然简单易行，但存在密钥分发和管理的难题。因为对称加密算法使用相同的密钥进行加密和解密，所以通信双方必须事先安全地交换密钥，这在很多场景下是难以实现的。

为了克服这一难题，非对称加密算法应运而生。非对称加密算法使用一对密钥：公钥和私钥。公钥用于加密数据，可以公开分享给任何人；私钥用于解密数据，必须严格保密。在这种机制下，即使公钥被截获，攻击者也难以解密信息，除非他们同时拥有相应的私钥。

非对称加密算法，不仅解决了密钥分发的问题，还大大提高了通信的安全性。通过使用不同的密钥进行加密和解密，它实现了信息的保密性、完整性和认证性，为网络通信提供了更为强大的安全保障。因此，非对称加密算法在现代密码学中占据举足轻重的地位。

2.3.1 非对称加密算法的原理

1. 公钥与私钥的生成

非对称加密算法中的公钥和私钥的生成是核心环节。在非对称加密算法中，密钥对包括一个公钥和一个私钥，这两个密钥在数学上是紧密关联的，但各自拥有独特的用途。以下为公钥和私钥的生成过程。

公钥和私钥的生成基于特定的数学问题，通常涉及大数质因数分解和离散对数等复杂数学运算。这些难题在现有计算资源下被认为是难以解决的，因此确保了加密的安全性。

在生成密钥对的过程中，首先需要选择一个合适的加密算法，如广泛使用的 RSA 算法和 ECC 算法。RSA 算法基于大数质因数分解问题，在现有的计算机架构下，计算大数的质因数是一个耗时很长的问题，因此可以通过选取两个大的质数 p 和 q，并计算它们的乘积 $n = p×q$ 来构造一个公钥和一个私钥。ECC 算法基于椭圆曲线中的几何问题，其安全性基于椭圆曲线上的离散对数问题的困难性。离散对数问题是指，给定椭圆曲线上的一个点 P 和另一个点 Q，找到一个整数 k，使 $Q = kP$。在 ECC 算法中，这个整数 k 可以视为私钥，而点 P 和点 Q（或 Q 和 P）可以构成公钥。由于离散对数问题的困难性，从公钥推导出私钥在计算上是不可行的。

通过这个过程生成的公钥和私钥在数学上是紧密关联的，但各自拥有独特的属性。公钥用于加密信息和验证签名，而私钥则用于解密信息和生成签名。这种非对称的性质使非对称加密算法在安全通信和数字签名等领域具有广泛的应用。

2. 加密与解密过程

假设用户 A 想发送一条秘密信息给用户 B。首先，用户 A 需要获取用户 B 的公钥。这个公钥是用户 B 公开给所有人的，可以通过各种渠道获取。然后，用户 A 使用用户 B 的公钥对想要发送的信息进行加密。这个过程就像用一个只有用户 B 知道的锁头（公钥）将信息锁在一个"箱子"里。加密完成后，就可以将这个"上锁"的"箱子"（加密后的信息）发送给用户 B。

在用户 B 收到用户 A 发送的加密信息后，用户 B 需要使用自己的私钥打开这个"箱子"，从而读取原始的信息内容。这个过程就像用户 B 用自己的钥匙（私钥）打开只有自己知道的锁头，从而取出"箱子"里的信息。由于只有用户 B 拥有这个私钥，所以即使加密信息在传输过程中被截获，截获者也无法解密原始的信息内容。

非对称加密/解密的过程不仅保证了信息的机密性，还实现了身份验证的功能。因为只有拥有私钥的用户才能成功解密信息，所以发送者可以确认接收者的身份是真实的。此外，发送者还可以使用自己的私钥对信息进行数字签名，以确保信息完整和不被篡改。接收者可以使用发送者的公钥来验证数字签名，从而确认信息确实是由发送者发送的，并且在传输过程中没有被篡改。

2.3.2 常见的非对称加密算法

1. RSA 算法

RSA 算法的名称源于其发明人的姓氏首字母，这 3 位数学家分别是罗纳德·李维斯特（Ron Rivest）、阿迪·萨莫尔（Adi Shamir）和伦纳德·阿德曼（Leonard Adleman）。他们在 1977 年一起提出了 RSA 算法，当时他们都在麻省理工学院工作。RSA 算法是一种非对称加密算法，在计算机领域的应用非常广泛，几乎是一般用户在信息加密时的首选。RSA 算法使用两个密钥：公钥和私钥。公钥用于加密数据，而私钥则用于解密数据。RSA 算法的安全性基于大数分解的困难性，即对于非常大的数，很难将其分解为两个质数的乘积。以下为 RSA 算法的原理和步骤。

1）RSA 算法的原理

RSA 算法的安全性依赖于以下几个数论原理。

（1）大数分解的困难性：给定一个大的合数，很难在合理的时间内找到其质因数。

（2）欧拉定理：如果 a 和 n 是互质的正整数，那么 a 的 $\phi(n)$ 次方除以 n 的余数是 1，其中 $\phi(n)$ 是小于 n 且与 n 互质的正整数的个数。

（3）模逆元：如果 a 和 m 互质，那么存在一个整数 b，使 $(a \times b) \bmod m = 1$，则称 b 为 a 关于模 m 的模逆元。

2）RSA 算法的步骤

（1）密钥生成。

①选择两个大的质数 p 和 q，计算它们的乘积 $n = p \times q$。n 的长度决定了 RSA 算法的安全性。

②计算欧拉函数 $\phi(n) = (p-1) \times (q-1)$。

③选择一个整数 $e(1 < e < \phi(n))$，使其与 $\phi(n)$ 互质。e 是公钥的一部分。

④计算 e 关于 $\phi(n)$ 的模逆元 d，即满足 $(e \times d) \bmod(n) = 1$ 的整数 d。d 是私钥的一部分。

⑤公钥为 (n, e)，私钥为 (n, d)。

（2）加密。

①将待加密的明文转化为一个整数 $m(m < n)$。

②使用公钥 (n, e) 对 m 进行加密，计算密文 $c = m \char`^ e \bmod n$。

（3）解密。

使用私钥 (n, d) 对密文 c 进行解密，计算明文 $m = c \char`^ d \bmod n$。

3）RSA 算法的安全性

RSA 算法的安全性基于大数分解的困难性。即使知道公钥 (n, e) 和密文 c，也很难在合理的时间内计算出私钥 d 或明文 m。因此，只要 n 足够大（通常至少为 1 024 位或更长），RSA 算法就能提供很高的安全性。

4）RSA 算法的应用

RSA 算法在网络安全、电子商务、数字签名等领域有着广泛的应用。例如，在 HTTPS 中，RSA 算法用于交换密钥和验证证书；在电子商务中，RSA 算法用于保护用户的账户信息和支付安全；在数字签名中，RSA 算法用于验证文件的完整性和用户身份。

5）总结

RSA 算法是一种基于大数分解困难性的非对称加密算法，它使用公钥进行加密，使用私钥进行解密。RSA 算法的安全性取决于密钥的长度和生成方式。在实际应用中，RSA 算法被广泛应用于网络安全、电子商务和数字签名等领域。

2. ECC 算法

ECC 算法，即椭圆曲线加密算法，是一种基于椭圆曲线数学理论的非对称加密算法。

ECC 算法的数学基础是椭圆曲线椭圆离散对数计算的困难性。椭圆曲线在密码学中的使用是在 1985 年由 Neal Koblitz 和 Victor Miller 分别独立提出的。椭圆曲线密码学（ECC）以其密钥短、高效、安全著称，是公钥密码学的一个重要分支。

1）基本原理

（1）椭圆曲线方程。首先需要定义一个椭圆曲线的方程，通常表示为 $y^2 = x^3 + ax + b$，其中 a 和 b 是曲线的参数，这个方程描述了曲线上点的分布规律。

（2）基点与循环群。在椭圆曲线上，定义一个基点 G，通过对这个基点进行重复的加法操作（椭圆曲线上点的加法），可以得到一系列点，这些点构成了一个循环群。

（3）加密与解密。利用这个循环群的特性，可以实现椭圆曲线上点的加法和乘法运算，从而实现加密和解密。具体来说，选择一个私钥 k，然后计算公钥 $Q=kG$（即基点 G 的 k 次加法）。在加密过程中，使用公钥 Q 对明文进行加密，生成密文。在解密过程中，使用私钥 k 对密文进行解密，还原明文。

2）ECC 算法的优势

（1）安全性高。ECC 算法的安全性基于椭圆曲线离散对数计算的困难性。在已知椭圆曲线和一个点的情况下，计算出另一个点的难度很大。这种特性使 ECC 算法成为一种非常有效的非对称加密算法。此外，有研究表示 160 位的椭圆密钥与 1 024 位的 RSA 密钥的安全性相同。

（2）处理速度高。在私钥的加密/解密速度上，ECC 算法比 RSA 算法、DSA 算法的速度更高。

（3）存储空间占用小。ECC 算法能够以更短的密钥实现相当高的安全强度，因此在资源受限的环境下被广泛应用。

（4）带宽要求低。ECC 算法适合在带宽受限的环境中使用，如移动设备和物联网环境中。

3）应用领域

ECC 算法适用于各种需要高安全性、高效率和小计算量的场景，如移动设备、物联网、电子票据的签名和验证以及金融交易等。在这些场景中，ECC 算法能够保证数据的安全性和完整性。

总的来说，ECC 算法是一种高效且安全的非对称加密算法，在信息安全领域中扮演着重要的角色。

2.3.3 非对称加密算法的应用

1. 安全通信

在数字化时代，安全通信是任何在线交互的核心。非对称加密算法为网络通信提供了坚实的基础，确保了数据的保密性、完整性和会话密钥协商。

（1）数据的保密性。非对称加密算法通过公钥和私钥配对，使只有拥有私钥的接收者能解密使用公钥加密的数据。这种机制有效防止了数据在传输过程中被未经授权的第三方截获和阅读。例如，在 HTTPS 中，服务器使用其私钥对传输的数据进行加密，而客户端则使用服务器的公钥来解密数据。在这种加密通信方式下，即使数据在网络中传输，也能保持其保密性。

（2）数据的完整性。除了数据的保密性外，非对称加密算法还保证了数据的完整性。在传输过程中，数据可能被篡改或被破坏。通过使用非对称加密算法，发送者可以使用私钥为数据生成一个数字签名，并将其附加到数据上。接收者可以使用发送者的公钥来验证数据签名的有效性，从而确保数据在传输过程中没有被篡改。这种机制使数据能够安全地传输到目的地，并保持其完整性。

（3）会话密钥协商。非对称加密算法还提供了会话密钥协商的机制。在通信过程中，每次会话都使用不同的密钥进行加密和解密。这进一步提高了通信的安全性。通过使用公钥和私钥配对，通信双方可以协商出一个安全的会话密钥，用于当前会话的加密和解密操作。这种机制使每次通信都能使用不同的密钥，从而防止了密钥被长期截获和破解。

2. 数字签名

数字签名是非对称加密算法的又一个重要应用，它主要用于验证数据的完整性和数据来源的真实性。

（1）验证数据的完整性。数字签名使用私钥对数据进行签名，并将签名附加到数据上。接收者可以使用发送者的公钥来验证数字签名的有效性，从而确保数据在传输过程中没有被篡改。这种机制使数据在传输过程中能够保持其完整性，防止数据被恶意修改或被破坏。例如，在软件分发过程中，开发者可以使用私钥对软件进行数字签名，并将数字签名附加到软件安装包中。用户下载软件后，可以使用开发者的公钥来验证数字签名的有效性，从而确保软件没有被篡改或感染病毒。

（2）验证数据来源的真实性。除了验证数据的完整性，数字签名还可以用于验证数据来源的真实性。由于只有私钥持有者才能生成有效的数字签名，所以接收者可以通过验证数字签名的有效性来确认数据来源的真实性。这种机制使数据具有可追溯性，降低了伪造和冒充的风险。例如，在电子邮件通信中，发送者可以使用私钥对电子邮件进行数字签名，并将数字签名附加到电子邮件中。接收者可以使用发送者的公钥来验证数字签名的有效性，从而确认电子邮件的真实性和来源。

（3）法律效力。数字签名在法律上被广泛认可，具有与传统手写签名相同的法律效力。这使数字签名在电子商务、电子合同等领域得到了广泛应用。通过使用数字签名，交易双方可以确保合同的真实性和有效性，避免了合同伪造或篡改所引发的法律纠纷。

3. 身份认证

身份认证是网络安全的重要组成部分，而非对称加密算法为身份认证提供了强有力的支持。

（1）公钥验证。在身份认证过程中，公钥扮演了重要的角色。服务器或系统通常存储着用户的公钥信息，当用户尝试访问系统时，系统会要求用户提供相应的私钥进行验证。由于私钥只有用户自己知道，所以只有合法的用户才能通过私钥验证。这种机制确保了只有经过认证的用户才能访问系统资源，阻止了未授权的访问。

（2）双向认证。非对称加密算法还支持双向认证，即不仅验证用户的身份，还验证服务器的身份。在客户端和服务器进行通信时，双方都可以使用对方的公钥进行加密和解密操作，从而确保通信的安全性。这种机制有效降低了中间人攻击和假冒服务器的风险。

（3）安全密钥交换。在身份认证过程中，密钥的交换也是一个重要的环节。非对称加密算法提供了安全密钥交换机制，使通信双方可以在不安全的网络环境中安全地交换密钥。在这种机制下，即使在网络中存在恶意攻击者，也能保证密钥的安全性，从而确保通信的安全性。

4. 加密支付数据

在支付领域，非对称加密算法对于保护用户的敏感信息至关重要。

（1）支付请求签名。在支付过程中，支付请求需要包含一些敏感信息，如银行卡号、密码等。通过使用非对称加密算法，用户可以使用私钥对支付请求进行签名，并将签名附加到支付请求中。支付平台收到支付请求后，可以使用用户的公钥来验证签名的有效性，从而确保支付请求的真实性和完整性。这种机制有效降低了支付请求被篡改或被伪造的风险。

（2）保护支付数据。除了支付请求，支付过程还涉及一些其他敏感数据，如交易金额、交易时间等。这些数据同样需要得到保护。通过使用非对称加密算法，支付平台可以使用私钥对这些数据进行加密存储和传输。即使数据在传输过程中被截获，攻击者也无法解密而获取其中的敏感信息。这种机制确保了支付数据的安全性，降低了数据被泄露和被盗用的风险。

（3）安全密钥管理。在支付系统中，密钥管理也是一个重要的环节。非对称加密算法提供了安全密钥管理机制，使密钥的生成、存储、分发和销毁都能得到有效控制。这种机制确保了密钥的安全性，降低了密钥被泄露或滥用的风险。同时，非对称加密算法还支持密钥的定期更换和撤销操作，进一步提高了支付系统的安全性。

2.3.4　非对称加密算法的应用难点与挑战

1. 密钥管理中的安全隐患

非对称加密算法本身具有较高的安全性，但密钥管理过程的安全性同样至关重要。

密钥管理过程包括密钥的生成、存储、分发、使用和销毁等环节，每个环节都可能对非对称加密算法的安全性产生影响。

1）密钥生成

密钥生成是非对称加密算法的起点，也是确保整个加密过程安全性的基础。在生成密钥时，必须确保密钥的随机性和不可预测性。如果密钥的生成过程存在缺陷，那么攻击者就有可能通过分析算法或猜测生成规律来破解密钥，从而破坏整个加密系统的安全性。

为了保证密钥的随机性和不可预测性，通常需要使用高质量的随机数生成器来生成密钥。随机数生成器需要遵循严格的算法标准和安全规范，以确保生成的密钥具有足够高的复杂性和安全性。此外，密钥的生成过程还需要考虑算法的安全性，避免使用存在已知安全漏洞的算法。

2）密钥存储

密钥存储是非对称加密算法中的关键环节，关系到密钥的保密性和完整性。一旦密钥被泄露或被篡改，则整个加密系统的安全性将受到严重威胁。

为了确保密钥的存储安全，需要采取一系列安全措施。首先，应使用安全的存储介质来存储密钥，如硬件安全模块（HSM）或加密存储设备。这些设备具有强大的加密能力和物理防护措施，可以有效防止密钥被泄露和被篡改。其次，需要采用严格的密钥访问控制策略，确保只有经过授权的人员才能访问和使用密钥。最后，需要定期备份和恢复密钥，以防止意外事件导致密钥丢失或损坏。

3）密钥分发

密钥分发是非对称加密算法中的另一个重要环节。在分布式系统中，密钥需要通过安全的通信通道进行分发，以确保在传输过程中不被截获或被篡改。

为了实现密钥的安全分发，需要使用安全的通信协议和加密算法来传输密钥。这些协议和算法需要具有高度的安全性和可靠性，能够抵御各种网络攻击。同时，还需要建立严格的密钥分发流程和管理制度，确保只有合法的用户才能接收密钥，并且每个用户只能接收与其身份和权限匹配的密钥。

4）密钥使用

密钥使用是非对称加密算法中的核心环节。在使用密钥进行加密和解密操作时，必须确保操作的正确性和安全性。一旦操作不当或存在安全漏洞，就可能导致加密数据被泄露或被篡改。

为了确保密钥使用的安全性，需要采取一系列安全措施。首先，需要建立严格的密钥使用流程和规范，确保用户在使用密钥时遵循正确的操作流程和步骤。其次，需要采用安全的加密算法和协议来执行加密和解密操作，以确保数据的保密性和完整性。最后，需要对用户进行培训和指导，提高他们的安全意识和操作技能。

5）密钥销毁

密钥销毁是非对称加密算法中的最后一个环节。当不再需要密钥时，必须确保密钥被彻底销毁，以防止密钥被泄露和被滥用。

为了实现密钥的安全销毁，需要采用物理销毁或数字销毁等方式来彻底销毁密钥。物理销毁可以通过销毁存储密钥的硬件设备来实现；数字销毁则可以通过删除或覆盖密钥数据来实现。无论采用哪种方式，都需要确保密钥被彻底销毁，并且无法被恢复或重新使用。

密钥管理过程对非对称加密算法的安全性具有至关重要的影响。从密钥的生成、存储、分发、使用到销毁，每个环节都可能成为攻击者入侵的突破口。因此，在设计和实施非对称加密算法时，必须充分考虑密钥管理的安全性问题，并采取一系列安全措施来确保密钥的保密性、完整性和可用性。只有这样，才能确保非对称加密算法在实际应用中发挥其应有的作用，保护数据和信息安全。

2. 计算资源的消耗

非对称密钥加密算法以其独特的公/私钥对机制，为数据的加密与解密提供了强大的安全保障。然而，这种强大的安全保障，往往伴随着计算资源的大量消耗。在实际应用中，计算资源的消耗不仅影响加密和解密的速度，还涉及系统的整体性能、能耗以及成本等多个方面。

1）对加密和解密效率的影响

非对称加密算法在加密和解密过程中需要执行复杂的数学运算，如大数质因数分解、模幂运算等。这些运算需要消耗大量的 CPU 和内存资源，导致加密和解密过程相对缓慢。在数据量较大的场景下，这种效率问题尤为突出。例如，在实时通信系统中，如果采用非对称加密算法对数据进行加密，可能因为加密过慢而无法满足实时性的要求；在大数据处理中，大量的数据加密操作也会消耗大量的计算资源，导致整体处理速度下降。

为了提高加密和解密的效率，研究者们不断尝试优化非对称加密算法的实现，例如采用更高效的数学算法、利用并行计算技术加速运算过程、利用硬件加速器（如 GPU、FPGA 等）分担计算任务等。这些优化措施在一定程度上提高了非对称加密算法的性能，但仍然无法完全消除计算资源的消耗对加密和解密效率的影响。

2）对系统性能的影响

非对称加密算法的高计算资源消耗不仅影响加密和解密过程本身，还可能对系统的整体性能产生负面影响。当系统中有大量并发请求需要进行加密或解密操作时，CPU 和内存资源可能成为瓶颈，导致系统响应速度变低甚至崩溃。此外，非对称加密算法还可能与其他系统任务争夺计算资源，导致系统整体性能下降。

为了解决这一问题，可以采取一些策略来优化系统资源的使用，例如：采用异步处理方式将加密和解密操作与主线程分离，避免阻塞主线程的执行；使用缓存技术来存储常用的密钥和加密结果，减少重复计算；利用负载均衡技术将加密和解密任务分散到多个服务器或节点上执行。这些策略可以在一定程度上缓解计算资源的消耗对系统性能的影响。

3）对能耗的影响

非对称加密算法的高计算资源消耗也意味着更高的能耗。在加密和解密过程中，CPU 需要执行大量的计算任务，这会导致处理器的温度升高、功耗增加。特别是在移动设备或嵌入式系统中，由于电池容量的限制，高能耗可能导致设备续航时间缩短甚至无法正常工作。

为了降低非对称加密算法的能耗，可以采用一些低功耗的设计策略，例如：使用低功耗的处理器或硬件加速器来执行加密和解密操作；优化算法实现以减少不必要的计算步骤；采用节能模式来降低设备的整体功耗。这些策略可以在一定程度上降低非对称加密算法的能耗，提高设备的续航能力。

4）安全性与成本之间的权衡

非对称加密算法虽然提供了强大的安全保障，但其高计算资源消耗也带来了成本问题。在实际应用中，为了降低成本，可能选择使用计算资源消耗较低但安全性稍逊的算法或方案。这需要在安全性与成本之间进行权衡，并根据具体的应用场景和需求做出决策。

一方面，对于一些对安全性要求极高的应用场景（如金融交易、敏感数据传输等），即使非对称加密算法的计算资源消耗较高，也必须采用以保证数据的安全性。另一方面，对于一些对实时性或性能要求较高的应用场景（如实时通信、高性能计算等），可能需要采用计算资源消耗较低但安全性稍逊的算法或方案来平衡安全性与成本。

3. 量子计算的威胁

量子计算作为计算机科学的前沿技术，正在逐步展现其独特的魅力与潜力。它基于量子力学的基本原理，以量子比特作为信息的基本单元，通过量子叠加、量子纠缠等特性，实现了对信息的全新处理方式。与传统计算相比，量子计算以其独特的并行性和纠缠性，为解决一些传统计算难以处理的复杂问题提供了新的可能性。

量子计算的特点在于其并行性和纠缠性。在量子世界中，量子比特可以处于多个状态的叠加态，这意味着量子计算能够在一次操作中同时处理多个任务，实现真正的并行计算。此外，量子比特之间还可以形成纠缠态，即它们之间的状态是相互关联的，这种纠缠性使量子计算在处理某些问题时具有独特的优势。同时，量子计算还具备指数级加速的能力，即在处理某些特定问题时，其速度可以远超传统计算。

然而，量子计算的发展也给信息安全领域带来了巨大的挑战，特别是对非对称加密算法的安全性构成了严重威胁。非对称加密算法，如 RSA 算法和 ECC 算法，是现代信息安全领域的基石，它们通过公钥和私钥配对来实现加密和解密操作。然而，随着量子计算技术的进步，这些算法的安全性正面临前所未有的挑战。

量子计算机中的 Shor 算法可以在较短时间内完成大数质因数分解，这直接威胁到 RSA 算法的安全性，因为 RSA 算法的安全性正是基于大数质因数分解计算的困难性。一旦量子计算机成为现实，RSA 算法将变得不再安全。同样，ECC 算法也面临着类似的威胁。量子计算机中的 Grover 算法可以加速离散对数问题的求解，这使 ECC 算法在量子计算时代面临严重的安全威胁。

面对量子计算的挑战，需要保持警惕并积极探索新的加密技术和方法。同时，加强信息安全的防护和监管工作也显得尤为重要。只有这样，才能确保信息安全领域能够应对量子计算带来的挑战，保护数据和信息安全。

2.4 数字签名与认证技术

2.4.1 数字签名概述

在信息化社会，电子文档的传输和存储已成为日常生活和工作中不可或缺的一部分。然而，如何确保电子文档在传输过程中的真实性和完整性，以及验证发送者的身份，成为一个亟待解决的问题。数字签名技术提供了有效的解决方案。

1. 数字签名的定义

数字签名，又称为公钥数字签名，是一种只有信息的发送者才能产生的、别人无法伪造的数字串。这段数字串不仅是信息发送者身份的有效证明，更是对信息发送者发送信息真实性的有效保障。数字签名利用公钥加密领域的技术来实现，类似日常在纸上签名的物理过程，但其在安全性、可验证性和不可抵赖性方面具有更大的优势。

2. 数字签名的原理

数字签名基于非对称加密算法与数字摘要技术的应用。在数字签名过程中，发送者首先使用哈希函数为原始消息，生成一个固定长度的消息摘要。这个消息摘要唯一地代表了原始消息，任何对原始消息的修改都会导致消息摘要改变。然后，发送者使用自己的私钥对消息摘要进行加密，生成数字签名。这个数字签名与原始消息一起发送给接收者。

接收者在收到消息和数字签名后，首先，使用发送者的公钥对数字签名进行解密，得到消息摘要；然后，接收者使用相同的哈希函数为原始消息，生成另一个消息摘要；最后，接收者将两个消息摘要进行比较。如果两个消息摘要相同，说明原始消息在传输过程中没有被篡改，是真实的；如果两个消息摘要不同，说明原始消息在传输过程中被篡改了，不能信任。

3. 数字签名的使用

数字签名的使用涉及公钥密码学、哈希函数、数字证书等密码学技术。在数字签名的使用过程中，每个人都有一对"钥匙"——公钥和私钥。公钥可以公开，任何人都可以使用它对消息进行加密；私钥只有持有者自己知道，用于对消息进行解密和数字签名。

在数字签名的具体应用中，首先需要对发送者的身份进行认证。发送者需要向身份认证机构注册自己的公钥，并获得一个数字证书。这个数字证书是发送者身份的有效证明，也是接收者验证数字签名的依据。

当发送者需要发送一个电子文档时，首先使用哈希函数为文档生成消息摘要，然后使用自己的私钥对消息摘要进行加密，生成数字签名。这个数字签名与原始电子文档一起发送给接收者。

接收者在收到电子文档和数字签名后，首先使用发送者的公钥对数字签名进行解密，得到消息摘要，然后使用相同的哈希函数为原始电子文档生成另一个消息摘要，最后将两个消息摘要进行比较。如果两个消息摘要相同，说明电子文档在传输过程中没有被篡改，是真实的；如果两个消息摘要不同，说明电子文档在传输过程中被篡改了，不能信任。

4. 数字签名的特点

数字签名具有以下特点。

（1）唯一性。每个发送者的私钥都是唯一的，因此生成的数字签名也是唯一的。这保证了数字签名的不可抵赖性。

（2）不可抵赖性。由于数字签名是由发送者的私钥生成的，所以只有发送者才能生成该数字签名。一旦发送者发送了带有数字签名的消息，其就不能否认自己发送过该消息。

（3）可验证性。接收者可以使用发送者的公钥对数字签名进行解密和验证。这保证了数字签名的真实性和可靠性。

（4）完整性。由于数字签名是基于消息摘要生成的，所以任何对消息的修改都会导致消息摘要改变。这保证了消息的完整性。

5. 数字签名技术的历史与发展

数字签名技术的起源可以追溯到20世纪70年代。当时，随着计算机网络的兴起，人们开始意识到信息在传输过程中可能面临的安全问题，如数据被篡改、来源无法确认等。为了解决这些问题，研究人员开始探索一种能够在网络上验证信息完整性和来源可靠性的技术。

1976年，迪菲和赫尔曼首次提出了数字签名的概念，为后来的研究奠定了基础。他们通过模拟传统的手写签名过程，设计了一种基于公钥密码学的数字签名方案。该方案使用公钥和私钥进行加密和解密操作，实现了对信息的签名和验证功能。

1978年，Rivest、Shamir和Adleman共同发明了RSA算法，并基于此算法提出了RSA数字签名方案。RSA数字签名方案利用大数分解的困难性，构造了一个既可用于加密也可用于签名的安全体系。该方案具有安全性高、实现简单等优点，至今仍被广泛应用于各种网络安全领域。

RSA数字签名方案的提出，标志着数字签名技术进入了新的发展阶段。随着研究的深入，越来越多的数字签名方案被提出，如椭圆曲线数字签名算法（ECDSA）、基于身份的密码技术（IBC）等。这些方案在安全性、效率等方面各有特点，为数字签名技术的应用提供了更多的选择。

1）数字签名技术的发展历程

（1）一次性签名方案（OTS）。在RSA数字签名方案被提出后不久，研究人员开始探索更高效的数字签名方案。1978年，Rabin提出了一种一次性签名方案。该方案实现简单，甚至可以直接用部分密钥（与身份有关）作为签名。然而，由于每个密钥对仅加密1bit信息，因此其安全性相对较低，且成本较高。

（2）Merkle数字签名方案。为了提高数字签名的效率，Merkle提出了一种基于哈希树的数字签名方案。该方案通过将多个消息哈希值组合成一个树形结构，并只签名树的根节点值来实现对多个消息的签名。Merkle数字签名方案在保证安全性的同时，降低了签名和验证的开销，具有较高的效率。

（3）Elgamal数字签名算法。1984年，Taha Elgamal基于离散对数问题提出了一种新的数字签名算法——Elgamal数字签名算法。该算法利用离散对数问题的困难性，构造了一个既可用于加密也可用于签名的安全体系。与RSA算法相比，Elgamal数字签名算法在安全性上有所提高，但在效率方面略逊一筹。

（4）基于身份的密码技术（IBC）。1984年，Adi Shamir提出了基于身份的密码技术的概念，并给出了第一个基于身份的数字签名方案。基于身份的密码技术将用户的身份信息（如姓名、邮箱等）直接作为公钥使用，从而简化了密钥管理过程。此外，基于身份的密码技术还可以实现无须公钥证书的数字签名和加密功能，进一步提高了系统的安全性。

2）数字签名技术的现状与应用

随着研究的深入和技术的不断发展，数字签名技术已经取得了长足的进步。目前，数字签名技术已经广泛应用于各种网络安全领域，如电子商务、电子政务、网络通信等。在电子商务中，数字签名技术可以用于保障交易双方的身份认证、交易信息的完整性和不可否认性等；在电子政务中，数字签名技术可以用于实现电子文档的签名和验证功能，提高政府工作的透明度和效率；在网络通信中，数字签名技术可以用于保障通信双方的信息安全和隐私安全等。

此外，随着云计算、大数据、物联网等新兴技术的发展，数字签名技术也面临着新的挑战和机遇。如何将这些新技术与数字签名技术结合，进一步提高系统的安全性和效率，是数字签名技术未来发展的重要方向之一。

2.4.2 数字签名使用流程

1. 生成数字签名

数字签名的生成是一个严谨且复杂的过程，通常涉及以下步骤。

1）密钥生成

在数字签名的起始阶段，首先需要生成一对密钥：公钥和私钥。这对密钥是通过非对称加密算法（如 RSA 算法、DSA 算法、ECDSA 算法等）产生的。非对称加密算法的特性是公钥用于加密和验证，而私钥用于解密和签名。

公钥是公开的，可以广泛分发，而私钥则是保密的，只有密钥的生成者（即签名者）知道。私钥的安全性是数字签名系统的基础，一旦私钥泄露，签名者的身份和数据的安全性都将受到威胁。

2）准备待签名的数据

在生成数字签名之前，签名者需要准备好待签名的数据。这些数据可以是任何形式的信息，如文本、图像、音频、视频等。数据的完整性和真实性是签名者需要保证的。

3）计算哈希值

为了确保数据的完整性，签名者会使用哈希算法（如 SHA-256、MD5 等）对待签名的数据进行处理。哈希算法可以将任意长度的数据转换为一个固定长度的哈希值（也称为消息摘要）。这个哈希值具有唯一性和不可逆性，即相同的数据会生成相同的哈希值，而不同的数据生成的哈希值则几乎不可能相同。

4）生成数字签名

有了哈希值之后，签名者会使用自己的私钥对哈希值进行加密操作，生成数字签名。这个过程实际上是将哈希值和私钥结合，形成一个独特的、与签名者私钥紧密关联的数字签名。这个数字签名可以确保数据来源的可靠性，因为只有拥有私钥的签名者才能生成这个数字签名。

2. 验证数字签名

数字签名的验证过程也是一个严谨的过程，通常涉及以下步骤。

1）接收数据和数字签名

接收方从发送方那里接收到原始数据和数字签名。在这个过程中，接收方需要确保接收到的数据在传输过程中没有被篡改。

2）解密签名

接收方使用发送方的公钥对数字签名进行解密操作，还原原始的哈希值。这个过程实际上是验证签名者身份的过程，因为只有拥有对应公钥的接收方才能解密出正确的哈希值。

3）计算哈希值

接收方使用与发送方相同的哈希算法对接收到的原始数据进行处理，生成一个新的哈希值。这个哈希值需要与解密得到的哈希值进行对比。

4）对比哈希值

接收方将解密得到的哈希值与自己计算得到的哈希值进行对比。如果两个哈希值相同，则说明原始数据在传输过程中没有被篡改，并且数字签名是有效的；如果两个哈希值不同，则说明原始数据在传输过程中可能被篡改，或者数字签名是无效的。

3. 数字签名验证原理

数字签名之所以能够验证发送方和数据完整性，主要基于以下几个原因。

1）身份验证（验证发送方）

数字签名使用非对称加密算法生成的公钥和私钥对，确保了只有持有私钥的签名者才能生成有效的数字签名。当接收方使用发送方的公钥成功解密数字签名时，可以确认该数字签名是由发送方生成的，从而验证了发送方的身份。

2）数据完整性验证

数字签名中的哈希值是对原始数据的唯一标识。哈希算法的特性使数据的任何微小改动都会导致哈希值的显著变化。因此，当接收方使用相同的哈希算法对接收到的数据进行处理并生成新的哈希值时，如果新的哈希值与解密得到的哈希值相同，就说明数据在传输过程中没有被篡改；如果两个哈希值不同，则说明数据在传输过程中可能被篡改。

3）非对称加密算法的安全性

非对称加密算法的安全性是数字签名技术的基础。公钥和私钥的配对使用确保了只有持有私钥的签名者才能生成有效的数字签名，而只有持有对应公钥的接收方才能验证数字签名的有效性。这种机制使数字签名具有高度的安全性和可靠性。

4）哈希算法的不可逆性

哈希算法的不可逆性保证了数据的完整性。一旦数据被篡改，其哈希值就会发生变化。这种变化是显著的且不可逆的，因此可以很容易地检测出数据是否被篡改。

数字签名通过非对称加密算法和哈希算法的结合，实现了对发送方身份的验证和数据完整性的保护。这使数字签名在电子商务、电子政务、网络通信等领域得到了广泛的应用。

2.4.3 数字签名的应用场景

1. 电子邮件安全

（1）身份认证。在电子邮件通信中，身份认证是确保通信双方身份真实性的重要环节。数字签名技术通过公钥和私钥的配对使用，实现了对发送者身份的认证。发送者使用自己的私钥对电子邮件进行签名，接收者使用发送者的公钥进行验证。如果验证成功，则表明电子邮件确实来自发送者本人，从而降低了伪造电子邮件的风险。

（2）数据完整性验证。数字签名技术还可以用于验证电子邮件在传输过程中是否被篡改。发送者使用私钥对电子邮件内容进行签名，并将签名与电子邮件内容一同发送给接收者。接收者收到电子邮件后，使用发送者的公钥对数字签名进行验证。如果数字签名验证成功，则表明电子邮件在传输过程中未被篡改，保持了数据的完整性。这种验证机制可以有效地防止恶意攻击者对电子邮件内容进行篡改，保障电子邮件的安全性。

（3）不可抵赖性。数字签名技术还具有不可抵赖性，即发送者无法否认自己发送过某封电子邮件。这是因为发送者使用自己的私钥对电子邮件进行签名，而私钥只有发送者自己知道。如果接收者能够使用发送者的公钥成功验证数字签名，那么就可以确认电子邮件确实来自发送者本人。即使发送者试图否认发送过该电子邮件，也无法抵赖数字签名的事实。这种不可抵赖性有助于维护电子邮件通信的公平性和公正性。

数字签名技术在电子邮件安全中的实际应用如下。

（1）S/MIME 协议。S/MIME 是一种基于公钥密码学的电子邮件安全协议，它使用数字签名和加密技术来保护电子邮件的传输安全。S/MIME 协议允许发送者对电子邮件进行签名和加密处理，接收者则可以使用相应的公钥和私钥进行验证和解密。通过 S/MIME 协议，可以实现电子邮件的加密传输、数字签名验证、身份认证等功能，从而保障电子邮件的安全性。

（2）PGP 软件。PGP（Pretty Good Privacy）是一种广泛使用的电子邮件加密软件，它支持数字签名和加密功能。使用 PGP 软件，用户可以创建自己的公钥和私钥对，并使用私钥对电子邮件进行签名和加密处理。接收者收到电子邮件后，可以使用发送者的公钥进行验证和解密。PGP 软件还提供了密钥管理、数字签名验证等功能，方便用户进行电子邮件的安全通信。

（3）电子邮件客户端内置功能。许多电子邮件客户端软件都内置了数字签名和加密功能，如 Outlook、Thunderbird 等。用户可以在这些电子邮件客户端软件中设置自己的公钥和私钥，并使用这些功能对电子邮件进行签名和加密处理。接收者收到电子邮件后，可以直接在电子邮件客户端软件中进行验证和解密操作，无须额外安装其他软件。这种内置功能的使用方式简单方便，提高了电子邮件安全性的普及率。

数字签名技术在电子邮件安全中发挥着重要作用，它通过公钥和私钥的配对使用，实现了对电子邮件内容的签名和验证功能，确保了电子邮件的真实性和完整性。同时，数字签名技术还具有身份认证和不可抵赖性等特点，有助于维护电子邮件通信的公平性和公正性。在实际应用中，可以通过 S/MIME 协议、PGP 软件以及电子邮件客户端内置功能等方式来实现数字签名技术的应用，提高电子邮件的安全性。

2. 软件分发与验证

在软件分发与验证领域，数字签名技术扮演着至关重要的角色。它确保了软件在分发过程中的完整性和真实性，降低了软件被篡改或被冒名顶替的风险。以下详细阐述数字签名技术在软件分发与验证中的应用。

1）数字签名技术在软件分发与验证中的作用

（1）完整性保护。数字签名技术可以确保软件在分发过程中未被篡改。软件开发者在发布软件之前，使用私钥对软件进行签名，并将数字签名与软件一同分发给用户。用户在下载和安装软件时，使用开发者的公钥对数字签名进行验证。如果数字签名验证成功，说明软件在分发过程中未被篡改，保持了其完整性。这种完整性保护机制有效地降低了恶意攻击者在分发过程中植入病毒、木马等恶意代码的风险。

（2）身份认证。数字签名技术还可以实现软件开发者的身份认证。在软件分发过程中，用户需要确认所下载的软件是否来自可信的软件开发者。通过数字签名技术，用户可以使用软件开发者的公钥对数字签名进行验证，以确认软件的来源是否可靠。这种身份认证机制有助于防止恶意攻击者冒充软件开发者发布恶意软件。

（3）不可否认性。数字签名技术具有不可否认性。一旦软件开发者使用私钥对软件进行签名，就无法否认自己曾经发布过该软件。这种不可否认性有助于维护软件分发过程中的公平性和公正性，防止软件开发者在软件出现问题时推卸责任。

2）数字签名技术在软件分发与验证中的实际应用

（1）软件开发与发布流程。在软件开发与发布流程中，数字签名技术被广泛应用于软件的签名和验证环节。首先，软件开发者在完成软件开发后，使用自己的私钥对软件进行签名，生成一个独特的数字签名。然后，开发者将数字签名与软件一同发布到官方网站或第三方应用商店等分发渠道。用户在下载和安装软件时，可以从分发渠道获取软件的数字签名信息，并使用开发者的公钥进行验证。

（2）第三方应用商店的验证机制。在第三方应用商店中，数字签名技术被用于验证上架软件的完整性和真实性。第三方应用商店会对上架的软件进行严格的审核和验证，确保软件来自可信的软件开发者，并且未被篡改。在审核过程中，第三方应用商店会使用软件开发者的公钥对软件的数字签名进行验证，以确认软件的来源和完整性。只有经过验证的软件才会被允许上架销售。

（3）软件更新与升级过程。在软件更新与升级过程中，数字签名技术同样发挥着重要作用。当软件开发者发布新版本或补丁程序时，会使用私钥对新版本或补丁程序进行签名，并将数字签名与软件一同发布。用户在更新或升级软件时，可以从分发渠道获取新版本或补丁程序的数字签名信息，并使用开发者的公钥进行验证。通过验证，用户可以确认新版本或补丁程序来自可信的软件开发者，并且未被篡改。

（4）自动化验证工具。为了提高验证的效率和准确性，一些自动化验证工具被广泛应用于软件分发与验证中。这些工具可以自动获取软件的数字签名信息，并使用相应的公钥进行验证。一旦验证失败，这些工具会立即发出警告或阻止软件的安装和运行。这种自动化验证机制大大提高了软件分发与验证的效率和安全性。

数字签名技术在软件分发与验证中发挥着至关重要的作用。它通过公钥和私钥的配对使用，确保了软件的完整性和真实性，防止了软件被篡改或被冒名顶替。在实际应用中，数字签名技术被广泛应用于软件开发与发布流程、第三方应用商店的验证机制、软件更新与升级过程以及自动化验证工具中。随着数字签名技术的不断发展，它将在软件分发与验证中发挥更加重要的作用。

3. 电子商务中的交易安全

随着互联网的普及和电子商务的迅猛发展，电子商务交易的安全性成为人们关注的焦点。数字签名技术作为一种重要的信息安全手段，被广泛应用于电子商务交易中，有效地保证了数据真实性、完整性和不可抵赖性，为电子商务的健康发展提供了坚实的技术保障。在电子商务交易过程中，数字签名技术在身份认证、数据完整性保护、不可抵赖性保障、防止重放攻击等方面提供了安全支持。

（1）身份认证。在电子商务交易中，身份认证是确保交易双方身份真实性的重要环节。数字签名技术可以通过公钥和私钥的匹配验证，实现交易双方的身份认证。具体来说，交易双方可以在交易前交换公钥，并使用对方的公钥对交易信息进行加密和签名。接收方收到加密和签名后的交易信息后，可以使用自己的私钥进行解密，并使用对方的公钥对数字签名进行验证。如果验证成功，则说明交易信息的发送者确实是对方，从而实现了身份认证。

（2）数据完整性保护。在电子商务交易中，数据完整性保护是确保交易信息在传输过程中不被篡改的关键。数字签名技术可以通过对交易信息的数字摘要进行加密和签名，确保交易信息在传输过程中的完整性和真实性。具体来说，发送方在发送交易信息前，会先对交易信息进行散列运算，生成一个唯一的数字摘要，并使用自己的私钥对该数字摘要进行加密和签名。接收方收到加密和签名后的交易信息后，会先使用发送方的公钥对数字签名进行验证，确认数字摘要的完整性和真实性。然后接收方对接收到的交易信息进行散列运算，生成一个新的数字摘要，并将其与解密得到的数字摘要进行比对。如果两个数字摘要相同，则说明交易信息在传输过程中未被篡改，从而实现了数据完整性保护。

（3）不可抵赖性保障。在电子商务交易中，不可抵赖性保障是确保交易双方不能否认已经完成的交易的重要手段。数字签名技术具有法律效力，可以为交易双方提供不可抵赖性保障。具体来说，交易双方在交易过程中会使用数字签名技术对交易信息进行签名和验证。如果一方否认已经完成的交易，另一方可以提供包含数字签名的交易信息作为证据进行证明。数字签名的唯一性和不可伪造性可以确保该证据的真实性和可信度，从而为交易双方提供不可抵赖性保障。

（4）防止重放攻击。重放攻击是一种常见的网络攻击手段，攻击者通过捕获和重放旧的交易信息来欺骗接收方。数字签名技术可以通过时间戳等机制来防止重放攻击。具体来说，发送方在生成数字签名时会添加当前的时间戳等信息作为附加信息。接收方在验证数字签名时会检查附加信息中的时间戳等信息是否合法和有效。如果时间戳等信息不合法或无效，则说明该交易信息可能是被重放的旧信息，接收方可以拒绝接收该交易信息。

4. 智能合约

近年区块链技术不断发展，智能合约作为一种在区块链上自动执行、无须第三方干预的合同形式，逐渐得到了广泛的应用。而数字签名技术作为确保数据完整性和真实性的重要手段，在智能合约的创建、执行和验证过程中扮演着至关重要的角色。

数字签名技术在智能合约中的应用包括智能合约的创建与验证、智能合约的执行与监督、智能合约纠纷解决等方面。

1）智能合约的创建与验证

在智能合约的创建过程中，数字签名技术被用于确保智能合约内容的真实性和完整性。智能合约的创建者使用私钥对智能合约内容进行签名，生成一个数字签名，并将数字签名与智能合约内容一起存储在区块链上。当其他用户想要验证智能合约的真实性时，他们可以使用创建者的公钥对数字签名进行解密和验证。如果验证成功，则说明智能合约内容在创建过程中未被篡改，从而确保了智能合约的真实性和完整性。

此外，数字签名技术还可以用于验证智能合约的部署者身份。在将智能合约部署到区块链之前，部署者需要使用私钥对智能合约进行签名，并将数字签名与智能合约一起提交给区块链网络。区块链网络中的节点在接收到智能合约和数字签名后，会使用部署者的公钥对数字签名进行验证。如果验证成功，则说明智能合约是由合法的部署者提交的，从而避免了恶意攻击者篡改或替换智能合约。

2）智能合约的执行与监督

在智能合约的执行过程中，数字签名技术被用于确保智能合约的执行是按照预定的规则进行的。当智能合约的触发条件满足时，智能合约会自动执行相应的操作。为了确保这些操作是由合法的参与者触发的，参与者需要使用私钥对触发操作的请求进行签名，并将数字签名与请求一起提交给智能合约。智能合约在接收到请求和签名后，会使用参与者的公钥对数字签名进行验证。如果验证成功，则说明请求是由合法的参与者提交的，智能合约才会执行相应的操作。

此外，数字签名技术还可以用于监督智能合约的执行过程。在智能合约的执行过程中，所有的操作都会被记录在区块链上，并形成一个不可篡改的交易历史。这些交易历史中的每个操作都包含了参与者的数字签名，因此可以通过验证这些数字签名来确认操作的合法性和真实性。这有助于确保智能合约的执行过程是按照预定的规则进行的，并防止了恶意攻击者篡改或伪造交易历史。

3）智能合约纠纷解决

在智能合约的执行过程中，如果出现纠纷或争议，数字签名技术可以作为解决纠纷的重要证据。由于智能合约的所有操作都被记录在区块链上，并包含参与者的数字签名，所以可以通过验证这些数字签名来确认操作的合法性和真实性。如果某个操作被证明是非法的或无效的，那么与该操作相关的交易可以被视为无效，从而解决了纠纷或争议。

此外，数字签名技术还可以用于构建可信的仲裁机制。在智能合约中，可以设定一个或多个仲裁节点来负责处理纠纷或争议。当发生纠纷时，仲裁节点可以收集相关的交易历史和数字签名作为证据，并使用这些证据做出公正的裁决。由于数字签名的不可伪造性和可验证性，仲裁节点的裁决结果将具有较高的可信度和公信力。

数字签名技术在智能合约的创建、执行和验证过程中发挥着至关重要的作用。它确保了智能合约内容的真实性和完整性，防止了恶意攻击者篡改或替换智能合约；确保了智能合约的执行是按照预定的规则进行的，并防止了恶意攻击者篡改或伪造交易历史；同时，它还可以作为解决纠纷的重要证据和构建可信的仲裁机制的基础。随着区块链技术的不断发展，数字签名技术将在智能合约领域发挥更加重要的作用。

2.4.4 认证技术概述

认证技术也称为身份验证技术，是一种通过检验和确认用户或系统的身份，以确保只有经过授权的用户或系统才能访问特定资源或执行特定操作的技术。它旨在保护数据的保密性、完整性和可用性，防止未经授权的访问、被篡改或被破坏。

1. 认证技术的原理

认证技术的原理可以概括为以下几个关键步骤：身份识别、身份验证、权限授权和审计监控。这些步骤共同构成了认证技术的完整流程，确保了用户或系统的身份得到准确验证和合法授权。

1）身份识别

身份识别是认证技术的第一步，也是最重要的一步。在这一阶段，系统需要能够准确地识别用户或系统的身份。身份识别通常通过用户名、密码、生物特征信息、硬件令牌等多种方式进行。例如，在基于用户名和密码的认证方式中，用户首先输入用户名，系统根据用户名在数据库中查找对应的用户信息，从而识别用户的身份。

在身份识别过程中，系统通常采用某种特定的算法或协议，使身份可以被有效地识别和验证。这些算法或协议通常具有高度的安全性和可靠性，能够确保用户身份信息的准确性和完整性。

2）身份验证

在身份识别完成后，系统需要进行身份验证，以确保用户或系统的身份真实可信。身份验证是通过比较用户或系统提供的证据和存储在系统中的参考数据进行核对的过程。常用的身份验证手段包括密码验证、数字签名、生物特征识别等。

以密码验证为例，用户在输入用户名后，需要输入与用户名对应的密码。系统会将用户输入的密码与数据库中存储的密码进行比对，如果两者一致，则验证通过，用户获得访问权限；否则，验证失败，用户无法访问系统资源。

在身份验证过程中，系统需要确保验证过程的安全性和可靠性。例如，在密码验证中，系统需要采用强密码策略，要求用户设置足够复杂和难以猜测的密码；同时，系统需要对密码进行加密存储和传输，以防止密码泄露和被恶意攻击者利用。

3）权限授权

权限授权是认证技术的另一个重要环节。在验证用户或系统的身份后，系统需要根据其权限和访问控制策略，确定其可以访问哪些资源或执行哪些操作。权限授权是一种基于角色和权限的访问控制方法，通过分配相应的权限和角色，确保用户或系统只能访问其有权访问的资源或执行其有权执行的操作。

在权限授权过程中，系统需要制定明确的访问控制策略，并根据用户或系统的角色和权限进行分配。同时，系统需要对权限进行动态管理和调整，以适应不断变化的安全需求和业务需求。

4）审计监控

认证技术在完成身份识别和验证后，还需要对认证行为进行审计和监控。审计可以追踪和记录认证过程中的关键信息，如认证时间、认证结果等，以供后续审查和分析。监控可以及时发现和应对异常认证行为，及时采取相应的措施保证认证的安全性和有效性。

通过审计监控，系统可以及时发现潜在的安全风险和漏洞，并采取相应的措施进行修复和改进。同时，审计监控可以为系统管理员提供有关用户访问行为和系统安全状况的重要信息，帮助他们更好地了解系统的安全状况并采取相应的安全措施。

2. 认证技术的特点

认证技术作为保障网络安全的重要基石，具有一系列显著的特点。这些特点不仅体现在认证技术的安全性、准确性上，还体现在其应用的灵活性和广泛性上。

（1）安全性。认证技术的首要特点是安全性。认证技术通过验证被认证对象的身份和权限，确保只有合法的用户才能访问网络资源，从而防止未经授权的访问和恶意攻击。此外，认证技术还通过加密和哈希算法等密码学手段，保护传输和存储的数据不被窃取、被篡改或被破坏，确保数据的保密性和完整性。

（2）准确性。认证技术需要准确地验证被认证对象的身份和权限。这要求认证系统具备高效的算法和可靠的数据存储机制，以确保验证结果的准确性和可靠性。同时，认证系统需要具备自我修复和容错能力，以应对可能的攻击和错误。

（3）灵活性。认证技术需要适应不同的网络环境和业务需求。这要求认证系统具备灵活的配置和管理能力，能够根据不同的应用场景和安全需求进行定制和调整。此外，认证系统还需要支持多种认证方式和协议，以满足不同用户的需求和偏好。

（4）广泛性。认证技术是网络安全保障的基础性技术，广泛应用于各种网络信息系统。无论是企业内部的办公网络、电子商务网站还是社交媒体平台，都需要采用认证技术来验证用户的身份和权限。此外，随着云计算、大数据和物联网等新技术的发展，认证技术的应用范围还在不断扩大。

（5）多种认证方式。为了满足不同用户的需求和偏好，认证技术提供了多种认证方式。常见的认证方式包括口令认证、双因素认证、生物特征认证等。这些认证方式各有特点，可以根据具体的应用场景和安全需求进行选择。例如，对于安全性要求较高的应用场景，可以采用双因素认证或生物特征认证来提高安全性；对于对便捷性要求较高的应用场景，可以采用口令认证或单点登录等方式来提高用户体验。

（6）兼容性。认证技术通常与其他安全技术相互融合，共同构成网络安全防护体系。例如，认证技术可以与防火墙技术、入侵检测技术、加密技术等结合，实现多层次的安全防护。这种融合不仅可以提高网络系统的安全性，还可以降低安全管理的复杂度和成本。

3. 常用的认证方式

在网络安全领域，认证技术是确保网络安全的重要手段之一。它通过对用户身份的验证，确保只有合法用户才能访问网络资源。随着信息技术的不断发展，认证方式日益多样化，以满足不同场景下的安全需求。下面详细介绍几种常用的认证方式及其特点。

1）口令认证

口令认证是最常见、最传统的用户身份认证方式。用户需要在登录时输入用户名和密码，系统通过验证用户名和密码的匹配性来确认用户的身份。

（1）简单口令认证。用户设置一个易于记忆的密码，并在登录时输入。①优点：简单易用，成本低廉。②缺点：安全性较低，容易受到字典攻击、暴力破解等威胁。

（2）强密码策略。为了提高口令的安全性，许多系统要求用户设置复杂的密码，包括大小写字母、数字和特殊字符的组合，并限制密码的重复使用。①优点：提高了密码的复杂性和安全性。②缺点：提高了用户记忆密码的难度，可能导致用户为了方便而采用弱密码或将密码写在纸上等不安全行为。

（3）密码管理工具。使用专门的密码管理工具，如密码保险箱、密码生成器等，帮助用户创建、存储和管理复杂的密码。①优点：提高了密码的复杂性和安全性，降低了用户记忆密码的难度。②缺点：需要用户信任密码管理工具的安全性，并妥善保管密码管理工具的访问凭证。

2）双因素认证

双因素认证是一种增强型的身份验证方式，它要求用户除了提供用户名和密码外，还需要提供另一种形式的验证信息。

（1）短信验证码。用户在登录时输入用户名和密码后，系统会向用户的手机发送一条包含验证码的短信。用户需要在登录界面输入该验证码才能完成登录。①优点：提高了登录的安全性，降低了密码被盗用的风险。②缺点：需要用户拥有手机并接收短信，可能受到手机信号不佳或手机丢失等因素的影响。

（2）动态令牌。用户持有一个专门的硬件设备（动态令牌），该设备能够生成一个随时间变化的验证码。用户在登录时需要输入该验证码。①优点：安全性高，适用于对安全性要求较高的场景。②缺点：需要用户携带硬件设备，可能增加用户的负担和成本。

（3）应用程序推送通知。用户需要在手机上安装一个与认证系统相关的应用程序。当用户尝试登录时，系统会通过该应用程序向用户发送一个推送通知，要求用户确认登录请求。①优点：方便快捷，无须用户手动输入验证码。②缺点：需要用户安装并信任特定的应用程序，可能存在一定的安全风险。

3）生物特征认证

生物特征认证是一种基于人体生物特征的认证方式，如指纹、虹膜、面部特征等。

（1）指纹识别。通过指纹识别设备采集用户的指纹信息，并与预先存储的指纹模板进行比对。①优点：每个人的指纹都是独一无二的，具有很高的安全性。②缺点：对指纹识别设备的精度和稳定性要求较高，可能受到手指潮湿、破损等因素的影响。

（2）虹膜识别。利用虹膜识别设备采集用户的虹膜图像，并提取其中的特征信息进行比对。①优点：具有更高的准确性和安全性，适用于对安全性要求极高的场景。②缺点：虹膜识别设备成本较高，且对用户的配合度要求较高。

（3）面部特征识别。通过摄像头采集用户的面部图像，并利用图像处理技术和机器学习算法进行特征提取和比对。①优点：方便快捷，无须用户接触任何设备即可完成认证。②缺点：面部识别可能受到光线、角度、化妆等因素的影响，导致识别准确性下降。

4）基于公钥基础设施（PKI）的认证

基于公钥基础设施（PKI）的认证主要利用数字证书和数字签名等技术实现用户身份的验证。

（1）数字证书。数字证书是由可信任的证书颁发机构（CA）颁发的一种电子文档，用于证明某个公钥与某个实体（如用户、服务器等）之间的绑定关系。①优点：通过数字证书可以验证公钥的真实性和有效性，提高了网络通信的安全性。②缺点：需要建立完善的PKI体系和管理机制，以确保数字证书的颁发、撤销和更新等操作的安全性和有效性。

（2）数字签名。数字签名是利用私钥对数据进行加密运算生成的一种特殊的数据块，用于验证数据的完整性和来源的真实性。①优点：数字签名可以确保数据在传输过程中不被篡改，并验证数据的来源是否可信。②缺点：数字签名的生成和验证过程需要消耗一定的计算资源，并可能受到密码学攻击的影响。

不同的认证方式各有其特点和适用场景。在实际应用中，应根据具体的安全需求和技术条件选择合适的认证方式，并采取相应的安全措施来保障网络访问的安全性。

2.4.5 认证技术的应用场景

1. 远程访问

随着远程办公的普及和云计算技术的发展，远程访问已经成为企业日常运营中不可或缺的一部分。然而，远程访问在带来便利的同时，也带来了诸多安全风险。为了保证远程访问的安全性，认证技术在其中发挥着至关重要的作用。下面详细说明认证技术在远程访问中的应用。

1）身份认证保证远程访问的安全性

在远程访问的场景中，员工或合作伙伴需要通过互联网访问企业内部的网络资源。为了确保只有合法用户能够访问这些资源，企业需要部署认证技术来对用户进行身份认证。身份认证通常包括口令认证、动态令牌、生物特征识别等多种方式。通过这些认证方式，企业可以确保远程访问的用户是真实的、可信的，防止未经授权的访问行为。

2）访问控制保护企业内部资源

除了身份认证外，认证技术还可以实现访问控制，限制远程用户对企业内部资源的访问权限。企业可以根据实际需求，为不同的用户分配合适的权限，防止敏感信息泄露。例如，在医疗行业中，网络认证与访问控制可以确保只有被授权的医生和员工才能登录系统并查看或修改病人的信息。在金融行业中，网络认证与访问控制可以实施多层次的身份验证，只允许被授权的员工登录系统，并限制他们能够访问的数据和能够执行的操作。

3）VPN集成提升远程访问体验

VPN（虚拟私人网络）是一种可以在公共网络中建立加密通道的技术，通过这种技术可以使远程用户访问企业内部资源时，实现安全的连接和数据传输。一些认证技术可以与VPN进行集成，为远程用户提供更加安全、便捷的访问体验。例如，AC认证网关具有VPN功能，可以为远程员工提供加密通道，确保他们在公共网络环境中安全地访问企业内部资源。通过VPN集成，远程员工可以享受类似内部办公网络的体验，提高工作效率。

4）智能算法和生物特征认证技术的应用

随着认证技术的发展，智能算法和生物特征认证技术也被广泛应用于远程访问的认证中。智能算法可以根据用户的行为和上下文信息进行自适应认证,在提高用户体验的同时提升了安全性。生物特征认证技术如指纹识别、虹膜识别和面部特征识别等,能够提供更加准确和安全的认证方式。这些技术的应用使远程访问的认证过程更加便捷、高效和安全。

2. 企业身份验证

在当今数字化快速发展的时代,企业面临来自网络安全的各种挑战。其中,认证技术作为保护企业网络安全的重要手段得到了广泛的应用。认证技术通过验证用户身份、控制访问权限,确保了企业资源的安全性。

(1)集中的用户身份管理。在企业环境中,建立集中的用户身份管理系统是至关重要的。该系统可以整合企业内所有用户的身份信息,包括用户名、密码、权限等,实现统一管理和控制。通过集中管理,企业可以更加便捷地对用户进行身份验证,确保只有合法用户才能访问企业资源。

(2)多因素认证(MFA)。传统的口令认证方式存在安全风险,如密码泄露、暴力破解等。因此,多因素认证技术应运而生。多因素认证技术要求用户提供多个独立的凭证来证明其身份,如密码、指纹、动态令牌等。这种方式不仅提高了安全性,还降低了密码被盗的风险。

(3)生物识别技术。生物识别技术利用人体生物特征进行身份验证,如指纹识别、虹膜识别、面部特征识别等。这种技术具有唯一性和不可复制性,可以大大提高身份验证的准确性和安全性。

(4)智能算法的应用。随着人工智能技术的发展,智能算法也被广泛应用于企业身份验证中。智能算法可以通过分析用户的行为模式、登录习惯等信息,判断用户是否为合法用户,从而进一步提高身份验证的安全性。

3. 单点登录(SSO)

单点登录(SSO)技术是一种允许用户在一个系统或平台上进行身份验证后,即可访问多个相互信任的应用系统的安全机制。用户无须在每个系统上都输入用户名和密码,极大地提高了用户体验和登录效率,同时降低了密码泄露的风险,为企业提供了更安全、便捷的访问管理解决方案。

认证技术在单点登录中发挥了重要作用。

(1)简化登录流程。单点登录技术通过一次登录授权,让用户可以无缝访问多个应用系统。用户只需在一个认证中心进行登录,即可访问所有已授权的应用系统,无须在每个系统上都输入用户名和密码。这大大简化了用户的登录流程,提高了用户体验。

(2)提高安全性。单点登录技术通过集中管理用户身份信息和访问权限,实现了对用户访问行为的统一控制。当用户尝试访问未授权的应用系统时,系统可以自动拦截并拒绝访问请求,从而降低了数据泄露的风险。

(3)集成多因素认证。单点登录技术可以与多因素认证技术结合,提高身份验证的安全性。在单点登录过程中,系统可以要求用户提供多个凭证来证明其身份,如密码、指纹等。这种方式不仅提高了安全性,还降低了密码被盗的风险。

(4)支持定制化与用户体验。单点登录技术还支持定制化的界面和流程设计,可以根据企业的品牌和用户需求进行个性化定制。这不仅可以提高用户体验,还可以增强用户对企业的信任感。

4. 金融服务

随着科技的进步和网络技术的飞速发展，金融服务行业面临着前所未有的机遇与挑战。在这一背景下，认证技术作为确保金融交易安全的关键环节，其应用日益广泛且深入。下面详细阐述认证技术在金融服务中的应用。

1）身份验证

在金融服务中，身份验证是首要的安全保障措施。在传统的金融服务中，用户身份验证通常依赖于物理证件和手写签名，但在数字化时代，这些方式已无法满足高效、便捷、安全的需求。认证技术通过引入生物识别、数字证书、动态令牌等多种方式，为用户提供了更为严密、可靠的身份验证手段。

生物识别技术，如指纹识别、虹膜识别、面部识别等，以其唯一性和不可复制性，大大提高了身份验证的准确性和安全性。金融机构可以在用户注册时采集其生物特征信息，并在后续的交易过程中进行比对验证，确保用户身份的真实性。

数字证书作为电子身份的证明，同样在金融服务中发挥着重要作用。金融机构可以为用户颁发数字证书，用户在进行敏感操作时，需使用数字证书进行身份验证，以确保交易安全可靠。

动态令牌技术则通过向用户手机发送一次性密码或验证码，实现了更为灵活、便捷的身份验证方式。用户在登录或进行交易时，需输入动态令牌上的验证码，以完成身份验证过程。

2）访问控制

除了身份验证外，认证技术还在金融服务中实现了访问控制功能。金融机构可以根据用户的身份和权限，为其分配不同的访问权限和资源访问范围。通过认证技术，金融机构可以确保只有经过授权的用户才能访问敏感数据和关键系统，从而有效防止非法访问和数据泄露。

访问控制通常与身份验证结合，在用户身份验证成功后，根据用户的角色和权限为其分配相应的访问权限。同时，金融机构还可以根据业务需求和安全策略，动态调整用户的访问权限和资源访问范围，以实现对金融服务的精细化管理。

3）交易签名与验证

在金融服务中，交易签名与验证是确保交易真实性和完整性的重要手段。认证技术通过引入数字签名、时间戳等技术，为交易数据提供了可靠的安全保障。

数字签名技术利用密码学原理，对交易数据进行加密处理并生成一个唯一的数字签名。接收方可以使用发送方的公钥对数字签名进行验证，以确保交易数据的真实性和完整性。同时，时间戳技术可以为交易数据添加时间戳信息，以记录交易发生的确切时间，进一步确保交易的真实性和可追溯性。

4）风险管理与合规性

认证技术在金融服务中的应用还包括风险管理与合规性方面。金融机构可以利用认证技术对用户行为进行分析和监控，及时发现异常交易和潜在风险，并采取相应的风险控制措施。同时，认证技术还可以帮助金融机构满足相关法律法规和监管要求，确保金融服务的合规性和稳健性。

5. 物联网设备认证

物联网技术在飞速发展的同时也带来了严峻的安全挑战，因为任何设备的安全漏洞都可能成为整个网络的薄弱环节。在这个背景下，认证技术的重要性日益凸显，它在物联网设备认证中发挥着至关重要的作用。

1）身份验证与设备识别

在物联网环境中，设备之间需要进行通信和交互，而身份验证是确保通信安全的首要步骤。通过认证技术，可以验证设备的身份和合法性，防止非法设备接入网络。通常，每个设备都会被分配一个唯一的标识符（如 MAC 地址、序列号等），并在设备生产或部署时与设备的身份信息（如制造商、型号等）进行绑定。当设备尝试接入网络时，系统会对设备的标识符和身份信息进行验证，确保设备是合法的且受信任的。

2）密钥管理与加密通信

在设备之间传输数据时，数据的完整性和保密性至关重要。认证技术通过密钥管理和加密通信来确保数据的安全性。在设备接入网络时，系统会为设备分配一个密钥或证书，用于加密和解密传输的数据。这样，即使数据在传输过程中被截获，攻击者也无法解密和读取数据内容。此外，认证技术还可以实现设备的双向认证，即在设备验证服务器身份的同时，服务器也需要验证设备的身份，以确保双方都是可信的。

3）访问控制与权限管理

设备可能具有不同的功能和权限，因此需要对设备的访问进行严格控制。认证技术可以帮助实现设备的访问控制和权限管理。系统可以为每个设备分配不同的访问权限和角色，如只读、读写、管理等。当设备尝试访问网络资源时，系统会根据设备的权限和角色进行访问控制，防止未经授权的访问和操作。此外，认证技术还可以实现设备的动态权限管理，根据设备的行为和环境变化实时调整其访问权限。

4）安全审计与日志记录

为了确保物联网系统的安全性和可审计性，认证技术还可以实现安全审计和日志记录功能。系统可以记录设备的接入、认证、访问和操作等日志信息，用于后续的审计和分析。通过审计日志，管理员可以了解设备的行为轨迹和安全状态，及时发现潜在的安全风险和漏洞。此外，认证技术还可以实现设备的安全证书和密钥的更新和管理，确保设备始终使用最新的安全凭证进行通信和交互。

5）应对安全威胁与挑战

物联网环境面临着多种安全威胁和挑战，如设备劫持、拒绝服务攻击、数据泄露等。认证技术可以帮助物联网系统应对这些安全威胁。例如，通过强身份验证和密钥管理，可以防止设备被劫持和恶意控制；通过访问控制和权限管理，可以限制非法访问和操作；通过安全审计和日志记录，可以及时发现和应对潜在的安全风险和漏洞。此外，认证技术还可以与其他网络安全技术（如防火墙、入侵检测等）结合，形成多层次的安全防护体系。

2.5 实战训练

2.5.1 探究不同密码的强度

1. 实验介绍

本实验旨在通过模拟方式，探究破解不同长度及不同复杂度的密码所需要的时间，从而了解密码安全性的重要性，并学习如何设置更为安全的密码。

实验网址：https://tools.eterance.com/zh-cn/random-password。

2. 实验步骤

（1）确定密码样本。打开网站，设定不同的密码长度和复杂度，生成一系列密码样本。密码长度可以选择 8 位、10 位、12 位等，复杂度则可以通过选择不同的字符集（如仅数字、仅字母、字母数字组合、加入特殊字符等）来实现。

（2）记录密码信息。准备一个实验记录表格，记录每次生成的密码样本信息，包括序号、密码长度、密码复杂度（字符集描述）和生成的密码。

实验记录表格示例见表 2-1。

表 2-1　实验记录表格示例

序号	密码长度	密码复杂度（字符集描述）	生成的密码
1	8	仅数字	12345678
2	8	仅小写字母	abcdefgh
3	8	字母数字组合（小写）	a1b2c3d4
4	8	字母数字（大小写+特殊字符）	AbC！@#d $
5	10	字母数字（大小写+特殊字符）	AbCdefgH1！23
…	…	…	…

（3）记录预估破解时长。在网站中每生成一个密码，就会显示此密码的最长破解时间，在实验记录表格中记录每个密码的破解时间。也可以手动输入密码，查看并记录破解时间。

（4）分析实验结果。对实验记录表格中的数据进行整理和分析，观察密码长度和复杂度对破解时间的影响。

（5）得出结论。根据实验结果，得出密码长度和复杂度对破解时间的影响规律。一般来说，密码越长、复杂度越高，破解所需的时间就越长，密码的安全性就越高。

3. 实验结果分析

通过本次实验，得到了一系列不同长度和复杂度的密码样本及其理论上所需的破解时间。分析数据后，可以发现以下规律。

（1）随着密码长度的增加，破解时间呈指数级增长。例如，8 位纯数字密码与 10 位纯数字密码相比，后者所需的破解时间远长于前者。

（2）密码复杂度越高，破解时间越长。在相同长度下，包含多种字符类型的密码比仅包含单一字符类型的密码更难破解。

根据实验结果，可以得出建议：在实际应用中，应尽量使用长度较大、包含多种字符类型的复杂密码，以提高密码的安全性。同时，定期更换密码也是保护账户安全的重要措施之一。

2.5.2　利用 PGP 实施非对称加密解密

1. 实验目的

（1）理解非对称加密/解密的基本原理。

（2）掌握 PGP 软件的基本操作。

（3）学会使用 PGP 软件生成密钥对、加密和解密文件。

2. 实验原理

非对称加密/解密，也称为公钥加密/解密，是网络安全中常用的一种加密方式。在这种加密方式中，存在一对密钥：公钥和私钥。公钥用于加密数据，私钥用于解密数据。公钥可以公开给任何人，而私钥必须严格保密。由于公钥和私钥之间存在复杂的数学关系，所以使用公钥加密的数据只能使用对应的私钥进行解密，反之亦然。

PGP 软件是一种提供数据加密和数字签名的软件，它支持非对称加密/解密和对称加密/解密等多种加密方式。在本实验中，使用 PGP 软件实施非对称加密/解密。

3. 实验环境

（1）操作系统：Windows/Linux/macOS（任选）。

（2）PGP 软件：安装对应操作系统的 PGP 软件（如 GPG 软件，它是 PGP 软件的开源实现）。

（3）实验文件：一个待加密的文本文件（如"test.txt"）。

4. 实验步骤

1）生成密钥对

通过命令行或终端打开 PGP 软件（以 GPG 软件为例），输入以下命令生成密钥对（图 2-2）。

```
1      gpg --gen-key
```

图 2-2　生成密钥对

按照提示输入用户信息、密钥长度等参数。注意，为了安全起见，密钥长度应至少为 2 048 位。生成密钥对后，会生成一个公钥文件（如"pubring.kbx"）和一个私钥文件（如"secring.kbx"或"privring.kbx"），这些文件通常保存在用户的".gnupg"文件夹中。

2）导出公钥

为了方便其他用户获取公钥以进行加密操作，需要将公钥导出为一个文件。在命令行或终端输入以下命令导出公钥（图 2-3）。

```
1      gpg --export -a "Your Name" > public_key.asc
```

图 2-3　导出公钥

其中，"Your Name"应替换为真实姓名或邮箱地址，这是在生成密钥对时输入的用户信息。该命令将公钥导出为一个名为"public_key.asc"的 ASCII 码文件。

3）加密文件

假设有一个名为"test.txt"的文本文件需要加密，并且已经获得了接收者的公钥文件

（如 "receiver_public_key. asc"）。在命令行或终端输入以下命令加密文件（图 2-4）。

```
1    gpg --encrypt --recipient "Receiver's Name" --output test_encrypted.gpg test.txt
```

图 2-4　加密文件

其中，"Receiver's Name" 应替换为接收者的真实姓名或邮箱地址，这是接收者在生成密钥对时输入的用户信息。该命令将使用接收者的公钥对 "test. txt" 文件进行加密，并将加密后的文件保存为 "test_encrypted. gpg"。

4）解密文件

接收者收到加密文件 "test_ encrypted. gpg" 后，可以使用自己的私钥进行解密。在命令行或终端输入以下命令解密文件（图 2-5）。

```
1    gpg --decrypt test_encrypted.gpg > test_decrypted.txt
```

图 2-5　解密文件

该命令将使用接收者的私钥对 "test_encrypted. gpg" 文件进行解密，并将解密后的内容输出到 "test_decrypted. txt" 文件中。如果解密成功，则可以使用文本编辑器打开 "test_decrypted. txt" 文件查看解密后的内容。

5. 实验注意事项

（1）密钥管理。私钥必须严格保密，不得泄露给任何人。如果私钥丢失或被盗，则加密的数据将无法恢复。公钥可以公开给任何人，但请确保从可信的来源获取公钥。

（2）密钥长度。为了保证加密的安全性，密钥长度应至少为 2 048 位。如果可能，建议使用更长的密钥。

（3）文件备份。在加密重要文件之前，务必备份原始文件。如果在加密过程中出现问题或加密后的文件损坏，则可以使用备份文件恢复数据。

（4）加密方式选择。除了非对称加密/解密，PGP 软件还支持对称加密/解密等其他加密方式。在实际应用中，可以根据具体需求选择合适的加密方式。

素养提升

随着信息技术的迅猛发展，网络安全已经成为国家安全、经济发展和社会稳定的重要保障。

1. 加强国家安全意识

信息安全是国家安全的重要组成部分，加密技术是保障信息安全的核心手段之一。通过学习和掌握信息加密技术，能够更好地理解国家安全面临的威胁和挑战，从而增强国家安全意识。同时要认识到，维护网络安全不仅是技术人员的责任，更是每一个公民的义务。要时刻保持警惕，防范网络攻击，共同维护国家网络安全。

2. 培养法治精神

在网络安全领域，法律法规是维护网络秩序、保障网络安全的重要基石。要认真学习网络安全相关法律法规，增强法治观念，依法上网、文明上网。在使用信息加密技术时，要严格遵守法律规定，不得利用信息加密技术从事违法活动。同时，要积极举报网络违法犯罪行为，共同维护网络空间的清朗。

3. 弘扬社会主义核心价值观

网络安全素养的提升不仅要求具备技术能力和法治观念，还要求具备高度的道德责任感。要弘扬社会主义核心价值观，树立正确的网络安全观念。在使用信息加密技术时，要坚守诚信原则，不得利用技术手段侵犯他人隐私、窃取他人信息。同时，要积极参与网络安全宣传教育活动，传播正能量，共同营造安全、和谐、文明的网络环境。

4. 提高自主学习能力

网络安全技术日新月异，信息加密技术也在不断更新和发展。要具备自主学习能力，不断跟踪新技术、新应用的发展动态，及时学习和掌握新的信息加密技术和安全知识。同时，要积极参与网络安全实践活动，通过实践锻炼提高自己的网络安全素养和应对能力。

信息加密技术是网络安全领域的重要组成部分，掌握信息加密技术对于提高网络安全素养具有重要意义。要加强国家安全意识、培养法治精神、弘扬社会主义核心价值观并提高自主学习能力，共同维护网络空间的安全和稳定。

 综合练习

一、单选题

1. 在信息加密的过程中，（　　）不需要保密。

A. 对称加密算法中的密钥　　　　　　　B. 非对称加密算法中的私钥

C. 非对称加密算法中的公钥　　　　　　D. 对称加密算法中的密文

2. 非对称密钥加密相比于对称密钥加密，其优点是（　　）。

A. 不需要很长的密钥　　　　　　　　　B. 加密算法简单

C. 密钥管理更方便　　　　　　　　　　D. 运算更简单，所需运算资源少

3. （　　）是常见的非对称加密算法。

A. DES 算法　　　　B. AES 算法　　　　C. 凯撒密码　　　　D. RSA 算法

4. ECC 算法的安全性是基于（　　）。

A. 椭圆曲线离散对数问题的困难性　　　B. 大数质因数分解的困难性

C. 哥德巴赫猜想证明的困难性　　　　　D. 费马大定理的严密性

5. ECC 算法相比于 RSA 算法的优势是（　　）。

A. ECC 算法私钥更不容易泄露　　　　　B. 在相同强度下 ECC 算法密钥更短

C. ECC 算法更为成熟　　　　　　　　　D. ECC 算法兼容性更强

6. 以下加密算法中，（　　）的安全性最高。

A. DES 算法　　　　B. 3DES 算法　　　　C. AES 算法　　　　D. Scytale 密码

二、简答题

简述数字签名的原理及其与非对称加密算法的联系。

学习评价

知识巩固与技能提高（40分）			得分：
计分标准：得分＝5×单选题正确个数+10×简答题正确个数			
学生自评（20分）			得分：
计分标准：初始分＝2×A的个数+1×B的个数+0×C的个数 得分＝初始分÷18×20			
专业能力	评价指标	自测结果	要求（A掌握；B基本掌握；C未掌握）
信息加密技术概要	1. 信息加密相关术语的概念 2. 信息加密的主要类型 3. 信息加密技术的应用领域	A☐　B☐　C☐ A☐　B☐　C☐ A☐　B☐　C☐	掌握信息加密的主要类型
对称加密算法	1. 对称加密算法的概念 2. 常见对称加密算法的特点 3. 对称加密算法的应用	A☐　B☐　C☐ A☐　B☐　C☐ A☐　B☐　C☐	掌握DES算法、3DES算法、AES算法的特点
非对称加密算法	1. 非对称加密算法的概念 2. 常见非对称加密算法的数学原理及优、缺点 3. 非对称加密算法的应用	A☐　B☐　C☐ A☐　B☐　C☐	了解RSA算法和ECC算法的数学原理； 掌握各种非对称加密算法的特点
小组评价（20分）			得分：
计分标准：得分＝10×A的个数+5×B的个数+3×C的个数			
团队合作	A☐　B☐　C☐	沟通能力	A☐　B☐　C☐
教师评价（20分）			得分：
教师评语			
总成绩		教师签字	

第三章
Web 安全技术

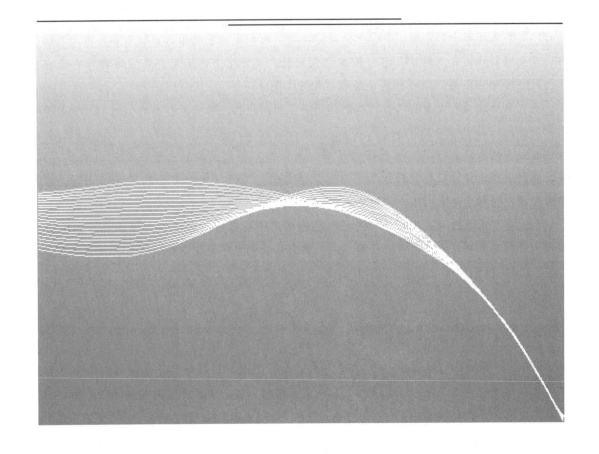

知识目标

➤ 理解电子邮件系统的架构、威胁、加密技术和安全协议。

➤ 掌握 Web 应用程序的基本组成、常见安全漏洞及防护技术。

➤ 了解电子商务安全的概念、风险及相关技术。

能力目标

➤ 能识别并防范电子邮件中的安全风险，运用信息加密技术保护电子邮件内容。

➤ 能识别并防护 Web 应用程序的安全漏洞，编写安全的代码和配置服务器。

➤ 能评估电子商务交易风险，使用电子商务安全技术保护交易过程。

素养目标

➤ 培养对网络安全问题的敏感性和警惕性，时刻保持高度警觉。

➤ 树立信息安全意识，严格遵守信息安全规章制度，保护个人隐私和企业数据安全。

➤ 培养在网络安全和电子商务安全领域的团队合作能力。

➤ 保持对新技术和新趋势的关注和学习。

引导案例

在一个繁忙的电子商务平台上，用户们正忙着选购心仪的商品，而后台的服务器则默默处理着大量的交易请求。然而，在这看似平静的网络世界里，却暗藏着种种安全威胁。一位细心的安全工程师小张发现，平台上的用户反馈区出现了大量关于账户被盗和异常交易的投诉。他立即展开调查，通过日志分析和监控发现，部分用户的账户存在异常登录和交易行为，疑似遭受 SQL 注入攻击和跨站脚本（XSS）攻击。

小张深知这两种攻击的危害，他迅速组织了团队进行应急响应。首先，他们对受影响的用户账户进行了冻结和重置密码操作，防止攻击者进一步窃取用户信息。然后，他们开始深入调查攻击的来源和方式。通过仔细分析攻击数据，小张发现攻击者利用 SQL 注入漏洞，成功绕过了身份验证机制，获取了用户的敏感信息。同时，攻击者还利用 XSS 漏洞，在用户浏览器中植入了恶意脚本，窃取用户的登录凭证和交易信息。

面对这些安全漏洞，小张和他的团队迅速制定了应对策略。他们首先修复了 SQL 注入漏洞，通过参数化查询和输入验证等方式，提高了应用程序的安全性。接着，他们实施了内容安全策略（CSP）和设置了 HTTPOnly 标志，有效防止了 XSS 攻击的发生。为了进一步提升平台的安全性，小张还建议引入 Web 应用程序防火墙（WAF），对恶意请求进行过滤和拦截。同时，他们还加强了用户教育和培训，提高了用户对网络安全问题的认识和防范意识。

通过以上案例，读者可以深刻体会到 Web 安全技术的重要性和实际应用价值。在网络安全日益严峻的今天，掌握 Web 安全技术不仅是对个人能力的提升，更是对企业和平台安全的重要保障。通过本章的学习和实践，读者将能够更好地应对各种安全威胁和挑战，确保网络世界的安全与稳定。

3.1　电子邮件安全

3.1.1　电子邮件系统的基本架构与通信原理

电子邮件是 Internet 上最早出现的服务之一，在 1972 年由 Ray Tomlinson 发明。经过数十年的发展，电子邮件已经从单纯传递文字信息发展为可以传送各类多媒体信息的通信工具。它以使用方便、快捷、容易存储和管理等特点很快被大众接受，成为传递公文、交换信息、沟通情感的有效工具。在 Internet 上，用户使用最多的网络服务当属电子邮件服务。

电子邮件系统主要由发送方电子邮件客户端、发送方电子邮件服务器、接收方电子邮件服务器和接收方邮件客户端 4 个部分组成。用户通过电子邮件客户端（如 Outlook、Foxmail 等）撰写电子邮件，并通过简单邮件传输协议（SMTP）将电子邮件发送至发送方电子邮件服务器。发送方电子邮件服务器随后通过互联网将电子邮件传输至接收方邮件服务器，接收方电子邮件服务器再通过邮局协议第 3 版（POP3）或互联网邮件访问协议（IMAP）将电子邮件投递至接收方电子邮件客户端，完成整个电子邮件传输过程，如图 3-1 所示。

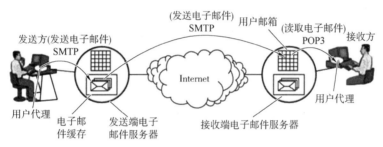

图 3-1　电子邮件传输过程

1. 基本架构

电子邮件系统由 3 个主要构件组成，其基本架构如图 3-2 所示。

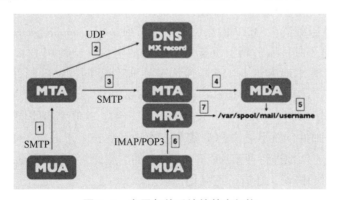

图 3-2　电子邮件系统的基本架构

1）用户代理（Mail User Agent，MUA）

用户代理是用户与电子邮件系统的接口，负责撰写、显示、处理（如阅读后删除、存盘、打印、转发）和通信等功能。

用户通过用户代理发送和接收电子邮件，完成与电子邮件系统的交互。

2）电子邮件传输代理（Mail Transfer Agent，MTA）

电子邮件传输代理负责将来自用户代理的电子邮件转发给指定用户的程序。

当用户从用户代理发送一封电子邮件时，该电子邮件会被发送到电子邮件传输代理，而后在一系列电子邮件传输代理中转发，直到它到达最终发送目标为止。

3）电子邮件投递代理（Mail Delivery Agent，MDA）

电子邮件投递代理负责将电子邮件传输代理接收的电子邮件依照其流向（送到哪里）放置到本机账户下的电子邮件文件中（收件箱）。

2. 通信原理

电子邮件系统的通信主要基于客户端-服务器模式，并通过特定的协议进行。

1）电子邮件发送过程

用户使用电子邮件客户端软件（如 Outlook、Gmail 等）编写电子邮件，并指定收件人地址（通常由"用户名@域名"的形式组成）。

电子邮件客户端软件通过 SMTP 与发送方电子邮件服务器建立连接，并将电子邮件发送到该服务器。

发送方电子邮件服务器根据收件人地址找到目标电子邮件服务器，并通过 SMTP 将电子邮件传递给目标电子邮件服务器。

目标电子邮件服务器收到电子邮件后，将其保存到收件人的邮箱中。

2）电子邮件接收过程

当收件人想要查看其电子邮件时，启动电子邮件客户端软件，并通过 POP3 或 IMAP 与电子邮件服务器建立连接。

电子邮件服务器检查收件人的邮箱，将电子邮件按照 POP3 或 IMAP 的规定传输到收件人的电子邮件客户端软件。

收件人使用电子邮件客户端软件查看和管理电子邮件。

3）电子邮件传输协议

SMTP 是电子邮件系统中最常用的协议之一，用于发送电子邮件。SMTP 采用了简单的文本命令和响应语句与电子邮件服务器进行通信，并使用 TCP。SMTP 负责传递电子邮件并将其传输到电子邮件服务器。SMTP 的后缀通常为"@ smtp. example. com"。

POP 是用于从电子邮件服务器上下载电子邮件的协议。当使用 POP 时，电子邮件将被下载到计算机上并存在本地磁盘上。这与使用 Web 邮件不同，Web 邮件只是在浏览器上显示电子邮件。POP 的后缀通常为"@ pop. example. com"。

IMAP 也用于从电子邮件服务器上下载电子邮件，但与 POP 略有不同。IMAP 可以让用户访问服务器上的电子邮件，而不是像 POP 那样在本地计算机上下载电子邮件。这使用户在访问电子邮件时可以更方便地进行搜索和管理。IMAP 的后缀通常为"@ imap. example. com"。

除了这 3 个常用的协议，还有一些其他协议。

MIME（多用途 Internet 邮件扩展）是一种允许在电子邮件中传输文件和多媒体内容的协议。MIME 协议可以识别和描述不同类型的文件，并将它们添加到电子邮件中。MIME 协议使在电子邮件中发送图片、视频、音频等文件更加方便。

SSL（安全套接字层）和 TLS（传输层安全）是用于保证电子邮件通信安全的协议。在使用 SSL/TLS 协议时，电子邮件会被加密并传输到电子邮件服务器。这种加密方式可以避免数据被中途窃取或篡改。

DKIM（域密钥身份验证）是一种旨在减少电子邮件欺诈的协议。DKIM协议可以确保电子邮件的发送者和电子邮件内容是真实可信的，可以降低伪造电子邮件的风险。DKIM协议要求电子邮件发送者通过公开密钥加密电子邮件内容，以向收件人证明电子邮件的真实性。

电子邮件系统常用的协议种类较多，不同的协议的使用目的不同，选择合适的协议会为电子邮件通信带来更高的效率和更安全的保障。

3.1.2　电子邮件面临的威胁

电子邮件作为现代社会中重要的通信工具，面临着多种威胁。窃听威胁是指攻击者通过监听网络流量，窃取电子邮件内容或用户信息。伪造威胁则是攻击者伪造发件人身份，发送虚假电子邮件进行诈骗或传播恶意软件。篡改威胁则是电子邮件在传输过程中被攻击者修改，导致接收方收到的电子邮件内容并非原始内容。此外，钓鱼邮件和恶意附件也是常见的电子邮件安全威胁，攻击者通过伪装成可信来源，诱导用户点击链接或下载附件，从而窃取用户信息或感染用户设备。电子邮件面临的威胁通常可分为如下几类。

1. 电子邮件被截获

电子邮件在传输过程中需要经过多个网络和电子邮件服务器进行中转，这给攻击者提供了可乘之机。攻击者可以在电子邮件数据包经过网络设备和多个电子邮件服务器时，通过部署嗅探设备或进入电子邮件系统服务器来截取电子邮件信息。国内主流电子邮件系统（如网易126、163及新浪等）默认使用明文传输，这容易通过网络分析还原电子邮件内容。尽管国外知名IT厂商的电子邮件服务（如谷歌、微软、雅虎等）采用SSL协议加密，提高了电子邮件传输的安全性，但仍然存在被攻击的风险。

2. 电子邮箱被非法登录

密码是登录电子邮箱的唯一凭证，一旦密码被窃取或被猜测成功，攻击者就能进入相应电子邮箱，窃取信息。攻击者可能通过猜测用户常用的密码（如生日、办公电话、手机号码等）或使用网络数据分析来获得邮箱登录密码。

3. 电子邮件系统被攻击控制

电子邮件系统本身也可能成为攻击者的目标，一旦电子邮件系统被攻击控制，攻击者就能窃取多个用户甚至所有用户的电子邮件数据。

4. 电子邮件社会工程学攻击

针对特定用户的电子邮件社会工程学攻击，通过伪装成合法来源或利用心理战术诱骗用户执行某些操作，如点击恶意链接或下载恶意附件。

5. 网络钓鱼攻击

网络钓鱼攻击是一种常见的电子邮件威胁，攻击者通过发送伪造的电子邮件来诱骗受害者执行某些操作，如提供个人信息或下载恶意软件。

鱼叉式网络钓鱼攻击专门针对特定目标，其电子邮件通常经过精心设计，让受害者难以识别其真实意图。

鲸钓攻击是鱼叉式网络钓鱼攻击的一种高级形式，专门针对高级别个人，特别是那些工作职能包括向外部实体付款的受害者。

6. 垃圾邮件和恶意附件

黑客可能伪装成人力资源部门发送钓鱼邮件，以提供员工福利、薪资、保险等为诱饵，这些电子邮件通常含有 HTML 或 PDF 格式的恶意附件。安全公司发现，在相关网络钓鱼活动中，75%的电子邮件采用链接形式，24%的电子邮件带有附件，仅有1%的电子邮件使用二维码。

综上所述，电子邮件面临的威胁多种多样，为了保护电子邮件的安全，用户需要采取一系列防范措施，如使用强密码、加密通信、定期更新软件补丁、避免打开不明来源的电子邮件和附件等。

3.1.3 电子邮件加密技术

随着互联网的普及和电子商务的兴起，电子邮件已经成为人们日常工作中不可或缺的一部分。然而，电子邮件在传输过程中存在被窃取、被篡改或被伪造的风险。一旦敏感信息被泄露，可能对个人隐私、企业机密甚至国家安全造成严重影响。因此，采用电子邮件加密技术成为保护信息安全的重要手段。电子邮件加密技术作为信息安全领域的重要一环，旨在确保电子邮件内容在传输过程中的保密性、完整性和真实性。它利用密码学原理，对电子邮件进行加密处理，以防止未经授权的访问和篡改。

电子邮件加密技术的核心在于将电子邮件内容转换为一种只有授权接收者才能解读的格式。这通常通过加密算法来实现，其中最常见的有对称加密技术和非对称加密技术。对称加密技术使用相同的密钥进行加密和解密，具有算法成熟、效率高的特点，但密钥的安全管理成为一个挑战。非对称加密技术则使用一对密钥（公钥和私钥），公钥用于加密，私钥用于解密，这种方式提高了安全性，但提高了密钥交换的复杂性。

在电子邮件加密技术的实现过程中，发送者首先使用接收者的公钥对电子邮件内容进行加密，确保电子邮件在传输过程中不被窃取和阅读。同时，发送者还可以对电子邮件进行签名，使用自己的私钥生成一个独特的标识符，以证明电子邮件的真实性和完整性。当接收者收到电子邮件时，其使用自己的私钥对电子邮件进行解密，并使用发送者的公钥验证数字签名的真实性。这样，接收者可以确认电子邮件在传输过程中没有被篡改，并且来自可信的发送者。

PGP 和 S/MIME（安全/多用途 Internet 邮件扩展）是两种常用的电子邮件加密技术。PGP 通过公钥加密和私钥解密的方式，实现对电子邮件内容的加密和签名，确保电子邮件的保密性和完整性。S/MIME 则提供了一种在 MIME 消息中实施安全服务的机制，包括加密、数字签名和证书验证等。这些技术的应用场景包括企业内部通信、个人隐私保护以及电子商务交易等。

电子邮件加密技术的应用场景非常广泛。在企业间通信中，电子邮件加密技术可以确保商业机密不被泄露，保护企业的核心竞争力。在个人隐私保护方面，电子邮件加密技术可以保护用户的个人信息不被非法获取和滥用。在政府机构通信中，电子邮件加密技术可以确保政府间通信的保密性和安全性，维护国家的安全和稳定。然而，电子邮件加密技术也面临着一些挑战。首先，密钥管理是一个复杂的问题。如何安全地生成、分发、存储和使用密钥，是确保电子邮件加密技术有效性的关键。其次，随着量子计算技术的发展，现有的加密算法可能受到威胁。因此，研究和开发更加安全、高效的加密算法和技术将是电子邮件加密技术未来的重要发展方向

3.1.4 安全电子邮件协议

为了进一步提高电子邮件的安全性，开发者们引入了一系列安全电子邮件协议，这些协

议在原有的电子邮件传输和访问的基础上，通过添加 SSL/TLS 加密层，确保了电子邮件在传输和存储过程中的保密性、完整性和认证性。以下是关于 SMTPS、POP3S 和 IMAPS 这 3 种安全电子邮件协议的详细阐述。

1. SMTPS

SMTPS，即 SMTP-over-SSL/TLS，是在 SMTP 的基础上增加了 SSL/TLS 加密层的安全协议。SMTPS 协议通过加密电子邮件的传输过程，有效防止了电子邮件在传输途中被未经授权的第三方窃取或篡改。当发送方使用 SMTPS 协议发送电子邮件时，电子邮件的传输将通过 SSL/TLS 协议进行加密处理，以确保电子邮件在通过互联网传输时的安全性。同时，SMTPS 协议也支持身份验证机制，确保只有经过认证的发送方才能通过服务器发送电子邮件，进一步提高了电子邮件传输的安全性。

2. POP3S

POP3S 是 POP3（邮局协议第 3 版）的安全版本，它通过在 POP3 协议的基础上增加 SSL/TLS 加密层，为接收电子邮件提供安全保障。当用户通过 POP3S 协议从电子邮件服务器上接收电子邮件时，电子邮件的传输将通过 SSL/TLS 协议进行加密，以确保电子邮件在传输过程中不被窃取或被篡改。此外，POP3S 协议还支持加密的身份验证机制，确保只有经过认证的用户才能从电子邮件服务器接收电子邮件，有效防止了非法用户访问用户的电子邮件信息。

3. IMAPS

IMAPS 是 IMAP 的安全版本，它通过添加 SSL/TLS 加密层，为电子邮件的访问和存储提供安全保障。当用户通过 IMAP 客户端访问电子邮件服务器时，IMAPS 协议将确保电子邮件的传输和存储都通过 SSL/TLS 协议进行加密。这意味着用户不仅可以安全地接收和发送电子邮件，还可以安全地访问和存储电子邮件在服务器上的副本。IMAPS 协议还支持加密的身份验证和电子邮件检索命令，进一步提高了电子邮件访问的安全性。

以上安全电子邮件协议的应用，不仅有效防止了电子邮件在传输和存储过程中被窃取或被篡改，还提供了身份验证机制，确保只有经过认证的用户才能访问和操作电子邮件。随着网络安全威胁的不断增加，使用这些安全电子邮件协议进行电子邮件传输和访问已成为保护个人隐私和商业机密的重要手段，使电子邮件的安全性得到显著提升。

3.1.5 电子邮件安全防范措施

1. 识别和分析电子邮件的安全威胁

识别和分析电子邮件安全威胁是保障电子邮件安全的重要环节。用户应提高警惕，注意识别发件人的身份是否可信、电子邮件内容是否合理、附件是否安全等。同时，可以使用专业的安全软件或工具对电子邮件进行扫描和检测，及时发现并处理潜在的威胁。此外，企业还可以建立电子邮件安全管理制度，规范员工的电子邮件使用行为，降低电子邮件安全风险。

2. 配置和使用安全的电子邮件客户端和服务器

配置和使用安全的电子邮件客户端和服务器是保障电子邮件安全的关键措施。在客户端方面，用户应选择可信赖的电子邮件客户端软件，并启用加密功能、数字签名等安全选项。在服务器方面，企业应部署具备安全防护功能的电子邮件服务器软件，并定期进行安全检查和更新。此外，还应加强服务器的访问控制和权限管理，防止未经授权的访问和攻击。

3.2　Web 应用程序安全

3.2.1　Web 应用程序的基本组成与交互原理

Web 应用程序交互是一个复杂但有序的过程，涉及多个组件和技术的协同工作。Web 应用程序主要由前端（Client-side）和后端（Server-side）组成。前端负责与用户进行交互，通常通过 HTML、CSS 和 JavaScript 等技术实现，为用户展示网页的界面和功能。后端则负责处理业务逻辑、数据存储以及与数据库的交互等任务，通常采用服务器端的编程语言（如 PHP、Java、Python 等）和框架来实现。前、后端之间通过 HTTP 进行通信，用户通过浏览器发送请求，后端服务器接收请求并处理，然后返回响应给浏览器，完成一次交互过程，如图 3-3 所示。

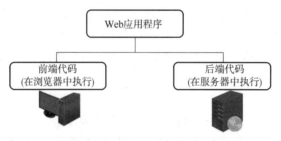

图 3-3　Web 应用程序的基本组成及分布

1. Web 应用程序的基本组成

1）前端

（1）HTML：全称为 HyperText Markup Language，用于定义网页的结构和内容。

（2）CSS：全称为 Cascading Style Sheets，用于描述网页的布局和样式。

（3）JavaScript：一种脚本语言，用于实现网页的交互功能和动态内容。

（4）前端框架：如 React、Angular、Vue 等，用于简化和加速前端开发流程。

2）后端

（1）服务器端编程语言：如 PHP、Java、Python、Ruby、Node.js 等，用于编写服务器端逻辑。

（2）后端框架：如 Django、Express、Spring 等，提供了一套用于构建 Web 应用程序的库和工具。

（3）数据库：如 MySQL、PostgreSQL、MongoDB 等，用于存储和管理数据。

（4）服务器软件：如 Apache、Nginx、IIS 等，用于处理 HTTP 请求并返回响应。

2. Web 应用程序的交互原理

1）用户交互

用户通过浏览器访问 Web 应用程序的 URL。浏览器发送 HTTP 请求到服务器，请求中包含用户想要访问的网页信息。

2）后端处理

服务器接收到 HTTP 请求后，根据请求中的信息（如 URL、参数等）找到对应的处理逻辑。后端代码处理业务逻辑，如验证用户身份、查询数据库等。处理完成后，后端代码生成一个 HTTP 响应，该响应包含要返回给浏览器的数据（如 HTML、CSS、JavaScript 等）。

3）数据传输

HTTP 响应通过网络传输到用户的浏览器。浏览器接收到 HTTP 响应后，解析其中的数据并渲染成网页。

4）前端展示与交互

用户在浏览器中看到渲染后的网页，并进行交互操作（如单击按钮、填写表单等）。JavaScript 代码在浏览器中运行，处理用户的交互事件，并可能发送新的 HTTP 请求到服务器（如 AJAX 请求）。

5）循环交互

用户的交互操作会触发新的 HTTP 请求，服务器再次处理 HTTP 请求并返回响应，形成一个循环交互的过程。

6）会话管理

在整个交互过程中，服务器可能需要跟踪用户的会话状态（如登录状态、购物车内容等）。常见的会话管理技术包括使用 Cookie 和 Session。

7）安全性

Web 应用程序在交互过程中需要考虑安全性问题，如防止 SQL 注入、XSS 攻击等。服务器端需要采取适当的安全措施来保护用户数据。

Web 应用程序的交互过程如图 3-4 所示。

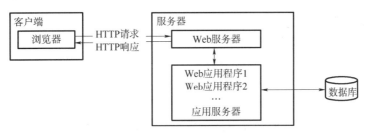

图 3-4　Web 应用程序的交互过程

3.2.2　常见的 Web 安全漏洞及攻击类型

常见的 Web 安全漏洞有以下几种。

1. 已知弱点和错误配置

已知弱点包括 Web 应用程序使用的操作系统和第三方应用程序中的所有程序错误或者可以被利用的漏洞。这个问题也涉及错误配置，包含不安全的默认设置或管理员没有进行安全配置的应用程序。

例如，当 Web 服务器被配置成可以让任何用户从系统上的任何目录路径通过时，可能导致泄露存储在 Web 服务器上的一些敏感信息，如口令、源代码或客户信息等。

2. 隐藏字段

在许多 Web 应用程序中，隐藏的 HTML 格式字段被用来保存系统口令或商品价格。尽管其名称如此，但这些字段并不是很隐蔽，任何在网页上执行"查看源代码"命令的人都能看见。许多 Web 应用程序允许恶意的用户修改 HTML 源文件中的这些字段，为他们提供了以极低成本或零成本购买商品的机会。这些攻击行为之所以成功，是因为大多数 Web 应用程序没有对返回网页进行验证；相反，它们认为输入数据和输出数据是一样的。

3. 后门和调试漏洞

开发人员常常建立一些后门并依靠调试来排除 Web 应用程序的故障。在开发过程中这样做可以，但这些安全漏洞经常被留在一些放在 Internet 上的最终 Web 应用程序中。一些常见的后门使用户不用口令就可以登录或者访问允许直接进行应用配置的特殊 URL。

4. XSS 攻击

XSS 又叫作 CSS（Cross Site Script）。XSS 攻击指的是恶意攻击者在 Web 页面中插入恶意 THML 代码，当用户浏览该页面时，嵌入其中的恶意 HTML 代码会被执行，从而达到恶意攻击用户的特殊目的。

5. 参数篡改

参数篡改包括操纵 URL 字符串，以检索通过其他方式得不到的用户信息。访问 Web 应用程序的后端数据库是通过常常包含在 URL 中的 SQL 调用进行的。恶意用户可以操纵 SQL 代码，以便将来有可能检索一份包含所有用户、口令、信用卡号的清单或者存储在数据库中的任何其他数据。

6. 更改 Cookie

更改 Cookie 指的是修改存储在 Cookie 中的数据。网站常常将一些包括用户 ID、口令、账号等的 Cookie 存储到用户系统中。通过改变这些值，恶意用户就可以访问不属于他们的账户。攻击者也可以窃取用户的 Cookie 并访问用户账户，而不必输入用户 ID 和口令或进行其他验证。

7. 输入信息控制

输入信息控制包括通过控制由通用网关接口（Common Gateway Interface，CGI）脚本处理的 HTML 格式的输入信息来运行系统命令。例如，使用 CGI 脚本向另一个用户发送信息的形式可以被攻击者控制，从而将服务器的口令文件邮寄给恶意用户或者删除系统中的所有文件。

8. 缓冲区溢出

缓冲区溢出是恶意用户向服务器发送大量数据以使系统瘫痪的典型攻击手段。这里的系统包括存储这些数据的预置缓冲区。如果所收到的数据量大于缓冲区容量，则部分数据就会溢出到堆栈中。如果这些数据是代码，则系统随后就会执行溢出到堆栈中的任何代码。缓冲区溢出攻击的典型例子也涉及 HTML 文件。如果 HTML 文件中的一个字段中的数据足够大，那么它就能创造一个缓冲区溢出条件。

9. 直接访问浏览

直接访问浏览指直接访问应该需要验证的网页。没有正确配置的 Web 应用程序可以让恶意用户直接访问包括有敏感信息的 URL 或者使提供收费网页服务的公司丧失收入。

常见的 Web 攻击类型见表 3-1。

表 3-1　常见的 Web 攻击类型

类型	手段	后果
SQL 注入攻击	通过构造 SQL 语句对数据库进行非法查询	黑客可以访问后端数据库，偷窃和修改数据
XSS 攻击	通过受害网站在客户端显示不正当的内容和执行非法命令	黑客可以对受害客户端进行控制，盗窃用户信息

类型	手段	后果
任意文件上传	绕过管理员的限制上传任意类型的文件	黑客可以篡改网页、图片和下载文件等
不安全本地存储	偷窃 Cookie 和 Session Token 信息	黑客获取用户关键资料,冒充用户身份
远程代码执行	执行系统默认的脚本或自行上传的 WebShell 脚本等	黑客完全控制服务器
远程命令执行	利用 Web 服务器的漏洞执行 Shell Execute 命令等	黑客获得服务器信息
敏感信息泄露	利用 Web 服务器的漏洞获得脚本源代码	黑客分析源代码从而更有针对性地对网站进行攻击
未授权访问	访问非授权的资源连接	黑客可以强行访问一些登录网页、历史网页

3.2.3 Web 安全技术

Web 安全技术是指一系列用于保护 Web 应用程序和 Web 服务器免受网络攻击和数据盗窃等威胁的措施和方法。Web 安全技术主要包括 Web 服务器安全技术、Web 应用服务安全技术和 Web 浏览器安全技术三大类。

1. Web 服务器安全技术

Web 安全防护可通过多种手段实现,主要包括安全配置 Web 服务器、网页防篡改技术、反向代理技术、蜜罐技术等。

1) 安全配置 Web 服务器

充分利用 Web 服务器本身拥有的主目录权限设定、用户访问控制、IP 地址许可等安全机制,进行合理有效的配置,确保 Web 服务的访问安全。

2) 网页防篡改技术

将网页监控与恢复结合,通过对网站的页面进行实时监控,主动发现页面内容是否被非法篡改,一旦发现页面内容被非法篡改,可立即恢复被篡改的页面内容。

3) 反向代理技术

当外网用户访问网站时,采用反向代理技术,使用户访问反向代理系统,而无法直接访问 Web 服务器系统,因此无法对 Web 服务器实施攻击。反向代理系统会分析用户的请求,以确定是直接从本地缓存中提取结果,还是把请求转发到 Web 服务器。由于代理服务器不需要处理复杂的业务逻辑,所以代理服务器本身被入侵的机会几乎为零。

4) 蜜罐技术

蜜罐技术通过模拟 Web 服务器的行为,判别访问是否对 Web 服务器及后台数据库系统有害,能有效地防范各种已知及未知的攻击行为。对于通常的网站或电子邮件服务器,攻击流量通常会被合法流量淹没,而在蜜罐系统中进出的数据大部分是攻击流量。因此,浏览数据、查明攻击者的实际行为也就变得很容易。

2. Web 应用服务安全技术

Web 应用服务安全技术主要包括身份认证技术、访问控制技术、数据保护技术、安全代码技术。

1）身份认证技术

身份认证作为电子商务、网络银行应用中最重要的 Web 应用服务安全技术，目前主要有 3 种形式：简单身份认证（账户/口令）、强度身份认证（公钥/私钥）、基于生物特征的身份认证。

2）访问控制技术

访问控制技术是通过某种途径，准许或者限制访问能力和范围的一种技术。该技术通过访问控制，可以限制对关键资源和敏感数据的访问，防止非法用户的入侵和合法用户的误操作所导致的破坏。

3）数据保护技术

数据保护技术主要是指数据加密技术。

4）安全代码技术

安全代码技术是在编写服务代码的过程中引入安全编程的思想，使编写的代码免受隐藏字段攻击、溢出攻击、参数篡改攻击的技术。

3. Web 浏览器安全技术

1）浏览器升级

用户应该经常使用最新的补丁升级浏览器。

2）Java 安全限制

Java 在最初设计时便考虑了安全性。例如，Java 的安全沙盒模型（Security Sand Box Model）可用于限制哪些安全敏感资源可被访问，以及如何被访问。

3）SSL（Secure Sockets Layer，安全套接层）加密

SSL 可内置于许多 Web 浏览器中，从而保障 Web 浏览器和服务器之间的安全传输。在 SSL 握手阶段，服务器端的证书可被发送给 Web 浏览器，用于认证特定服务器的身份。同时，客户端的证书可被发送给 Web 服务器，用于认证特定用户的身份。

3.2.4 小型门户网站安全防护措施

1. 及时进行系统升级

应在第一时间及时地进行系统升级，并为系统打好一切补丁，如图 3-5 所示。考虑将所有更新下载到网络中的一个专用的服务器上，并在该服务器上以 Web 的形式发布文件。

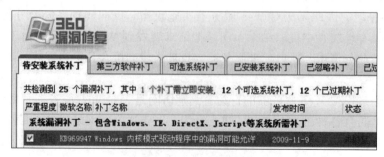

图 3-5 进行系统升级

2. 卸载不需要的 FTP 和 SMTP 服务

进入计算机的最简单的途径是通过 FTP 访问。FTP 本身被设计为满足简单的读/写访问需求，如果进身份认证，会发现用户名和密码都是通过明文的形式在网络中传播的。SMTP 是另一种允许文件夹写权限的服务。通过禁用这两项服务，可以避免更多黑客攻击，如图 3-6 所示。

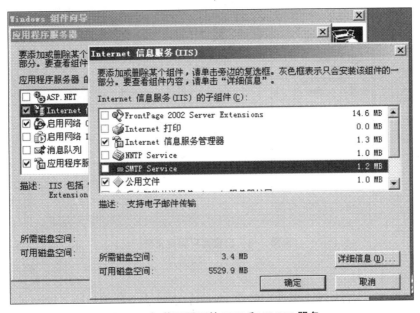

图 3-6　卸载不需要的 FTP 和 SMTP 服务

3. 设置复杂的用户密码

如果使用弱密码，那么黑客能快速并简单地入侵用户账户，如图 3-7 所示。

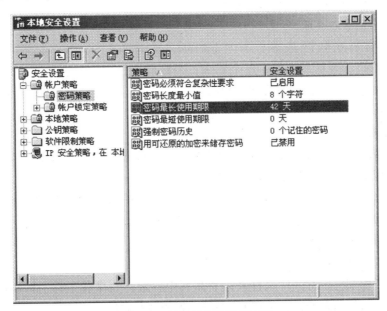

图 3-7　设置复杂的用户密码

4. 设置账户锁定策略

通过 Windows 自带的安全策略，可以对非法暴力破解口令进行有效的控制，同时审计所有登录成功和失败的事件，如图 3-8 所示。

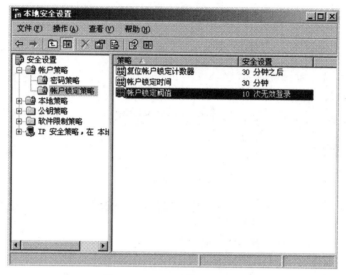

图 3-8　设置账户锁定策略

5. 使用 NTFS 权限

在默认情况下，NTFS 驱动器使用的是 EVERYONE/完全控制权限，除非手工关闭它们。关键是不要把用户自己锁定在外，不同的人需要不同的权限，管理员需要完全控制，后台管理账户也需要完全控制，系统和服务各自需要一种级别的访问权限，这取决于不同的文件。最重要的文件夹是 "System32"，该文件夹的访问权限越小越好。在 Web 服务器上使用 NTFS 权限有助于保护重要的文件和应用程序。

6. 禁用多余的管理员账户

如果已经安装互联网基本服务（Internet Information Services），则可能产生一个 TSInternetUser 账户。除非真正需要这个账户，否则应该禁用它。这个账户很容易被渗透，是黑客的显著目标。为了更好地管理用户账户，应该确定本地安全策略没有问题。IUSR 账户的权限也应该尽可能小。

7. 网站目录权限最小化

（1）在网站正常运行时。空间应该全部关闭写入权限，只保留需要写权限的某几个目录，同时，被保留写权限的目录必须关闭执行权限。

（2）站点需要更新时。开放所有写权限，更新完毕后立即关闭写权限。原则如下：①有写权限的目录，不能有执行权限；②有执行权限的目录，不能有写权限。

这样可以最大限度地保证站点的安全。

8. 移除缺省的 Web 站点

很多攻击者瞄准 "inetpub" 文件夹，并在其中放置一些偷袭工具，从而造成服务器瘫痪。防止这种攻击最简单的方法是在 IIS 中将缺省的站点禁用。

对于虚拟主机，如果服务器中放置了多个域名的站点，建议对不同的站点设置不同的账户权限（读取和执行）。这样可保证一个域名上的站点被攻击时不会影响服务器中的其他站点。

9. 定期备份网站数据和程序

至少以每周一次的频率定期备份网站数据和程序，对大型数据库可使用专业的快速导出工具。建议使用 WinRAR 类型的压缩软件进行备份，并采用设定压缩密码的加密压缩方式。如果文件较多，则压缩时间可能较长，这时可使用计划任务自动执行或采取存储压缩方式。

对操作系统建议每月备份一次，可直接使用 GHOST 工具。对于特殊的服务器需要 RAID 驱动时，建议自制一个 WinPE 将 RAID 驱动加载在该系统中。

10. 仔细检查 "∗.bat" 和 "∗.exe" 文件

建议每周搜索一次 "∗.bat" 和 "∗.exe" 文件，检查服务器中是否存在黑客常用的可执行文件。在这些破坏性的文件中，也许有一些是 "∗.reg" 文件。如果用鼠标右键单击该文件并选择 "编辑" 选项，可以发现黑客已经制造了能让他们进入系统的注册表文件。可以删除这些没任何意义但会给入侵者带来便利的主键，或定期生成一份主机的文件列表，然后进行文件比对。

11. 定期检查访问日志

对于 IIS，其默认记录存放在 "C:\winnt\system32\logfiles\w3svc1" 中，文件名就是当天的日期，记录格式是标准的 W3C 扩展记录格式，可以被各种记录分析工具解析，默认的格式包括时间、访问者 IP 地址、访问的方法（GET 或 POST 等）、请求的资源、HTTP 状态（用数字表示）等，如图 3-9 所示。建议定期使用专业的日志分析工具进行审计，检查异常的访问现象。

```
IIS
12:07:56 10.22.1.81 GET /SiteServer/Publishing/viewcode.asp 404
12:07:56 10.22.1.81 GET /msadc/samples/adctest.asp 200
12:07:56 10.22.1.81 GET /advworks/equipment/catalog_type.asp 404
12:07:56 10.22.1.81 GET /iisadmpwd/aexp4b.htr 200
12:07:56 10.22.1.81 HEAD /scripts/samples/details.idc 200
12:07:56 10.22.1.81 GET /scripts/samples/details.idc 200
12:07:56 10.22.1.81 HEAD /scripts/samples/ctguestb.idc 200
12:07:56 10.22.1.81 GET /scripts/samples/ctguestb.idc 200
12:07:56 10.22.1.81 HEAD /scripts/tools/newdsn.exe 404
12:07:56 10.22.1.81 HEAD /msadc/msadcs.dll 200
12:07:56 10.22.1.81 GET /scripts/iisadmin/bdir.htr 200
12:07:56 10.22.1.81 HEAD /carbo.dll 404
12:07:56 10.22.1.81 HEAD /scripts/proxy/ 403
12:07:56 10.22.1.81 HEAD /scripts/proxy/w3proxy.dll 500
12:07:56 10.22.1.81 GET /scripts/proxy/w3proxy.dll 500
```

图 3-9　定期检查访问日志

3.3　电子商务安全

3.3.1　电子商务安全的概念与特点

电子商务源于人类商贸活动的发展和信息技术的进步。最早的电子商务交易出现在 20 世纪 60 年代，但是直到 1996 年 IBM 公司才正式提出 Electronic Commerce 的概念。从狭义上说，电子商务是指运用 Internet 开展的商务交易或与商务交易直接相关的活动。从广义上说，电子商务是指运用信息技术对整个商务活动实现电子化。电子商务发源于传统的商务，通过集成现代化信息技术，开发了新型的商务模式，极大地推动了人类的商品生产和消费活动。

由于 Internet 本身的开放性及目前网络技术发展的局限性，以及黑客的攻击、管理的欠缺、网络的缺陷、软件的漏洞或"后门"、人为的触发等原因，电子交易面临种种安全威胁，这对电子商务提出了种种安全需求。

电子商务安全是指导安全电子交易的原则，它允许通过互联网购买和销售商品及服务，但有适当的协议为相关人员提供安全保障。电子商务安全确保了在电子商务环境中交易的保密性、完整性、真实性和可用性，以及交易各方身份的真实性和交易的不可抵赖性。

电子商务安全具有如下特点。

（1）系统性。电子商务安全是一个系统概念，它涵盖了从数据输入到处理、存储和输出的整个流程，确保系统的整体安全性。

（2）相对性。电子商务安全是相对的，不是绝对的。由于技术的限制和人为因素，电子商务系统可能存在一些安全风险，但可以通过采取适当的安全措施来降低这些风险。

（3）动态性。电子商务安全是动态的，随着技术的发展和攻击手段的变化，需要不断更新和改进安全措施来应对新的威胁。

（4）有代价性。实现电子商务安全需要投入一定的成本，包括技术设备成本、人力资源成本和安全培训成本等。这些投入是确保电子商务系统正常运行和交易安全的重要保障。

此外，电子商务安全要求交易过程具备以下特性。

（1）保密性。确保交易信息在传输和存储过程中不被未经授权的第三方获取。

（2）完整性。保证交易数据在传输过程中不被篡改或破坏。

（3）真实性。验证交易各方的身份是否真实有效。

（4）可用性。确保电子商务系统能够正常运行，用户能够随时访问和使用电子商务系统。

（5）不可抵赖性。交易各方在数据传输时必须带有自身特有的、无法被别人复制的信息，以保证交易发生纠纷时有所对证。

为了实现这些特点，电子商务系统需要采取多种安全措施，如数据加密、数字签名、身份认证、访问控制等。同时，需要加强安全管理和培训，提高用户的安全意识和防范能力。

3.3.2 电子商务安全风险

1. 网络安全风险

电子商务是在开放的互联网中进行商务活动的，网络安全风险是电子商务安全的主要风险。网络安全风险所涉及的攻击可以分为以下 4 种。

（1）中断攻击是针对网络连通性的攻击。它是指通过物理或逻辑手段导致计算机网络系统或其关键组成部分的功能失效或暂时瘫痪。中断攻击可能由网络故障、恶意攻击或自然灾害等引起，它导致用户无法访问网络资源或进行正常的商务活动。中断攻击直接影响电子商务的可用性和稳定性，给企业和用户带来严重的不便和损失。

（2）介入攻击，也称为截获或窃听攻击，是指未经授权的用户通过技术手段获取网络中传输的敏感信息。攻击者可能在网络中安装截收装置或在数据包通过的网关和路由器上截获数据，从而获取机密信息。介入攻击威胁了信息的机密性，可能导致商业机密、用户隐私等敏感信息泄露。对于电子商务而言，介入攻击可能导致支付信息、订单详情等重要数据泄露，给企业和用户带来严重的安全隐患。

（3）篡改攻击是指攻击者通过修改、删除或插入网络中的信息，破坏信息的完整性和真实性。攻击者可能改变信息的次序、内容或插入一些虚假信息，让接收方读不懂信息或接收错误的信息。篡改攻击可能导致接收方基于错误的信息做出决策，进而产生误导或误判。在电子商务中，篡改攻击可能涉及订单信息的修改、支付金额的变更等，给交易双方带来严重的经济纠纷和信任危机。

（4）假造攻击，也称为伪造攻击，是指攻击者伪造信息或身份，在网络中进行欺骗活动。攻击者可能伪造交易信息、订单信息或用户身份，欺骗接收方进行非法的资金转移或商品交易。假造攻击威胁了信息的真实性和可信度，可能导致接收方信任错误的信息或身份，从而进行错误的交易或决策。在电子商务中，假造攻击可能导致欺诈行为的发生，给企业和用户带来经济损失和信誉损害。

网络安全风险所涉及的4种攻击如图3-10所示。

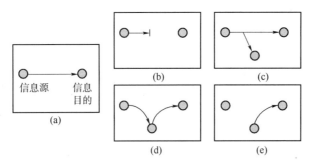

图3-10　网络安全风险所涉及的4种攻击
（a）正常流；（b）中断攻击；（c）介入攻击；（d）篡改攻击；（e）假造攻击

2. 客户机安全风险

客户机作为用户接入网络的终端，其安全性直接关系到用户数据和网络环境的整体安全。以下是常见的客户机安全风险。

（1）口令泄露。口令是用户登录操作系统或访问资源的关键凭证。如果用户的口令过于简单、容易猜测，或者用户将口令随意泄露给他人，那么恶意用户就可能利用这些口令登录系统，窃取或篡改用户数据。为了防止口令泄露，用户应使用复杂且不易猜测的口令，并定期更换。

（2）操作权限设置不合理。客户机操作系统通常会设置不同的用户权限，以控制用户对操作系统资源的访问。如果权限设置不合理，例如给予普通用户过多的操作系统权限，那么这些用户可能执行未经授权的操作，甚至破坏操作系统安全。因此，管理员应合理设置用户权限，确保每个用户只能访问其所需的资源。

（3）操作系统存在漏洞。操作系统和应用程序在设计和实现过程中可能存在安全漏洞，这些漏洞可能被恶意用户用来攻击操作系统。为了防范这类攻击，用户应及时更新操作系统和应用程序的补丁，修复已知的安全漏洞。

（4）操作系统中毒。恶意软件（如病毒、木马、蠕虫等）可能通过各种途径感染客户机操作系统，导致操作系统性能下降、数据丢失，甚至操作系统崩溃。为了防止操作系统中毒，用户应安装可靠的防病毒软件，并定期更新病毒库，同时避免从不可信来源下载和安装软件。

3. 服务器安全风险

服务器是网络中存储和处理关键数据的重要设备。常见的服务器风险如下。

（1）硬件安全问题。服务器的硬件故障可能导致数据丢失或操作系统崩溃。此外，如果服务器的物理环境不安全（如未设置门禁、未安装监控摄像头等），那么恶意用户就可能直接访问服务器硬件，窃取数据或破坏操作系统。为了保障硬件安全，管理员应定期检查服务器硬件状态，确保其正常运行，同时加强服务器的物理安全防护措施。

（2）软件安全问题。服务器操作系统和应用程序可能存在安全漏洞，这些漏洞可能被恶意用户用来攻击服务器。为了防止这类攻击，管理员应及时更新操作系统和应用程序的补丁，修复已知的安全漏洞，同时限制在服务器中运行不必要的软件和服务，降低潜在的安全风险。

（3）服务器端口安全问题。服务器通过开放的端口与外部网络进行通信。如果端口的配置不当或存在漏洞，那么恶意用户就可能通过这些端口攻击服务器。为了保障端口安全，管理员应关闭不必要的端口，仅开放必要的端口，同时使用安全的通信协议（如 SSH、HTTPS 等）进行数据传输，防止数据在传输过程中被窃取或被篡改。

4. 数据库安全风险

数据库是存储和管理数据的核心系统，其安全性对于保障数据的完整性和机密性至关重要。常见的数据库安全风险如下。

（1）数据库配置不合理。数据库的配置参数可能直接影响其安全性。如果数据库配置不合理（如未启用加密传输、未设置访问控制列表等），那么恶意用户就可能利用这些配置漏洞攻击数据库。为了保障数据库安全，管理员应合理配置数据库，启用必要的安全功能（如数据加密、访问控制等）。

（2）数据库设计不合理。数据库设计应满足业务需求并保障数据安全。如果数据库设计不合理（如存在冗余数据、未设置合适的索引等），那么可能导致数据库性能下降或数据泄露。因此，在设计数据库时应充分考虑业务需求和安全需求，确保数据库结构清晰、数据完整且易于管理。

（3）数据库访问权限设置不合理。数据库访问权限是控制用户访问数据库资源的重要手段。如果数据库访问权限设置不合理（如给予普通用户过多权限），那么这些用户就可能执行未经授权的操作，甚至破坏数据库安全。因此，管理员应合理设置数据库访问权限，确保每个用户只能访问其所需的资源，同时定期审查和更新访问权限列表，及时发现并处理潜在的安全风险。

5. 移动电子商务安全风险

移动电子商务相对于传统电子商务面临着更加复杂和多变的安全风险。这些安全风险主要源自支付操作所处的运行环境和信息的传输、存储环境，具体如下。

1）移动设备操作系统存在安全隐患

移动设备由于其便携性和开放性，成为黑客攻击的主要目标。黑客可能利用移动设备操作系统本身的漏洞和缺陷，窃取用户的个人信息、支付信息以及交易记录。用户在使用移动设备时，可能连接不安全的网络，如公共 Wi-Fi，这些网络容易被黑客劫持并监控，进一步增加了信息泄露的风险。移动设备一旦丢失，其中的数字证书、电话号码等重要数据可能被不法分子利用，导致严重的经济损失。

2）应用软件存在安全隐患

移动应用商店中的应用软件种类繁多，但并非所有应用软件都是安全的。恶意软件可能通过窃取用户信息、操纵支付流程等手段对用户进行欺诈和侵害。一些应用软件可能存在隐蔽的数据收集功能，滥用用户的个人信息，如将其出售给第三方广告商或用于其他商业目的。黑客也可能利用应用软件的代码漏洞，对用户的设备发起攻击，如 SQL 注入、XSS 攻击等。

3）信道存在安全隐患

在移动支付过程中，信息的传输和存储都可能面临安全风险。如果未对传输数据加密，数据就可能被还原成网络层的数据包进行解包并分析，暴露通信过程中的关键数据。

"中间人攻击"是一种常见的信道安全威胁，攻击者可以在用户与服务器之间窃取或篡改传输的数据。

4）用户安全意识薄弱

很多用户在进行移动支付时缺乏必要的安全意识。他们可能随意连接不安全的网络，下载和使用来源不明的应用软件，甚至在不安全的环境中进行支付操作。用户对于个人信息的保护意识也不足，可能随意泄露个人信息，如手机号码、身份证号码等，提高了信息泄露的风险。

3.3.3 电子商务安全技术

1. 信息加密技术

信息加密技术是多种网络安全技术的基础。其核心原理是通过数学方法将原始信息（明文）转换成一种特殊格式（密文），这种格式只有经过授权的用户才能正确解读。信息加密技术的主要目的是保护数据的保密性，确保数据在传输或存储过程中不被未经授权的第三方访问。解密是加密的逆过程，即将密文还原为原始的明文。

2. 认证技术

认证技术用于验证用户身份、保证信息的完整性和真实性，并防止交易中的抵赖行为。常见的认证技术如下。

（1）数字签名：一种利用公钥密码技术实现的对电子信息的数字签名，用于确认发送者身份和信息的完整性。

（2）数字摘要：通过单向散列函数将任意长度的数据映射为固定长度的数据串，常用于数据的完整性校验。

（3）数字证书：由可信任的第三方机构（如 CA 机构）颁发的电子文档，用于证明公钥与特定实体之间的绑定关系。

（4）CA 安全认证体系：一个负责发放和管理数字证书的权威体系，确保数字证书的真实性和有效性。

3. 安全电子交易协议

安全电子交易协议用于保障在线支付的安全性，目前广泛采用的安全电子交易协议如下。

（1）SSL（Secure Sockets Layer）协议：用于在 Internet 上提供私密性数据封装和完整性验证。

（2）SET（Secure Electronic Transaction）协议：专为电子商务交易提供的一种安全协议，包括消费者、商家、发卡银行、收单行以及支付网关等各方之间建立的安全交易关系。

4. 黑客防范技术

黑客防范技术旨在防止和应对网络攻击，具体如下。

（1）安全评估技术：使用扫描器等工具发现远程或本地主机存在的安全问题，包括漏洞和服务配置等。

（2）防火墙：用来加强网络之间访问控制的特殊网络设备，它对两个或多个网络之间传输的数据包和连接方式按照一定的安全策略进行检查，从而决定网络之间的通信是否被允许。防火墙能有效地控制内部网络与外部网络之间的访问及数据传输，从而达到保护内部网络信息不受外部非授权用户的访问和过滤不良信息的目的。

（3）入侵检测技术：入侵检测系统可以被定义为对计算机和网络资源的恶意使用行为（包括来自系统外部的入侵行为和系统内部用户的非授权行为）进行识别和相应处理的系统。它从计算机网络系统中的若干关键点收集信息，并分析这些信息，查看网络中是否有违反安全策略的行为和遭到袭击的迹象。在发现入侵后，它会及时做出响应，包括切断网络连接、记录事件和报警等。

5. 虚拟专用网（VPN）技术

VPN 技术允许在公共网络上建立加密通道，从而构建逻辑上的专用网络。VPN 技术通过加密通道，使远程用户能够安全地访问内部网络资源，同时保证数据的保密性和完整性，如图 3-11 所示。

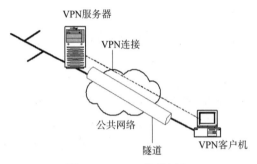

图 3-11　VPN 技术示意

6. 反病毒技术

反病毒技术包括预防、检测和消毒 3 个方面。

（1）预防病毒技术：通过自身常驻系统内存优先获得系统的控制权，监视和判断系统中是否有病毒存在，进而阻止病毒进入系统和对系统进行破坏。这类技术包括加密可执行程序、保护引导区、进行系统监控与读写控制（如防病毒卡）等形式。

（2）检测病毒技术：通过对病毒特征的分析和比对，判断系统中是否存在病毒，并采取相应的处理措施。

（3）消毒技术：在检测到病毒后，使用专门的软件或工具对病毒进行清除，并恢复被病毒破坏的文件或系统。

3.4　实战训练

3.4.1　SQL 注入攻击

1. 任务描述

针对 Web 应用程序中搜索功能存在的 SQL 注入漏洞，需修复该漏洞以避免数据泄露。使用 PHP 的 PDO 库进行参数化查询，替换易受攻击的 SQL 代码，确保用户输入被安全处理。测试修复后的代码，确保搜索功能正常且安全。

2. 任务实施

1）训练环境准备

假设有一个简单的 Web 应用程序，它使用 PHP 和 MySQL 数据库。该 Web 应用程序具有搜索功能，用户可以通过输入关键词来搜索数据库中的信息，但是该搜索功能存在 SQL 注入漏洞。

2）数据库设置

创建一个简单的 users 表，其中包含 id、username 和 password 字段。

```
1. CREATE TABLE users (
2. idINT AUTO_INCREMENT PRIMARY KEY,
3. usernameVARCHAR(50) NOT NULL,
4. password VARCHAR(50) NOT NULL
5. );
6. INSERT INTO users (username,password) VALUES (' admin' ,' password123' );
7. INSERT INTO users (username,password) VALUES (' user1' ,' userpass' );
```

3）存在 SQL 注入漏洞的搜索功能

PHP 代码示例（存在 SQL 注入漏洞）如下。

```
1. <? php
2. $search_term = $_GET[' search' ];// 直接从 GET 参数获取搜索词,没有进行任何过滤或验证
3. $sql ="SELECT *  FROM users WHERE username = ' $search_term' ";        //构造 SQL 查询语句
4. $result = mysqli_query( $conn, $sql);                              //执行 SQL 查询
5. //处理查询结果 ...
6. ? >
```

4）SQL 注入攻击步骤

打开 Web 应用程序的搜索功能页面，并在 URL 中构造带有 SQL 注入代码的搜索词。例如，访问 URL "http：//example. com/search. php? search =' OR' 1' =' 1"，这个构造的搜索词会导致原始的 SQL 查询变成：

```
SELECT *  FROM users WHERE username = ' '  OR ' 1' =' 1'
```

5）SQL 攻击结果

搜索一个正常的用户名（如 admin），应该只得到一条结果，但是，通过上面的 SQL 注入攻击，攻击者能够看到所有用户记录，包括管理员的记录。

在 Web 页面上，攻击者将看到所有用户的用户名和密码（假设这些信息被显示在页面上）。在实际应用中，即使密码不是以明文形式存储的，攻击者也可能通过其他手段利用这些泄露的信息。

6）防范 SQL 注入攻击

要修复 SQL 漏洞，应该使用参数化查询或预编译语句执行数据库操作。下面是使用 PHP 的 PDO 库进行参数化查询的示例。

```
1. <? php
2. $search_term = $_GET[' search' ];           //仍然从 GET 参数获取搜索词,但稍后会进行验证和过滤
3. //使用 PDO 库进行参数化查询
4. $pdo =new PDO(' mysql:host =localhost;dbname =testdb' ,' username' ,' password' );
```

```
5.  $stmt = $pdo- >prepare("SELECT *  FROM users WHERE username = :search_term");
6.  $stmt- >bindParam(' :search_term' , $search_term);              //绑定参数,避免 SQL 注入
7.  $stmt- >execute();
8.  $result = $stmt- >fetchAll(PDO::FETCH_ASSOC);                    //获取查询结果
9. //处理查询结果 ...
10. ? >
```

在上述代码中，使用了":search_term"作为占位符，并通过 bindParam（）方法将搜索词绑定到该占位符上。这样，即使搜索词包含 SQL 代码片段，它也会被当作普通的字符串处理，从而避免了 SQL 注入攻击。

3.4.2 XSS 攻击

1. 任务描述

构建一个易受 XSS 攻击的 Web 应用程序，通过用户输入展示 XSS 攻击效果。然后，修复该 XSS 漏洞，确保用户输入被安全处理，防止恶意代码执行。通过转义用户输入来避免 XSS 攻击。

2. 任务实施

1）训练环境准备

为了演示 XSS 攻击，使用一个简单的 Web 应用程序，它允许用户输入文本并展示在页面上。使用 HTML 和 JavaScript 构建这个简单的 Web 应用程序。

2）Web 应用程序构建

首先，创建一个简单的 HTML 页面，其中包含一个用于用户输入的表单和一个用于展示输入内容的区域。

```
1. <! DOCTYPE html>
2. <html lang="en">
3. <head>
4.     <meta charset="UTF- 8">
5.     <title>XSS Vulnerable App</title>
6. </head>
7. <body>
8.     <h1>Welcome to the Vulnerable App! </h1>
9.     <form action="xss. php" method="post">
10.        <label for="input">Enter some text:</label>
11.        <input type="text" id="input" name="user_input">
12.        <input type="submit" value="Submit">
13.    </form>
14.    <div id="output"></div>
15.    <script>
16.        //假设从服务器获取用户输入并展示在页面上
17.        function showUserInput(input) {
18.            document. getElementById(' output' ). innerHTML = input;
19.        }
20.    </script>
21. </body>
22. </html>
```

然后，创建一个简单的 PHP 脚本来处理表单提交，并将用户输入直接回显到页面上。

```
1. <? php
2. if ( $_SERVER["REQUEST_METHOD"] = = "POST") {
3.       $user_input = $_POST[' user_input' ];
4.       echo"<script>showUserInput(' " . $user_input . " ' );</script>";
5. }
6. ?
```

在这个例子中，直接将用户输入作为 JavaScript 函数的参数传递，这导致了 XSS 漏洞的出现。

3）XSS 攻击步骤

（1）打开 Web 应用程序，并在输入框中输入以下 XSS 攻击代码。

```
<script>alert(' XSS' );</script>
```

（2）提交表单。

4）XSS 攻击结果

当表单被提交后，PHP 脚本将执行，并将攻击者的 JavaScript 代码作为响应的一部分发送回浏览器。浏览器执行这段 JavaScript 代码，弹出一个包含消息 "XSS" 的警告框。

5）分析 XSS 攻击效果

通过弹出警告框，攻击者证明了他们能够执行任意 JavaScript 代码。这意味着他们可以窃取用户的 Cookie、重定向用户到其他恶意网站、执行其他恶意操作等。

6）防范 XSS 攻击

为了修复 XSS 漏洞，应该对用户输入进行适当的转义和编码，以防止恶意代码的执行。以下是修复后的 PHP 脚本示例。

```
1. <? php
2. if ( $_SERVER["REQUEST_METHOD"] = = "POST") {
3.       $user_input = htmlspecialchars( $_POST[' user_input' ],ENT_QUOTES,' U、TF- 8' );
4.       echo"<script>showUserInput(' " . $user_input . " ' );</script>";
5. }
6. ? >
```

在这个修复后的 PHP 脚本中，使用 htmlspecialchars（）函数对用户输入进行了转义处理，这样即使输入中包含 JavaScript 代码，它也会被正确地转义为普通文本，从而避免了 XSS 攻击。

7）训练总结与讨论

通过这个具体的例子，读者可以清楚地看到 XSS 攻击的危害以及如何通过适当的转义和编码来防范 XSS 攻击。在实际开发中，确保对用户输入进行适当的验证和过滤是保护 Web 应用程序免受 XSS 攻击的关键。

素养提升

在信息技术日新月异的今天，Web 安全技术的掌握与应用已成为每个互联网从业者不可或缺的技能。然而，单纯的技术学习并不能完全保障网络的安全，素养的提升同样至关重要。以下从多个方面探讨如何在 Web 安全领域提升个人素养。

1. 增强安全意识

安全意识是网络安全的第一道防线。个人应时刻保持警惕，对任何涉及个人信息、账户密码、系统权限等敏感信息的数据都要有清醒的认识。此外，还需关注最新的网络安全动态，了解常见的网络攻击手段和防御方法，以便在遭遇风险时能够迅速应对。

2. 培养合规意识

在网络安全领域，合规性同样重要。个人应遵守国家法律法规和行业标准，不从事任何违法违规的网络活动。同时，应了解并遵守所在组织的安全政策和规定，确保个人行为符合组织的安全要求。

3. 提升技术能力

个人应不断学习和掌握最新的 Web 安全技术，如信息加密技术、入侵检测技术等，以便在应对网络安全威胁时能够得心应手。此外，还应关注新兴技术的发展趋势，如人工智能、区块链等，探索其在网络安全领域的应用前景。

4. 加强团队协作

网络安全是一个系统工程，需要多方协作才能取得最佳效果。个人应积极参与团队协作，与同事分享网络安全知识和经验，共同应对网络安全挑战。团队协作不仅可以提升个人的安全素养，还可以增强整个组织的网络安全防护能力。

5. 持续学习与实践

网络安全领域的技术和知识不断更新，个人应保持持续学习的态度，不断更新自己的知识和技能。同时，应将所学知识应用到实际工作中，通过实践不断积累经验，提升自己的安全素养。

综上所述，个人应通过增强安全意识、培养合规意识、提升技术能力、加强团队协作以及持续学习与实践等方式，不断提升自己的安全素养，为网络安全事业贡献自己的力量。

 **综合练习**

一、单选题

1. （　　）不是电子邮件面临的威胁。

A. 垃圾邮件   B. 网络钓鱼攻击

C. 电子邮件内容被篡改   D. 电子邮件发送过慢

2. 防火墙（WAF）的主要作用是（　　）。

A. 提高网页加载速度   B. 过滤恶意请求

C. 提高网页美观度   D. 提供网站托管服务

3. 在电子商务中，数字签名的主要目的是（　　）。

A. 提高交易速度   B. 验证交易双方的身份

C. 保证交易数据的完整性   D. 提高交易成功率

4. （　　）使用相同的密钥进行加密和解密。

A. 对称加密   B. 非对称加密   C. 哈希加密   D. 数字签名

5. （　　）不是提升 Web 应用程序安全性的有效手段。

A. 对用户输入进行严格的验证和过滤

B. 使用最新的 Web 开发框架

C. 允许所有用户访问后台管理功能

D. 定期更新操作系统和修补安全漏洞

二、填空题

1. 在电子邮件安全中，SMTP 通常与_____一起使用，以确保电子邮件传输的安全性。

2. Web 应用程序中常见的 XSS 攻击可以通过对用户输入进行_____和_____来防御。

3. 电子商务平台中的数字证书通常用于_____用户的身份和确保交易数据的_____。

4. 在电子商务交易中，_____协议常用于保证信用卡交易的安全性。

5. 防火墙（WAF）可以通过_____和_____来识别和阻止恶意流量。

三、判断题

1. 使用强密码可以有效防止电子邮件账户被黑客攻击。　　　　　（　　）

2. Web 应用程序中的 SQL 注入漏洞主要是对用户输入处理不当造成的。　（　　）

3. 在电子商务交易中，使用 HTTPS 协议可以确保交易数据的保密性和完整性。（　　）

4. 电子邮件的加密只能保证电子邮件内容的安全，无法防止电子邮件被伪造或被篡改。

　　　　　　　　　　　　　　　　　　　　　　　　　　　　　（　　）

5. 防火墙（WAF）可以完全替代其他安全措施，确保 Web 应用程序的安全。　（　　）

四、简答题

1. 简述电子邮件安全中常用的加密技术及其作用。

2. 列举并解释 Web 应用程序中常见的两种安全漏洞及其危害。

3. 描述在电子商务交易中如何保障交易数据的安全性和完整性。

学习评价

知识巩固与技能提高（40分）	得分：
计分标准：得分=2×单选题正确个数+1×填空题正确个数+2×判断题正确个数+5×简答题正确个数	

学生自评（20分）	得分：
计分标准：初始分=2×A的个数+1×B的个数+0×C的个数 得分=初始分÷18×20	

专业能力	评价指标	自测结果	要求（A掌握；B基本掌握；C未掌握）
电子邮件安全	1. 理解电子邮件系统的基本架构 2. 掌握常用的电子邮件加密技术 3. 了解并掌握安全电子邮件协议 4. 提出并实施有效的电子邮件安全防范措施	A□ B□ C□ A□ B□ C□ A□ B□ C□ A□ B□ C□	掌握电子邮件安全防护原理与方法
Web应用程序安全	1. 理解Web应用程序的基本组成，掌握HTTP的工作原理 2. 识别并理解常见的Web安全漏洞及攻击类型，能够在实际项目中应用相关知识 3. 掌握Web安全技术	A□ B□ C□ A□ B□ C□ A□ B□ C□	掌握Web应用程序安全防护原理与方法
实战训练	1. 识别SQL注入攻击并采取防范措施 2. 识别XSS攻击并采取防范措施	A□ B□ C□ A□ B□ C□	理解SQL注入攻击与XSS攻击的原理和防范方法，能够在实际环境中应用

小组评价（20分）	得分：
计分标准：得分=10×A的个数+5×B的个数+3×C的个数	

团队合作	A□ B□ C□	沟通能力	A□ B□ C□

教师评价（20分）	得分：

教师评语	
总成绩		教师签字	

第四章

防火墙与入侵检测

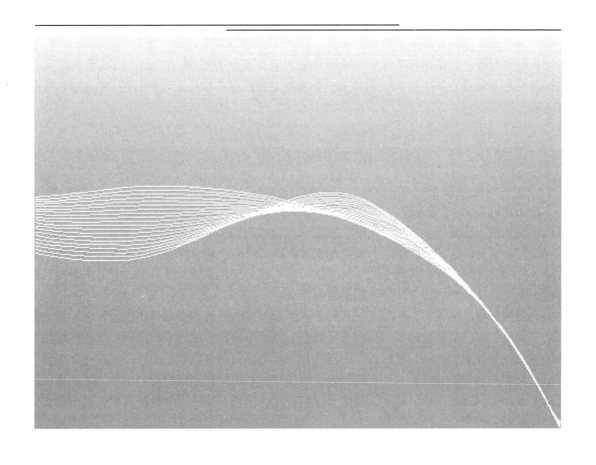

知识目标

➢ 理解防火墙的工作原理与防护方式。

➢ 理解防火墙的主要功能。

➢ 理解入侵检测原理。

➢ 理解入侵检测系统的功能。

能力目标

➢ 掌握防火墙的安装与配置方法。

➢ 掌握防火墙过滤技术。

➢ 具备部署入侵检测系统的能力。

➢ 具备安装与使用 Snort 的能力。

素养目标

➢ 了解安全防护的重要性和必要性。

➢ 提高对网络攻击的警惕性。

➢ 提高网络安全防范意识。

🌀 引导案例

2016 年 10 月 21 日，全美数百万个公共服务平台、社交平台、公共网络服务器多次遭到恶意攻击，而黑客利用的竟然是人们日常使用的联网摄像头、打印机等设备。亚马逊、Netflix 和 Twitter 等知名科技公司的网站全部陷入瘫痪。黑客利用公开可用的源代码，组建了一支以联网设备为主的僵尸网络大军，然后向 DNS 提供商发送了大量垃圾数据处理请求。这次攻击主要针对总部在新罕布什尔的网络服务供应商迪恩公司（Dyn），攻击致使其无法发挥其作为互联网"接线总机"的作用，导致数十家网站宕机，2.5 小时之后才开始陆续恢复正常。

4.1 访问控制的概念和分类

在计算机系统中，认证、访问控制和审计共同建立了保护系统安全的基础。认证是用户进入系统的第一道防线；访问控制是鉴别用户的合法身份后，控制用户对数据信息的访问。访问控制是在身份认证的基础上，依据授权对资源访问请求加以控制。访问控制是一种安全手段，既能够控制用户和其他系统和资源进行通信和交互，也能避免系统和资源未经授权的访问，并为成功认证的用户授予不同的访问等级。

访问控制的范围很广，它涵盖了几种不同的机制，因为访问控制是防范计算机系统和资源被未授权访问的第一道防线，具有重要地位。提示用户输入用户名和密码才能使用计算机系统的过程是基本的访问控制形式。用户登录之后需要访问文件时，文件应该有一个包含能够访问它的用户和组的列表。不在这个表上的用户，其访问将遭到拒绝。用户的访问权限主要基于其身份和访问等级，访问控制给予组织控制、限制、监控以及保护资源的可用性、完整性和保密性的能力。

4.1.1 访问控制的概念

访问控制是按用户身份及其所归属的某项定义组来限制用户对某些信息项的访问，或限制用户使用某些控制功能的一种技术。为了保证网络系统信息的保密性和完整性，必须对网络系统实施访问控制。

简单地讲，访问控制是在身份识别的基础上，对用户提出的资源访问请求加以控制，以防止未授权用户非法使用系统资源。可见，它包含两层意思：一是用户身份认证，即对用户进入系统操作进行控制，常用方法是用户账户和口令限制；二是用户权限确认，即用户进入系统后对其所能访问的资源进行限制，常用方法是访问权限和资源属性限制。

通过访问控制，可以隔离用户对资源的直接访问，使用户对资源的任何操作都处于监控之下，从而保证资源的合法使用。一般而言，访问控制包括主体（Subject）、客体（Object）和控制策略（Policy）3 个要素。

（1）主体：发出访问指令和存取请求的主动方，它包括用户、用户组、主机、终端和应用进程等，通常指用户或用户的某个进程。

（2）客体：被访问的对象，可以是被调用的程序和进程、存取的信息和数据、被访问的文件、系统或各种网络设备等资源。主体可以访问客体。

（3）控制策略：主体对客体的访问规则集，它定义了主体对客体的作用行为和客体对主体的条件约束。控制策略体现了一种授权行为，也就是客体对主体的权限许可，这种许可不能超越规则集，并由规则集给出。

主体提出一系列正常的请求信息，通过信息系统入口到达控制策略的监控器，由控制策略判断是否允许这次请求。此时，必须先要确认主体是否合法，也就是对主体进行验证。主体通过验证才能访问客体，但这并不保证其有权限对客体进行操作。客体对主体的验证一般是鉴别用户的标识和密码，对主体的具体约束由访问控制列表（Access Control List，ACL）控制实现。

4.1.2 访问控制的分类

访问控制模型是一种从访问控制的角度出发，描述安全系统并建立安全模型的方法。它主要描述了主体访问客体的一种框架，通过访问控制技术和安全机制来实现模型的规则和目标。可信计算机系统评估准则（TCSEC）提出了访问控制在计算机系统中的重要作用，TCSEC 要达到的一个主要目标就是阻止非授权用户对敏感信息的访问。访问控制在 TCSEC 中被分为两类：自主访问控制（Discretionary Access Control，DAC）和强制访问控制（Mandatory Access Control，MAC）。近几年基于角色的访问控制（Role-Based Access Control，RBAC）技术正得到广泛的研究与应用。

1. DAC

DAC 又称为任意访问控制，是根据 DAC 策略建立的一种模型。它允许合法用户以用户或用户组的身份访问 DAC 策略规定的客体，同时阻止非授权用户访问客体。某些用户还可以自主地把自己拥有的客体的访问权限授予其他用户。在实现上，首先要对用户的身份进行鉴别，然后就可以按照 ACL 所赋予用户的权限允许和限制用户使用客体的资源，主体控制权限通常由特权用户或特权用户（管理员）组实现。

2. MAC

MAC 是"强加"给访问主体的，即系统强制主体服从访问控制规则，这种规则是强制性规定的，用户或用户的程序不能修改。

简单来说，MAC 就是由系统（通过专门设置的系统安全员）对用户所创建的对象进行统一的强制性控制，按照制定的规则决定哪些用户可以对哪些对象进行何种操作系统类型的访问，即使是创建者用户，在创建一个对象后，也可能无权访问该对象。

3. RBAC

RBAC 是通过对角色的访问进行的控制。在 RBAC 中，权限与角色关联，用户通过成为适当角色的成员而得到其角色的权限。例如，一个学校可以有校长、院长、教师、学生、辅导员、后勤人员等角色，不同的角色拥有不同的权限。

简单来说，RBAC 就是不直接将系统操作的各种权限授予具体的用户，而是在用户集合与权限集合之间建立一个角色集合，每种角色对应一组相应的权限。一旦用户被分配了适当的角色，该用户就拥有了此角色的所有操作权限。

RBAC 优点是不必在每次创建用户时都进行分配权限的操作，只需分配给用户相应的角色即可，而且角色的权限变更比用户的权限变更少得多，由此可以简化用户的权限管理，减少系统开销。

4.1.3 常用访问控制的策略

访问控制策略通常有 3 种，即 DAC 策略、MAC 策略、RBAC 策略。

各种访问控制策略之间并不相互排斥，目前计算机系统中通常是多种访问控制策略并存，系统管理员能够对访问控制策略进行配置使其达到安全政策的要求。

1. DAC 策略

DAC 根据用户的身份及允许访问权限决定其访问操作，只要用户身份被确认，用户即可根据 ACL 赋予它的权限进行限制性用户访问。使用 DAC，用户或用户进程可任意在系统中规定谁可以访问它们的资源，这样，用户或用户进程就可有选择地与其他用户共享资源。DAC 是一种对单独用户执行访问控制的过程和措施。

由于 DAC 对用户提供灵活和易行的数据访问方式，能够适用于许多系统环境，所以 DAC 被大量采用，尤其在商业和工业环境中应用。然而，DAC 提供的安全保护容易被非法用户绕过。例如，若用户 A 有权访问文件 F，而用户 B 无权访问文件 F，则一旦用户 A 获取文件 F 后再传送给用户 B，则用户 B 也可访问文件 F，其原因是在 DAC 策略中，在用户获得文件的访问权限后，并没有限制对该文件信息的操作，即并没有控制数据信息的分发。因此，DAC 提供的安全性相对较低，不能对系统资源提供充分的保护，不能抵御特洛伊木马的攻击。

2. MAC 策略

与 DAC 相比，MAC 提供的访问控制机制无法绕过。在 MAC 中，每个用户及文件都被赋予一定的安全级别，用户不能改变自身或任何客体的安全级别，即不允许单个用户确定访问权限，只有系统管理员可以确定用户和组的访问权限。系统通过比较用户及其所访问的文件的安全级别来决定用户是否可以访问该文件。此外，MAC 不允许一个进程生成共享文件，从而防止进程通过共享文件将信息传给另一进程。MAC 可通过使用敏感标签对所有用户和资源强制执行访问控制策略。安全级别一般有 4 级：绝密级（Top Secret）、秘密级（Secret）、机密级（Confidential）及无级别级（Unclassified）。其级别依次降低。

用户与访问信息的读写关系有以下 4 种。

（1）下读（Read Down）：用户级别高于文件级别的读操作。

（2）上写（Write Up）：用户级别低于文件级别的写操作。

（3）下写（Write Down）：用户级别高于文件级别的写操作。

（4）上读（Read Up）：用户级别低于文件级别的读操作。

上述读写关系都保证了信息流的单向性，显然上读—下写方式保证了数据的完整性，上写—下读方式则保证了信息的保密性。

3. RBAC 策略

RBAC 策略是根据用户在系统中表现的活动性质确定的，活动性质表明用户充当一定的角色，用户访问系统时，系统必须先检查用户的角色。一个用户可以充当多个角色，一个角色也可以由多个用户担任。RBAC 策略具有以下优点。

（1）便于授权管理。系统管理员需要修改系统设置等内容时，必须有几个不同角色的用户到场方能操作，从而保证了安全性。

（2）便于根据工作需要分级。例如，企业财务部门与非财务部门的员工对企业财务的访问权可由财务人员这个角色区分。

（3）便于赋予最小特权。即使用户被赋予高级身份也未必一定使用，以便减少损失。只有必要时用户方能拥有特权。

（4）便于任务分担。不同的角色完成不同的任务。

（5）便于文件分级管理。文件本身也可分为不同的角色，如信件、账单等，由不同角色的用户拥有。

RBAC 是一种有效而灵活的安全措施。通过定义模型的各个部分，可以实现 DAC 和 MAC 所要求的访问控制策略，目前这方面的研究及应用还处于实验探索阶段。乔治梅森大学（George Mason University，GMU）在这方面处于领先地位，现在已经设计出了没有 root 的 UNIX 系统管理、没有集中控制的 Web 服务器管理等机制。

4.1.4　访问控制机制

访问控制机制是为检测和防止系统中的未经授权访问，对资源予以保护所采取的软/硬件措施和一系列管理措施等。访问控制一般是在系统的控制下，按照事先确定的规则决定是否允许主体访问客体，它贯穿于系统工作的全过程，是在文件系统中广泛应用的安全防护方法。

访问控制矩阵（Access Control Matrix，ACM）是最初实现访问控制机制的概念模型，它利用二维矩阵规定了任意主体和任意客体间的访问权限。ACM 中的行代表主体的访问权限属性，ACM 中的列代表客体的访问权限属性，ACM 中的每一格表示其所在行的主体对所在列的客体的访问授权。访问控制的任务就是确保系统的操作是按照 ACM 授权的访问来执行的，它是通过引用监控器协调客体对主体的每次访问来实现的，这种方法清晰地实现了认证与访问控制的相互分离。

在较大的系统中，ACM 将变得非常巨大，而且 ACM 中的许多格可能都为空，造成很大的存储空间浪费，因此在实际应用中，访问控制很少利用矩阵方式实现。下面讨论在实际应用中访问控制的几种常用方法。

1. ACL

ACL 是以文件为中心建立访问权限列表。ACL 中登记了该文件的访问用户名及访问权限隶属关系。利用 ACL，能够很容易地判断出对于特定客体的授权访问，哪些主体可以访问并有哪些访问权限，同样很容易撤消特定客体的授权访问，只要把该客体的 ACL 置空即可。

ACL 简单、实用，虽然在查询特定主体能够访问的客体时需要遍历查询所有客体的 ACL，但 ACL 仍然是一种成熟且有效的访问控制实现方法，许多通用的操作系统使用 ACL 来提供访问控制服务。例如 UNIX 系统和 VMS 利用 ACL 的简略方式，允许以少量工作组的形式实现访问控制，而不允许单个的个体出现，这样可以使 ACL 很小，而且能够和文件存储在一起。另一种复杂的 ACL 应用是利用一些访问控制包，通过制定复杂的访问规则限制何时和如何进行访问，而且这些规则根据用户名和其他用户属性的定义进行单个用户的匹配应用。

2. 能力关系表（Capabilities List）

能力关系表与 ACL 相反，是以用户为中心建立访问权限列表，它规定了某用户可访问的文件名及访问权限。

利用能力关系表可以很方便地查询一个主体的所有授权访问。相反，检索授权访问特定客体的所有主体，则需要遍历所有主体的能力关系表。

4.2　防火墙技术

4.2.1　防火墙的概念

古人在房屋之间修建一道墙，这道墙可以防止发生火灾时火势蔓延到别的房屋，因此被称为防火墙。与之类似，计算机网络中的防火墙是在两个网络之间（如外网与内网之间、LAN 的不同子网之间）加强访问控制的一整套设施，可以是软件、硬件，或者软件与硬件的结合体。防火墙可以对内网与外网之间的所有连接或通信按照预定的规则进行过滤，允许合法的通过，不允许不合法的通过，以保护内网的安全，如图 4-1 所示。

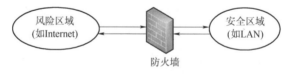

图 4-1　防火墙示意

随着网络的迅速发展和普及，人们在享受信息化带来的众多好处的同时，也面临着日益突出的网络安全问题。事实证明，大多数黑客入侵事件都是由未能正确安装防火墙造成的。

4.2.2　防火墙的功能

防火墙通过监测与控制网络之间的信息交换和访问行为来实现对网络安全的有效管理。具体来说，防火墙主要有以下几个方面的功能。

（1）过滤进出网络的数据。防火墙可以集中执行强制性的访问控制策略，按要求对网络数据进行不同深度的监测，允许或禁止数据的出入（如可以过滤垃圾邮件）。

（2）管理进出网络的访问行为。防火墙可以对网络的各种访问行为进行统一管理，提供统一的认证机制，然后设置相应的访问权限，并根据认证结果判定访问行为的合法性。

（3）封堵某些禁止的服务。如果发现某个服务存在安全漏洞，则可以用防火墙关闭相应的端口，以禁用不安全的服务。防火墙还可以禁止内网用户访问外网的不安全服务，如恶意网站、不良信息等。

（4）记录通过防火墙的信息内容和活动。防火墙可以记录所有网络访问并写入日志文件，同时提供网络使用的详细统计信息。

（5）对网络攻击进行监测和告警。当发生可疑事件时，防火墙可以根据机制设置进行报警和通知，并提供网络是否受到威胁的详细信息。

4.2.3　防火墙的局限

防火墙是一种非常有效的网络安全模型，它可以隔离风险区域和安全区域。

值得注意的是，防火墙并不能保证内网主机和信息资源的绝对安全，防火墙作为一种安全机制存在以下局限。

（1）防火墙不能防范恶意的知情者。例如，防火墙不能防范恶意的内部用户通过磁盘复制操作将信息泄露到外部。

（2）防火墙不能防范不通过它的连接。如果内部用户绕开防火墙和外网建立连接，那么这种通信是不能受到防火墙保护的。

（3）防火墙不能防范全部威胁，如不能防范未知的攻击。

（4）防火墙不能查杀病毒，但可以在一定程度上防范计算机受到蠕虫病毒的攻击和感染。

防火墙经过不断的发展，已经具有抗 IP 假冒攻击、抗木马攻击、抗口令字攻击、抗网络安全性分析、抗邮件诈骗攻击的能力，并且朝着透明接入、分布式防火墙的方向发展。但是，防火墙不是万能的，它需要与防病毒系统和入侵检测系统等其他网络安全产品协同配合，进行合理分工，从而在可靠性和性能上满足用户的网络安全需求。

4.2.4　防火墙的分类

防火墙有多种不同的分类方法。按照实现方式，防火墙可分为软件防火墙和硬件防火墙；按照使用范围，防火墙可分为个人防火墙和网络防火墙；按照协议层次（即防火墙在网络协议栈中的过滤层次），防火墙可分为包过滤防火墙、电路级网关防火墙和应用级网关防火墙（也称为代理防火墙）。其中，第 3 种是目前主流的分类方法。

个人防火墙只保护单台主机，一般提供简单的包过滤功能，通常内置在操作系统中或随杀毒软件一起提供，如 Windows 自带的防火墙。个人防火墙也会与操作系统的安全访问功能结合，提供基于文件或进程的安全访问策略。网络防火墙保护一个网络中的所有主机，布置在内网与外网的连接处。

包过滤防火墙主要根据网络层的信息进行控制；电路级网关防火墙主要根据传输层协议的信息进行过滤；应用级网关防火墙（代理防火墙）主要根据应用层协议的信息进行过滤。一般而言，防火墙的工作层次越高，其能获得的信息就越丰富，所能提供的安全保护级别也就越高，但是由于其需要分析的内容更多，所以速度也会相应变低。

1. 包过滤防火墙

利用包过滤（Packet Filtering）技术在网络层实现的防火墙称为包过滤防火墙。包过滤防火墙中的访问控制策略（过滤规则）是网络管理人员事先设置好的，主要通过对进入防火墙的数据包的源 IP 地址、目的 IP 地址、协议及端口进行设置，决定是否允许数据包通过防火墙。

包过滤防火墙的优点是成本低、速度高、对用户透明，并且实现方式灵活（既可以与现有路由器集成，也可以使用独立软件实现）。

同时，包过滤防火墙也存在以下缺点：配置比较困难，尤其是当规则比较多时，配置非常容易出错；工作在 OSI 参考模型的网络层，无法检测针对应用层的攻击；基于 IP 地址头部信息进行过滤，而这些信息都可以伪造，这使包过滤防火墙容易被绕过。

2. 代理防火墙

代理防火墙通过一种代理技术参与一个 TCP 连接的全过程，具有传统的代理服务器和防火墙的双重功能，一般是运行代理服务器的主机。它提供了一种更好的访问控制机制，可以在应用层检测所有数据，允许客户端通过代理与网络服务进行非直接的连接。

其中，代理服务器是指代表用户处理与服务器的连接请求的程序，它就像一堵墙挡在内部用户和外部系统之间，分别与内部和外部系统连接，是内网与外网的隔离点，起监视和隔绝应用层通信流的作用。从外部只能看到代理服务器而无法获知任何内部资源（如用户的 IP 地址）。因此，代理防火墙能够比其他类型的防火墙提供更高的安全性。

除了安全性高，代理防火墙还具有强大的认证功能和日志功能，规则配置也比较简单。同时，代理防火墙也存在对用户不透明、性能不高、灵活性差等缺点。

3. 状态检测防火墙

状态检测防火墙摒弃了包过滤防火墙仅考查数据包的 IP 地址等几个参数，而不关心数据包连接状态变化的缺点，在其核心部分建立状态连接表，并将进出网络的数据当成会话，利用状态连接表跟踪每个会话状态。其状态监测对每个包的检查不仅根据规则表，更考虑了数据包是否符合会话所处的状态，因此提供了对传输层的完整的控制能力。

状态检测防火墙不需要对每个数据包进行规则检查，而是对连接的后续数据包（通常是大量的数据包）通过散列算法直接进行状态检查，从而使性能得到了较大提高；而且，由于状态表是动态的，所以可以有选择地、动态地开通 1024 号以上的端口，使安全性得到进一步的提高。

4.2.5 常用的防火墙技术

作为内网和外网之间的阻隔，防火墙通过允许和拒绝经过自身的数据流来防止不希望的、未授权的通信，并实现对进出内网的服务和访问的审计与控制。它要解决的安全问题可分为被保护系统（即内网）的安全问题和自身的安全问题。

常用的防火墙技术有包过滤技术、代理服务技术、状态检测技术、自适应代理技术等。为了提高网络系统的安全性能，通常将多种防火墙技术组合在一起使用，以弥补它们各自的缺陷。

1. 包过滤技术

包过滤技术是指在网络层中根据事先设置的访问控制策略（过滤规则），检查每个数据包的源 IP 地址、目的 IP 地址及 IP 分组头部的其他各种标志信息（如协议、服务类型等），以确定是否允许该数据包通过防火墙。

2. 代理服务技术

代理服务技术是指在两个网络之间运行这样一个程序体系（即代理服务器），对于客户机来说，它相当于一台真正的服务器，而对于外界的服务器来说，它又是一台客户机。当代理服务器接收到用户对某站点的访问请求后，便会检查该请求是否符合规则，如果规则允许该用户访问该站点，代理服务器就会像客户机一样去这个站点取回所需信息，再转发给客户机。

3. 状态检测技术

状态检测技术是新一代防火墙技术，它采用的是一种基于连接的状态检测机制，它将属于同一连接的所有包作为一个整体的数据流看待，构成状态表，通过规则表与状态表的共同配合，对各个连接状态因素加以识别。

4. 自适应代理技术

自适应代理技术综合了代理防火墙的安全性和包过滤防火墙的高速度等优点，在不损失安全性的基础上将代理防火墙的性能提高了 10 倍以上。在对基于该技术的防火墙进行配置时，用户仅将所需要的服务类型、安全级别等信息通过相应代理的管理界面进行设置即可。然后，自适应代理就可以根据用户的配置信息，决定是使用代理服务从应用层代理请求还是从网络层转发包。对于后者，它将动态地通知包过滤器增减过滤规则，以满足用户对速度和安全性的双重要求。

4.3　入侵检测技术

入侵检测是对企图入侵、正在进行的入侵或者已经发生的入侵进行识别的过程。IDS 被认为是继防火墙之后的第二道安全闸门，它能在不影响网络性能的情况下对网络进行监测，从而提供对内部攻击、外部攻击和误操作的实时保护。

现代的 IDS 起源于 20 世纪 80 年代末、90 年代初。1990 年是 IDS 发展史上的一道分水岭。这一年，加州大学戴维斯分校的 L. T. Heberlein 等人开发出了 NSM（Network Security Monitor）系统。该系统第一次直接将网络流作为审计数据来源，因此可以在不将审计数据转换成统一格式的情况下监控异种主机。从此之后，IDS 发展史翻开了新的一页，两大阵营正式形成：基于网络的 IDS 和基于主机的 IDS。

为了提高 IDS 产品、组件及与其他安全产品之间的互操作性，美国国防高级研究计划署（DARPA）和互联网工程任务组的入侵检测工作组（IDWG）发起制定了一系列建议草案，从体系结构、API、通信机制、语言格式等方面规范 IDS 的标准。DARPA 提出的建议是公共入侵检测框架（CIDF），最早由加州大学戴维斯分校安全实验室主持起草工作。1999 年 6 月 IDWG 就入侵检测也出台了一系列草案。但是，这两个组织提出的草案或建议目前还处于逐步完善之中，尚未被采纳为国际标准。

目前市场上还没有一种完全相同的、统一的 IDS 解决方案。IDS 产品多种多样，有些 IDS 产品易于安装，支持的功能丰富，但不能用于高带宽的环境中；有些 IDS 产品性能稳定，但用户对其界面和各种统计曲线感到不满；有些 IDS 产品功能强大简洁，受到许多小型用户的青睐，但处理不了大数量级的事件。

4.3.1　入侵检测概述

入侵是对信息系统的非授权访问，以及未经许可在信息系统中进行的操作。入侵检测是从计算机网络系统中的若干关键点收集信息并对其进行分析，从而查看网络中是否有违反安全策略的行为和被攻击迹象的一种机制。入侵检测技术是一种主动的网络安全技术。

所有能够执行入侵检测任务和实现入侵检测功能的系统都可称为 IDS，其中包括软件系统或软/硬件结合的系统。IDS 一般位于内网的入口处，安装在防火墙的后面，用于检测外部攻击者的入侵和内部用户的非法活动。

CIDF（Common Intrusion Detection Framework）定义了通用的 IDS 结构，它将 IDS 分为 4 个功能模块，如图 4-2 所示。

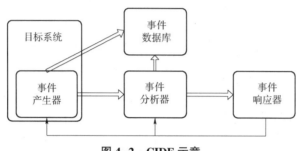

图 4-2　CIDF 示意

事件产生器（Event Generater，E-box）收集入侵检测事件，并提供给 IDS 的其他部件处理，是 IDS 的信息源。事件的范围很广泛，既可以是网络活动，也可以是系统调用序列等系统信息。事件的质量、数量与种类对 IDS 性能的影响极大。

事件分析器（Analysis Engine，A-box）对输入的事件进行分析并检测入侵。许多 IDS 的研究都集中于如何提高事件分析器的能力，包括提高对已知入侵识别的准确性以及提高发现未知入侵的概率等。

E-boxes 和 A-boxes 产生大量的数据，这些数据必须被妥善地存储，以备将来使用。事件数据库（Event Database，D-box）的功能就是存储和管理这些数据，用于 IDS 的训练和证据保存。

事件响应器（Response Unit，C-box）对入侵做出响应，包括向管理员发出警告、切断入侵连接、根除入侵者留下的后门以及恢复数据等。

CIDF 概括了 IDS 的功能，并进行了合理的划分。利用 CIDF 可描述当今现有的各种 IDS 的结构。CIDF 对 IDS 的设计及实现提供了有价值的指导。

此外，大多数 IDS 都会包含一个用户接口组件，用于观察系统的运行状态和输出信号，并对系统的行为进行控制。

IDS 是对防火墙的合理补充，能帮助系统对付网络攻击，从而扩展系统管理员的安全管理能力（包括安全审计、监视、进攻识别和响应等），提高信息安全基础结构的完整性。IDS 提供了对内部攻击和外部攻击的实时检测，使网络系统在受到危害时能够拦截和响应（如报警、阻断等）入侵，为网络安全人员提供了主动防御的手段。

IDS 主要具有以下功能。

（1）监视网络系统的运行状况，查找非法访问和未授权操作。

（2）对系统的构造和弱点进行审计，报告系统中存在的安全威胁。

（3）识别和分析网络攻击的行为特征并报警。

（4）评估重要系统和数据文件的完整性。

（5）对系统进行跟踪审计，并识别用户违反安全策略的行为。

（6）具有容错功能，即使系统发生崩溃，也不会丢失数据，可以在系统重启后重建自己的信息库。

4.3.2 入侵检测方法分类

入侵检测方法可大体分为两类：滥用检测（Misuse Detection）、异常检测（Anomaly Detection）。在 IDS 中，任何一个事件都可能属于以下 3 种情况。

（1）已知入侵。

（2）已知正常状态。

（3）无法判定状态。

第 3 种情况可能是一种未知的入侵，也可能是正常状态，但在现有的系统和技术下无法判定。目前的入侵检测方法都是对已知入侵和已知正常状态的识别，其中滥用检测识别已知入侵，但对于无法判定状态中的未知入侵将漏报（False Negative），异常检测根据已知的正常状态将已知入侵、无法判定状态都当作异常，因此会产生误报（False Positive）。

1. 滥用检测

滥用检测根据对已知入侵的知识，在输入事件中检测入侵。这种方法不关心正常行为，只研究已知入侵，能较准确地检测已知入侵，但对未知入侵的检测能力有限。目前大多数的商业 IDS 都使用此类方法。滥用检测所采用的技术如下。

1）专家系统

专家系统技术用规则表示入侵。通常使用 forward-chaining、production-based 等专家系统工具。例如，DARPA 的 Emerald 项目将 P-BEST 工具箱应用于入侵检测。

2）状态转换模型

状态转换模型将入侵表示为一系列系统状态转换，通过监视系统或网络状态的改变发现入侵。使用状态转换模型的典型系统是 NetSTAT。

3）协议分析与字符串匹配

将已知攻击模式与输入事件进行匹配以判定入侵的发生，具有速度高、扩展性好的特点，但容易产生误报。使用协议分析与字符串匹配的典型系统包括 shadow、Bro 和 Snort 等。

2. 异常检测

与滥用检测相反，异常检测对系统正常状态进行研究，通过监测用户行为模式、主机系统调用特征、网络连接状态等，建立系统常态模型。在运行中，将当前系统行为与系统常态模型进行比较，根据其与常态偏离的程度判定事件的性质。这种方法很有可能检测到未知入侵与变种攻击，但现有系统通常都存在大量的误报。未知入侵的检测是 IDS 中最具挑战性的问题，其难度比不正当行为检测高。异常检测通常使用统计学方法和机器学习方法。

1）统计学方法

使用统计学方法建立系统常态模型。统计的数据源包括用户的击键特征、Telnet 对话的平均长度等。通过监测输入值与期望值的偏离程度判断事件的属性，Emerald 和 cmds 都包含这种方式。

2）机器学习方法

将机器学习领域的方法和工具如神经网络、数据挖掘、遗传算法、贝叶斯网络和人工免疫系统等应用于异常检测中。这种方法也是通过建立系统常态模型进行异常识别。每种方法都具有不同的适用范围和特色。目前研究的热点之一是噪声数据学习。

3. 混合检测

上述两类入侵检测方法各有所长：滥用检测能够准确高效地发现已知攻击；异常检测能够识别未知攻击。目前任何一种系统都不能很好地完成全部入侵检测任务。混合 IDS 中同时包含模式识别与异常识别系统，并且根据它们的特点对其进行分工，既能精确识别已知攻击，又能发现部分未知攻击，可减少误报和漏报。Emerlad 是一种典型的混合 IDS。

4.3.3 入侵检测过程

攻击者在入侵系统时会留下一些痕迹，这些痕迹与系统正常运行时所产生的数据混合在一起。入侵检测的任务就是从这些混合的数据中找出符合某一特征的数据，进而判断是否有入侵存在。如果判断有入侵存在，就产生报警信号。

为了实现入侵检测，IDS 需要完成信息收集、信息分析和安全响应过程。

1. 信息收集

入侵检测的第一步是信息收集。信息收集的内容包括系统、网络、数据及用户活动的状态和行为。为了能够准确地收集信息，需要在网络系统中的若干关键点（包括不同网段、不同主机、不同数据库服务器或应用服务器等处）设置信息探测点。

入侵检测可利用的信息一般来自系统和网络的日志文件、目录和文件中的异常改变、程序执行中的异常行为、网络活动信息（如物理形式的入侵信息）。

2. 信息分析

对收集到的系统、网络、数据及用户活动的状态和行为等信息进行模式匹配、统计分析和完整性分析等，进而得到实时检测所必需的信息。

（1）模式匹配。将收集到的信息与已知的网络入侵模式的特征数据库进行比较，从而发现违反安全策略的行为。模式匹配的关键是准确表达入侵模式，以把入侵行为与正常行为区分开来。其优点是误报率低；其缺点是只能发现已知攻击，不能检测未出现过的攻击。

（2）统计分析。首先为系统对象（如用户、文件、目录和设备等）创建统计属性（如访问次数、操作失败次数和延时等），然后将网络和系统的实际行为与统计属性进行比较，当观察值在正常值范围之外时，认为有入侵发生。其优点是可检测到未知的入侵和更为复杂的入侵；其缺点是误报率和漏报率高，且不适应用户正常行为的突然改变。

（3）完整性分析。完整性分析主要关注某个文件或对象是否被更改，能够发现某个文件或对象发生的任何改变。完整性分析通常以批处理方式实现，用于事后分析而不用于实时响应。

3. 安全响应

IDS 在发现入侵行为后，必须及时做出响应，包括终止网络服务、记录事件日志、报警、阻断等。响应可分为主动响应和被动响应两种，前者由用户驱动或系统本身自动执行，可对入侵行为采取终止网络连接、改变系统环境（如修改防火墙的安全策略）等措施；后者包括发出告警信息和通知等。

4.3.4 常用的入侵检测技术

IDS 使用入侵检测技术对网络系统进行监视，并根据监视结果采取不同的安全动作，从而最大限度地减小可能的入侵危害。IDS 所采用的常用入侵检测技术有误用检测技术、异常检测技术等。

1. 误用检测技术

误用检测技术又称为基于知识的入侵检测技术。它假定所有入侵行为和手段（及其变种）都能够表达为一种模式或特征，并对已知的入侵行为和手段进行分析，提取检测特征，构建攻击模式或攻击签名，通过系统当前状态与攻击模式或攻击签名的匹配结果来判断入侵行为。

误用检测技术可以准确地检测出已知的入侵行为，并对每种入侵都能提供详细的资料，以便快速做出响应，但它不能检测出未知的入侵行为。

2. 异常检测技术

异常检测技术又称为基于行为的入侵检测技术，用来识别主机或网络中的异常行为。它假设入侵行为与正常的（合法的）活动有明显的差异。

异常检测首先收集一段时间内操作活动的历史数据，然后建立代表主机、用户或网络连接的正常行为描述，最后收集事件数据并使用一些不同的方法来决定所检测到的事件活动是否偏离了正常行为模式，从而判断是否发生了入侵。

异常检测技术能够检测出新的入侵或从未发生过的入侵，对系统的依赖性较低，可检测出属于滥用权限型的入侵，但它的报警率高，且行为模型建立困难。

4.4　实战训练

4.4.1　使用 Windows Defender 防范病毒

在数字化时代，计算机病毒和其他恶意软件已成为常见的网络安全威胁。为了保护计算机免受这些威胁的侵害，Windows 系统内置了一款强大的防病毒软件——Windows Defender。尽管市场上有许多第三方防病毒软件可供选择，但 Windows Defender 在大多数情况下都能提供足够的保护，确保设备安全。

1. 启用 Windows Defender

确保 Windows Defender 已在 Windows 系统中启用。按照以下步骤操作。

打开"开始"菜单，然后输入"Windows Defender"进行搜索，如图 4-3 所示。

在搜索结果中选择"Windows 安全中心"选项。

在"Windows 安全中心"窗口中，选择"病毒和威胁防护"选项，确保"病毒和威胁防护"设置已启用，如图 4-4 所示。

2. 设置 Windows Defender

在"病毒和威胁防护"界面中单击"管理设置"链接，在这里可以设置各种配置，例如自动样本提交、云提供的保护等，可根据需求调整这些配置，如果不确定如何设置这些配置，则保持默认配置即可，如图 4-5 所示。

3. 运行扫描以检测和清除病毒

Windows Defender 提供了两种扫描方式：快速扫描和全面扫描。快速扫描会检查系统中最可能包含恶意软件的区域，而全面扫描会检查整个系统。可以根据需要选择扫描方式。按照以下步骤操作。

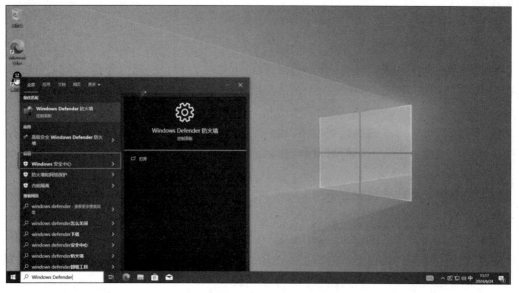

图 4-3　搜索 "Windows Defender"

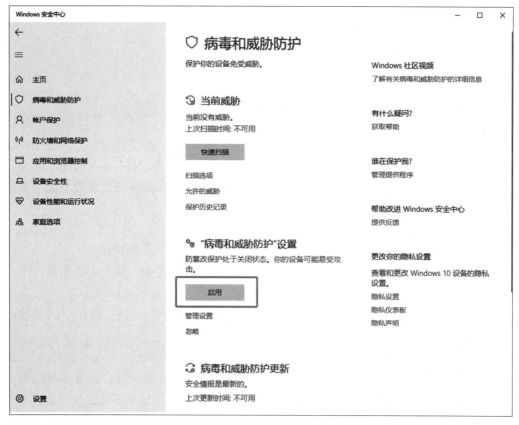

图 4-4　"Windows 安全中心" 窗口

　　在 "病毒和威胁防护" 界面中单击 "扫描选项" 链接，选择需要的扫描方式（这里选择快速扫描方式），如图 4-6 所示，然后单击 "快速扫描按钮"，Windows Defender 将开始扫描系统。扫描完成后，将显示扫描结果。如果发现任何威胁，Windows Defender 将自动将其清除。

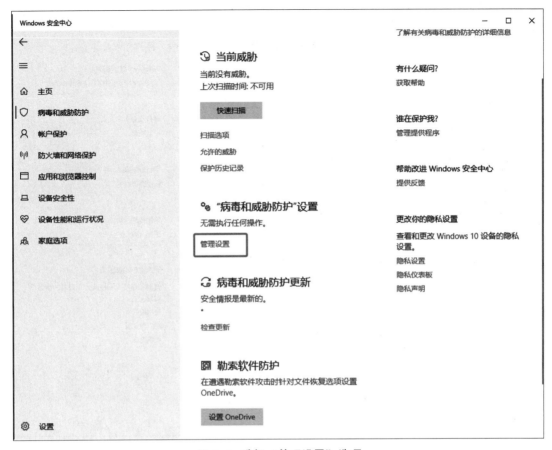

图 4-5 选择"管理设置"选项

4. 定期更新 Windows Defender 定义文件

为了保持对最新威胁的防范，需要定期更新 Windows Defender 定义文件，在"Windows 安全中心"窗口中，单击"检查更新"链接以检查并安装可用的更新，同时，Windows Defender 也会自动更新其定义文件（图 4-7）。可以在"病毒和威胁防护"界面中的"病毒和威胁防护更新"区域查看定义文件的更新状态。

4.4.2 使用 Windows 防火墙阻止指定程序连网

Windows 防火墙采用动态包过滤防火墙结合系统进程的访问控制策略，它依赖底层操作系统的支持。其最基本的配置方式是基于操作系统程序文件的访问控制（即允许哪些程序直接通过防火墙而不用接受检查）。高级配置方式则通过控制面板中防火墙的"高级设置"选项实现。

在默认情况下，Windows 防火墙不阻止从接口发出的报文，即出站规则默认都是允许，如果入站规则不匹配从接口收到的报文，则报文默认被拒绝。这就是一种实现包过滤防火墙的默认规则的方法，在出站和入站的不同方向设置不同的默认规则。

下面介绍使用 Windows 防火墙（以 Windows 10 操作系统为例）阻止指定程序连网的具体操作步骤。

步骤 1：通过控制面板打开"Windows Defender 防火墙"窗口，如图 4-8 所示，在左侧

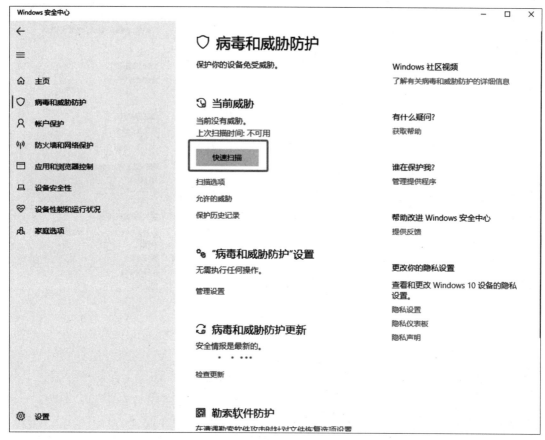

图 4-6　设置扫描方式

列表框中选择"高级设置"选项。

步骤 2：打开"高级安全 Windows Defender 防火墙"窗口，在左侧列表框中选择"出站规则"选项，如图 4-9 所示。

步骤 3：出现"新建出站规则向导"对话框的"规则类型"界面，保持默认选项，单击"下一步"按钮，如图 4-10 所示。

步骤 4：在"程序"界面中单击"此程序路径"单选按钮，然后单击"浏览"按钮，找到并选择要阻止连网的可执行程序（如"QQ.exe"），单击"下一步"按钮，如图 4-11所示。

步骤 5：在"操作"界面中单击"阻止连接"单选按钮，然后单击"下一步"按钮，如图 4-12 所示。

步骤 6：在"配置文件"界面中保持默认选项，然后单击"下一步"按钮，如图 4-13所示。

步骤 7：在"名称"界面中输入新建规则的名称（如"阻止 QQ 上网"），然后单击"完成"按钮，如图 4-14 所示。

步骤 8：此时在"出站规则"列表框中可以看到新创建的出站规则"阻止 QQ 上网"，如图 4-15 所示。如果双击该出站规则，则在打开的属性对话框中可以对其进行修改和更多的属性设置。

步骤 9：运行 QQ 程序并尝试登录，会提示登录超时（无法连网），如图 4-16 所示。

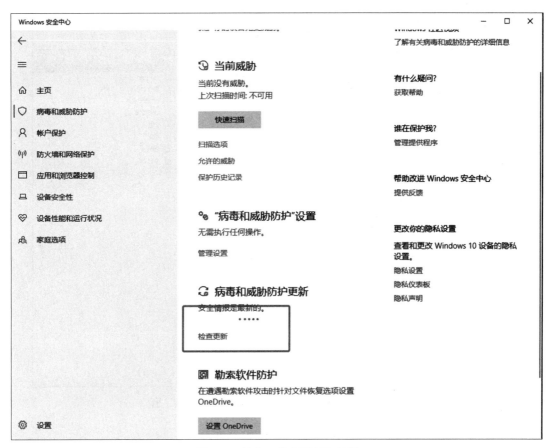

图 4-7 单击"检查更新"链接

图 4-8 "Windows Defender 防火墙"窗口

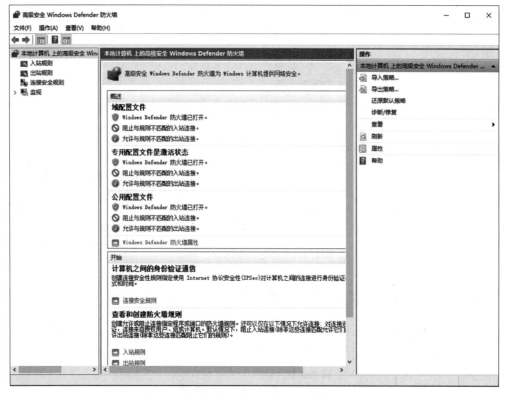

图 4-9   "高级安全 Windows Defender 防火墙"窗口

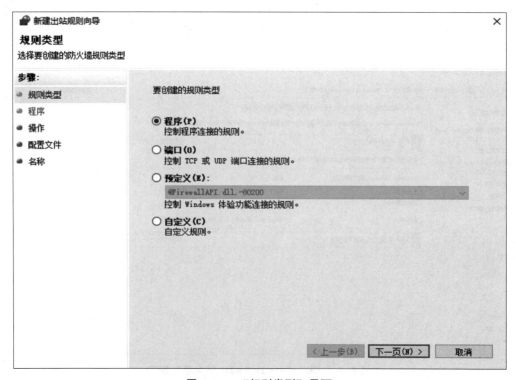

图 4-10   "规则类型"界面

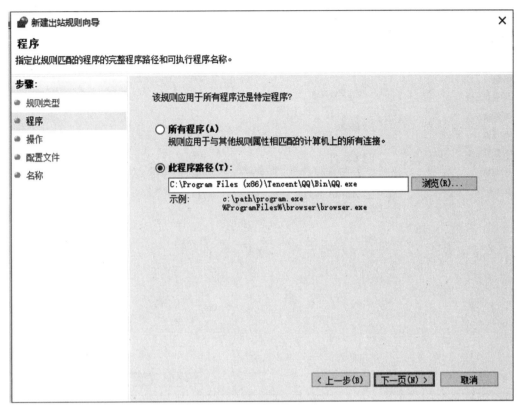

图 4-11 "程序"界面

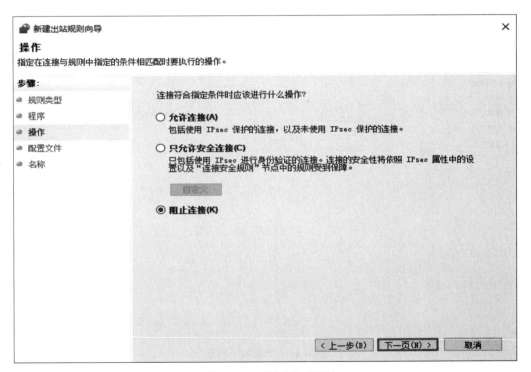

图 4-12 "操作"界面

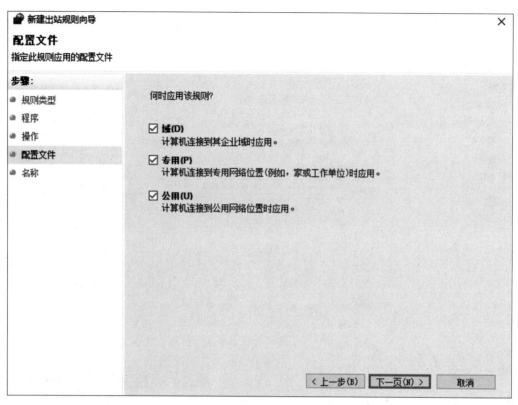

图 4-13　"配置文件"界面

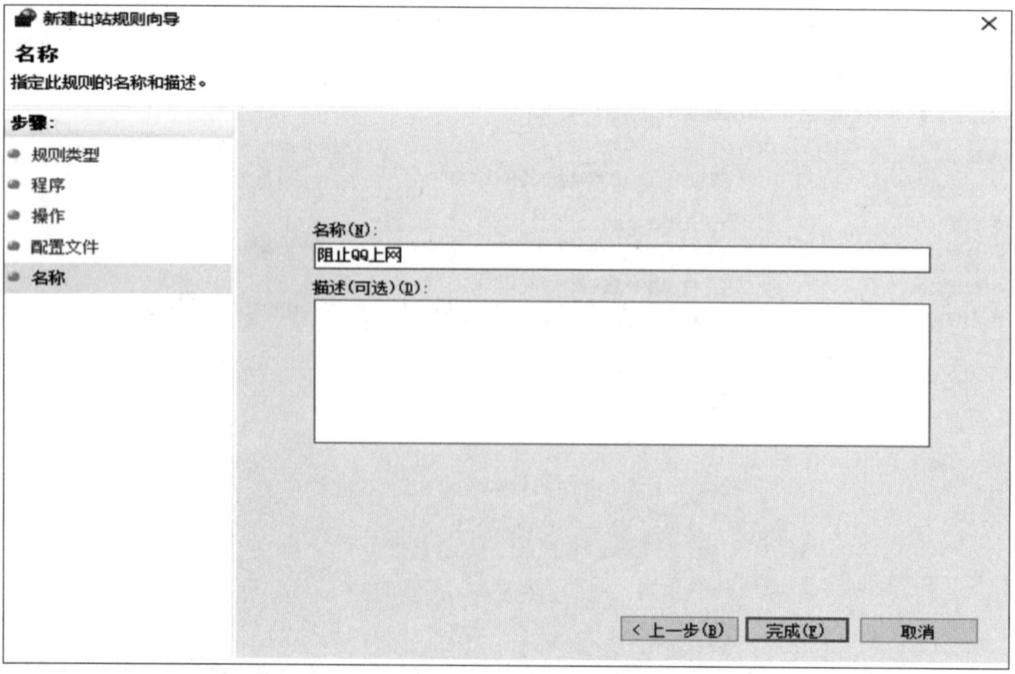

图 4-14　"名称"界面

图 4-15 出站规则创建完成

图 4-16 指定程序已被阻止连网

4.4.3 Snort 的使用

1. Snort 简介及使用原理

Snort 是一款免费的 NIDS，具有小巧灵便、易于配置、检测效率高等特性，常被称为轻量级的 IDS。Snort 具有实时数据流量分析和 IP 数据包日志分析能力，具有跨平台特征，能够进行协议分析和内容的搜索或匹配。Snort 能够检测不同的攻击行为，如缓冲区溢出、端口扫描和拒绝服务攻击等，并进行实时报警。

Snort 可以根据用户事先定义的一些规则分析网络数据流，并根据检测结果采取一定的行动。Snort 有 3 种工作模式，即嗅探器、数据包记录器和 NIDS。嗅探器模式仅从网络上读取数据包并作为连续不断的数据流显示在终端；数据包记录器模式把数据包记录到硬盘上，以备分析之用；NIDS 模式功能强大，可以通过配置实现。

Snort 由四大软件模块组成。

（1）数据包嗅探模块。该模块负责监听网络数据包，对网络进行分析。

（2）预处理模块。该模块用相应的插件检查原始数据包，从中发现原始数据的"行为"。

（3）检测模块。该模块是 Snort 的核心模块。当数据包从预处理器被送过来后，检测引擎依据预先设置的规则检查数据包，一旦发现数据包中的内容和某条规则匹配，就通知报警/日志模块。

（4）报警/日志模块。经检测引擎检查后的 Snort 数据需要以某种方式输出。如果检测引擎中的某条规则被匹配，则会触发一条报警。

Snort 的每条规则逻辑上都可以分成规则头部和规则选项。规则头部包括规则行为、协议、源或目的 IP 地址、子网掩码、源端口和目的端口；规则选项包含报警信息和异常包的信息（特征码），基于特征码决定是否采取规则规定的行动。对于每条规则来说，规则选项不是必需的，只是为了更加详细地定义应该收集或者报警的数据包。对于匹配所有选项的数据包，Snort 都会执行其规则行为。如果许多选项组合在一起，则它们之间是"逻辑与"的关系。

2. Snort 的安装与运行

步骤 1：从 http://www.snort.org 下载 Snort 并安装，Snort 的下载界面如图 4-17 所示。

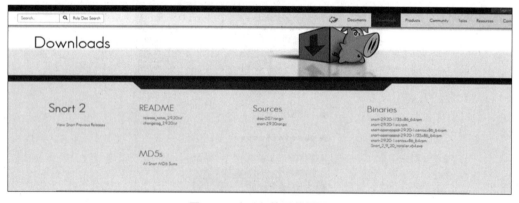

图 4-17　Snort 的下载界面

步骤 2：双击安装包，直接安装即可，如图 4-18 所示。

步骤 3：进入 Snort 的安装目录下的"bin"目录，在当前目录下进入命令提示符，输入命令"snort-ev"，出现图 4-19 所示界面即安装成功。

步骤 4：运行 Snort，打开命令提示符，进入安装目录下的"bin"目录，执行命令"snort -dev -l E:\softwares\Snort\log -h192.168.1.0/24 -c E:\softwares\Snort\etc\snort.conf"，即可成功运行 Snort，如图 4-20 所示，如需结束运行，按"Ctrl+C"组合键即可。

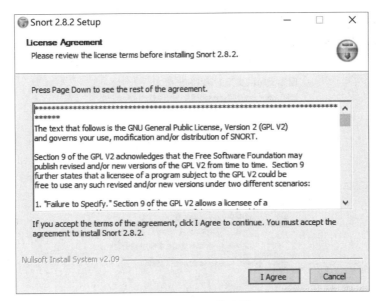

图 4-18　Snort 的安装

```
E:\softwares\Snort\bin>snort -ev
Running in packet dump mode

        --== Initializing Snort ==--
Initializing Output Plugins!
pcap DAQ configured to passive.
The DAQ version does not support reload.
Acquiring network traffic from "\Device\NPF_{A43DB0ED-E886-4B4F-B60B-B0108A893BA7}".
Decoding Ethernet

        --== Initialization Complete ==--

          -*> Snort! <*-
  o" )~   Version 2.9.17-WIN64 GRE (Build 199)
   ''''    By Martin Roesch & The Snort Team: http://www.snort.org/contact#team
          Copyright (C) 2014-2020 Cisco and/or its affiliates. All rights reserved.
          Copyright (C) 1998-2013 Sourcefire, Inc., et al.
          Using PCRE version: 8.10 2010-06-25
          Using ZLIB version: 1.2.11

Commencing packet processing (pid=15192)
03/23-09:41:55.024883 7C:15:E6:60:CE:D1 -> 01:00:5E:7F:FF:FA type:0x800 len:0xD7
172.18.99.177:61771 -> 239.255.255.250:1900 UDP TTL:1 TOS:0x0 ID:17152 IpLen:20 DgmLen:201
Len: 173
```

图 4-19　Snort 成功安装界面

```
=+=+=+=+=+=+=+=+=+=+=+=+=+=+=+=+=+=+=+=+=+=+=+=+=+=+=+=+=+=+=+=+

03/23-11:11:58.066073 7C:15:E6:60:CE:D1 -> 01:00:5E:7F:FF:FA type:0x800 len:0xD7
172.18.99.177:57436 -> 239.255.255.250:1900 UDP TTL:1 TOS:0x0 ID:17335 IpLen:20 DgmLen:201
Len: 173
4D 2D 53 45 41 52 43 48 20 2A 20 48 54 54 50 2F  M-SEARCH * HTTP/
31 2E 31 0D 0A 48 4F 53 54 3A 20 32 33 39 2E 32  1.1..HOST: 239.2
35 35 2E 32 35 35 2E 32 35 30 3A 31 39 30 30 0D  55.255.250:1900.
0A 4D 41 4E 3A 20 22 73 73 64 70 3A 64 69 73 63  .MAN: "ssdp:disc
6F 76 65 72 22 0D 0A 4D 58 3A 20 31 0D 0A 53 54  over"..MX: 1..ST
3A 20 75 72 6E 3A 64 69 61 6C 2D 6D 75 6C 74 69  : urn:dial-multi
73 63 72 65 65 6E 2D 6F 72 67 3A 73 65 72 76 69  screen-org:servi
63 65 3A 64 69 61 6C 3A 31 0D 0A 55 53 45 52 2D  ce:dial:1..USER-
41 47 45 4E 54 3A 20 47 6F 6F 67 6C 65 20 43 68  AGENT: Google Ch
72 6F 6D 65 2F 38 37 2E 30 2E 34 32 38 30 2E 38  rome/87.0.4280.8
38 20 57 69 6E 64 6F 77 73 0D 0A 0D 0A           8 Windows....
=+=+=+=+=+=+=+=+=+=+=+=+=+=+=+=+=+=+=+=+=+=+=+=+=+=+=+=+=+=+=+=+
```

图 4-20　Snort 运行界面

3. 使用 Snort 查看入侵信息

步骤 1：关闭 Windows 防火墙，如图 4-21 所示。

自定义每种类型的网络的设置
您可以修改您所使用的每种类型的网络位置的防火墙设置。
什么是网络位置?
家庭或工作(专用)网络位置设置
启用 Windows 防火墙
阻止所有传入连接，包括位于允许程序列表中的程序
Windows 防火墙阻止新程序时通知我
关闭 Windows 防火墙(不推荐)
公用网络位置设置
启用 Windows 防火墙
阻止所有传入连接，包括位于允许程序列表中的程序
Windows 防火墙阻止新程序时通知我
关闭 Windows 防火墙(不推荐)

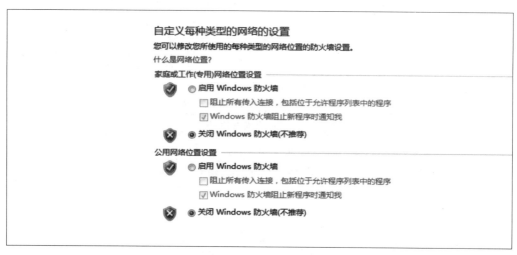

图 4-21　关闭 Windows 防火墙

步骤 2：开启 IDS 模式，修改相应路径，如图 4-22 所示。

管理员: C:\Windows\system32\cmd.exe
C:\Users\Administrator>cd c:/snort
c:\snort>cd bin
c:\snort\bin>mkdir log
c:\snort\bin>snort -d -h 10.163.0.0/24 -l ./log -c ../etc/snort.conf

图 4-22　修改路径

步骤 3：打开系统中的扫描软件 nmap，对 Windows 10 操作系统进行端口扫描，如图 4-23 所示。

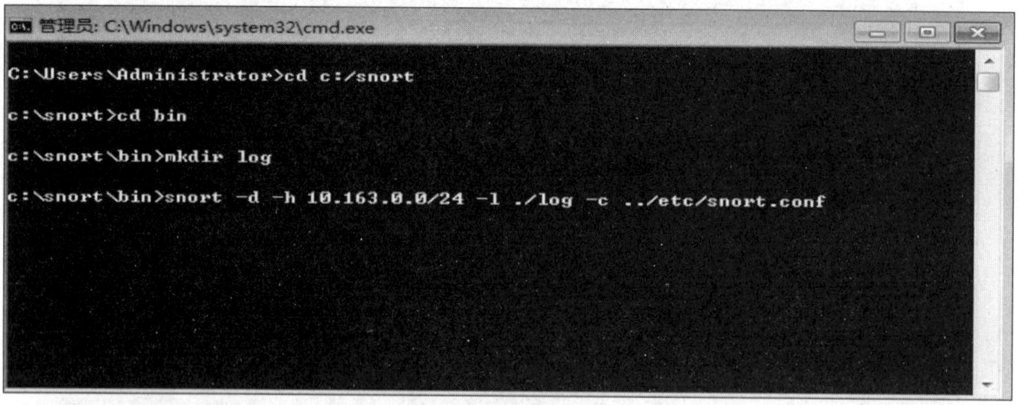

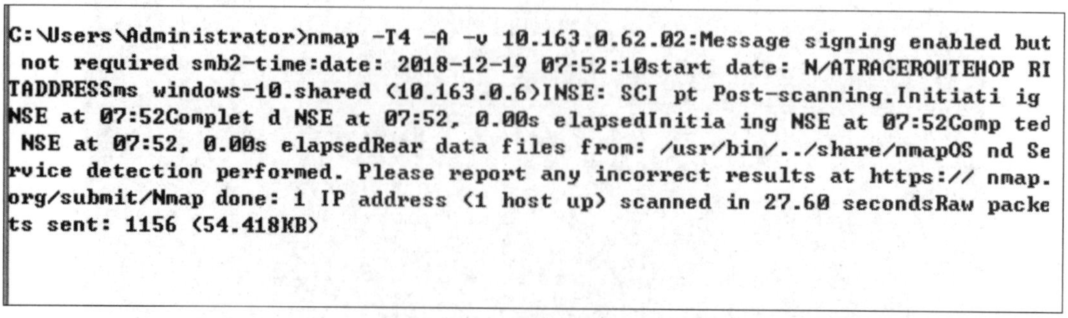

C:\Users\Administrator>nmap -T4 -A -v 10.163.0.62.02:Message signing enabled but
not required smb2-time:date: 2018-12-19 07:52:10start date: N/ATRACEROUTEHOP RI
TADDRESSms windows-10.shared (10.163.0.6)INSE: SCI pt Post-scanning.Initiati ig
NSE at 07:52Complet d NSE at 07:52, 0.00s elapsedInitia ing NSE at 07:52Comp ted
NSE at 07:52, 0.00s elapsedRear data files from: /usr/bin/../share/nmapOS nd Se
rvice detection performed. Please report any incorrect results at https:// nmap.
org/submit/Nmap done: 1 IP address (1 host up) scanned in 27.60 secondsRaw packe
ts sent: 1156 (54.418KB)

图 4-23　扫描端口

步骤4：停止端口扫描后，在命令提示符中按"Ctrl+C"组合键停止检测，查看检测结果，打开"log"文件夹，如图4-24所示。

图4-24　打开"log"文件夹

步骤5：打开"alert.ids"文件，查看入侵IP地址与相关信息，如图4-25所示。

图4-25　查看"alert.ids"文件

素养提升

目前，人们的网络安全认识不足，安全防范意识不够，需要不断开展网络安全培训和网络安全自查等工作，进一步加深人们对网络安全的认识，不断提升人们的网络安全意识。

坚持用习近平总书记关于网络强国的重要思想武装头脑、指导实践、推动工作，企业要牢固树立网络安全责任意识，不断压实网络安全责任制工作。

针对已暴露的网络安全漏洞，企业应不断开展网络安全自查、网络安全培训、网络安全宣传、网络安全应急演练等，常态化开展相关宣传和整改工作，从项目组织和人员配备等方面强化网络安全专业人才队伍建设，不断组织开展专业技能培训、应急演练与攻防演练，提升网络安全队伍的实战能力和协同能力，不断提升网络安全、数据安全、系统安全防护水平，扛起网络安全与信息化建设责任担当，起到网络安全示范引领作用，助推行业高质量发展。

综合练习

一、单选题

1. 网络安全方案是安全强度和安全操作代价的折衷，除增加安全设施投资外，还应考虑（　　　）。

A. 用户的方便性　　　　　　　　　　　　B. 管理的复杂性

C. 对现有系统的影响及对不同平台的支持　　D. 以上 3 项都是

2. 按照安全属性对各种网络攻击进行分类，截获攻击是针对（　　　）的攻击。

A. 保密性　　　　　B. 可用性　　　　　C. 完整性　　　　　D. 真实性

3. （　　　）不属于物理安全控制措施。

A. 门锁　　　　　B. 警卫　　　　　C. 口令　　　　　D. 围墙

二、填空题

1. 防火墙按照协议层次（即防火墙在网络协议栈中的过滤层次）可分为_____、_____、_____。

2. 常用的入侵检测技术包括_____、_____。

3. 常用的防火墙技术包括_____。

三、操作题

1. 利用 Windows 防火墙阻止 QQ 程序连网。

2. 在虚拟机中下载并安装 Snort，监测网络相关信息。

学习评价

知识巩固与技能提高（40分）	得分：
计分标准：得分＝5×单选题正确个数+3×填空题正确个数+8×操作题正确个数	

学生自评（20分）	得分：
计分标准：初始分＝2×A 的个数+1×B 的个数+0×C 的个数 得分＝初始分÷18×20	

专业能力	评价指标	自测结果	要求（A 掌握；B 基本掌握；C 未掌握）
了解网络安全防护的重要性和必要性	1. 常用访问控制策略 2. 常用防火墙技术 3. 入侵检测过程	A□　　B□　　C□ A□　　B□　　C□ A□　　B□　　C□	掌握网络安全防护及入侵检测的基本原理
掌握防火墙的工作原理与防护方式	1. 防火墙的基本功能 2. 安全防护策略设置	A□　　B□　　C□ A□　　B□　　C□ A□　　B□　　C□ A□　　B□　　C□	掌握 Windows 防火墙安全加固方法
实战训练	1. 防火墙基本配置 2. 入侵检测测试	A□　　B□　　C□ A□　　B□　　C□	掌握防火墙基本设置；理解入侵检测原理

小组评价（20分）			得分：
计分标准：得分＝10×A 的个数+5×B 的个数+3×C 的个数			
团队合作	A□　　B□　　C□	沟通能力	A□　　B□　　C□

教师评价（20分）	得分：
教师评语	
总成绩	教师签字

第五章
计算机病毒防护技术

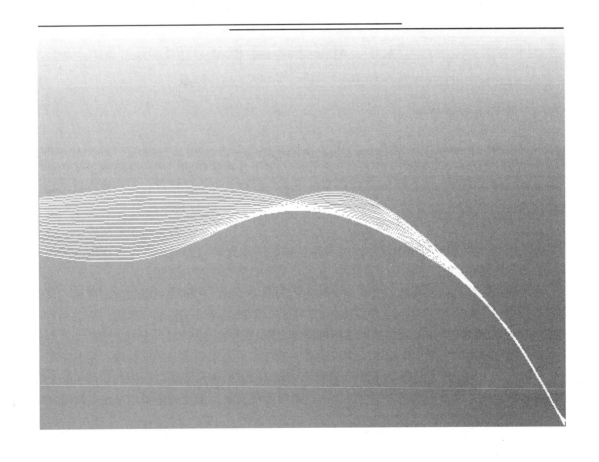

知识目标
➢ 了解计算机病毒的概念、来源、分类及特点。
➢ 掌握相关计算机病毒防护技术。

能力目标
➢ 具备识别计算机病毒类别的能力。
➢ 能自行在虚拟机环境中生成计算机病毒。
➢ 具备一定的计算机病毒防护能力。

素养目标
➢ 具有较高的计算机病毒检测和防护意识。
➢ 具有较强的心理素质和战胜困难的决心。
➢ 养成较高的网络安全意识、社会责任感。

引导案例

在 2006 年 11 月—2007 年 1 月，"熊猫烧香"病毒迅速在全国蔓延，重要文件被破坏，局域网彻底瘫痪，该病毒造成的损失无法估量。该病毒是一种蠕虫病毒的变种。由于中毒计算机中的可执行文件会出现"熊猫烧香"图案，所以该病毒被称为"熊猫烧香"病毒。该病毒变种会导致用户计算机出现蓝屏、频繁重启以及系统硬盘中数据被破坏等现象。同时，该病毒会通过局域网进行传播，进而感染局域网内的所有计算机，最终导致局域网瘫痪。

5.1　计算机病毒概述

5.1.1　计算机病毒起源

通常认为在 20 世纪 70 年代人们由于工作失误无意中制造了计算机病毒（Computer Virus）。从那之后，一些软件开发人员和恶作剧者出于各种各样的目的，陆续制造了很多计算机病毒。1983 年，Fred Kyle 在计算机安全学术讨论会上提出计算机病毒的概念后，计算机学术界才真正认识到计算机病毒的存在，随后进行实验演示，当天首先在 UNIX 的 VAX11/750 上实验第一个计算机病毒，一周后演示了另外 5 个实验。在 5 个实验中，计算机病毒使计算机瘫痪所需时间平均为 30 分钟，这证明计算机病毒的攻击可以在短时间内完成，并得以发展和快速传播，从实验角度证实了计算机病毒的可存在性。

与生物病毒具有相同特性，计算机病毒的复制能力使计算机病毒可以很快地蔓延，又常常难以根除。它能把自身附在宿主系统或文件中，当系统运行或文件从一个用户传送到另一个用户时，它们就随同系统运行或文件传输蔓延开来。

在计算机病毒的生命周期中，计算机病毒一般会经历潜伏阶段、传染阶段、触发阶段和发作阶段 4 个阶段。多数计算机病毒是基于某种特定的方式进行工作的，因此依赖于某个特定的操作系统或某个特定的硬件平台。因此，攻击者经常利用某个特定操作系统的细节和弱点来设计计算机病毒。

5.1.2　计算机病毒的定义

计算机病毒的概念最早是由美国计算机病毒研究专家 F. Cohen 博士提出的，其对计算机病毒所下的定义为：计算机病毒是一种能够通过修改程序，并把自己的复制品包括在内去感染其他程序的程序。对于计算机病毒，不同的国家、不同的专家从不同的角度给出的定义也不尽相同。美国国家计算机安全局出版的《计算机安全术语汇编》中对计算机病毒的定义是：计算机病毒是一种自我繁殖的特洛伊木马，它由任务部分、触发部分和自我繁殖部分组成。根据《中华人民共和国计算机信息系统安全保护条例》第 28 条：计算机病毒，是指编制或者在计算机程序中插入的破坏计算机功能或者毁坏数据，影响计算机使用，并能自我复制的一组计算机指令或者程序代码。此定义在我国具有法律效力和权威性。

5.1.3　计算机病毒的结构及危害

计算机病毒通常包括 3 个单元：引导单元、传染单元和触发单元。

（1）引导单元。计算机病毒在感染计算机之前，通常需要先将其主体以文件的形式引导安装在具体的计算机（如服务器、手机和平板电脑等）存储设备中，为其以后的传染和触发等做好基本的准备工作。不同类型的计算机病毒使用不同的安装方法，多数使用隐蔽方式，在用户打开冒充的应用网站、应用软件或电子邮件附件时被引导从而自动下载安装。

（2）传染单元。传染单元主要由 3 个模块构成。①传染控制模块：计算机病毒在安装至内存后获得控制权并监视系统的运行。②传染判断模块：监视系统，当发现被传染的目标时，开始判断是否满足传染条件。③传染操作模块：设定传播条件和方式，在触发控制的配合下，将计算机病毒传播到计算机系统的指定位置。

（3）触发单元。触发单元主要包括 2 部分内容。一是触发控制，当计算机病毒满足一个触发条件时，计算机病毒就发作；二是影响破坏操作，满足破坏条件后计算机病毒立刻发作。各种不同的计算机病毒具有不同的操作控制方法，如果不满足设定的触发条件或影响破坏条件则继续潜伏，寻找时机发作。

增强对计算机病毒的防范意识，认识到计算机病毒的破坏性和毁灭性是非常重要的。如今，计算机已被运用到各行各业中，计算机和计算机网络已经成为人们生活中重要的组成部分，而计算机病毒对计算机数据的破坏、篡改和盗取会造成严重的网络安全问题，影响网络的使用。以下列举计算机病毒造成的部分危害。

大部分计算机病毒在激发时直接破坏计算机的重要信息数据，它会直接破坏 CMOS 设置或者删除重要文件，格式化磁盘或者改写目录区，用垃圾数据改写文件。

计算机病毒是一段程序代码，占有计算机的内存空间，有些较大的计算机病毒还在计算机内部自我复制，导致计算机内存大幅减小。计算机病毒运行时还会抢占中断、修改中断地址或者在中断过程中加入"私货"，干扰系统的正常运行。计算机病毒入侵系统后会自动搜集用户的重要数据，窃取、泄露信息，给用户带来不可估量的损失。

计算机病毒会消耗内存以及磁盘空间。若计算机并没有存取磁盘，但磁盘指示灯闪烁不停，或者运行较少程序时发现系统已经被占用了较大内存，这就有可能是计算机病毒在发生作用。很多计算机病毒在活动状态下都是常驻内存的，一些文件型计算机病毒能在短时间内感染大量文件，使每个文件都不同程度地加长，从而造成磁盘空间的严重浪费。

计算机病毒往往给用户造成严重的心理压力。计算机病毒的泛滥使计算机用户提心吊胆，时刻担心自己的计算机遭受计算机病毒的感染。由于大部分人对计算机病毒并不是很了解，一旦出现诸如计算机死机、软件运行异常等现象，人们往往会怀疑这些现象可能是计算机病毒造成的。据统计，计算机用户怀疑"计算机有病毒"是一种常见的现象，超过70%的计算机用户担心自己的计算机被病毒侵入，而实际上计算机发生的种种现象并不全是计算机病毒导致的。

5.1.4 计算机病毒的分类

根据计算机病毒的传播方式、特征、破坏程度和算法的不同，计算机病毒可以被分为很多种类。

（1）按照计算机病毒的传播方式，计算机病毒可以分为以下3类。

①文件病毒。这类计算机病毒一般通过感染可执行文件进行传播。感染后的程序在运行时会先执行计算机病毒代码，然后执行原程序代码。通常这类计算机病毒最容易被杀毒软件检测到。

②引导区病毒。这类计算机病毒一般会感染计算机操作系统引导区，也就是硬盘的第一扇区。当操作系统启动时，计算机病毒就会自动运行，从而实现感染操作系统和启动可执行文件的功能。

③宏病毒。这类计算机病毒主要是以宏（Macro）代码的形式存在，一般隐藏在办公软件文档中。当用户打开感染了宏病毒的文档时，宏病毒就会自动感染用户的计算机操作系统。

（2）按照计算机病毒的特征，计算机病毒可以分为以下4类。

①文件病毒。这类计算机病毒会感染可执行文件，如EXE、COM、DLL等格式的文件。

②蠕虫病毒。这类计算机病毒具有自我复制的能力，可以通过计算机网络进行传播。如"卡犯""红色代码"等就是蠕虫病毒。

③木马病毒。这类计算机病毒一般隐藏在正常的软件中，可以在用户不知情的情况下进行攻击和操作。

④恶意软件。这类计算机病毒是指那些具有破坏性、破解性或盗窃性的程序，常被称为"病毒疑似或特殊病毒程序"，如键盘记录器、广告软件、间谍软件等就属于恶意软件。

（3）按照计算机病毒的破坏程度，计算机病毒可以分为以下3类。

①轻度病毒。这类计算机病毒主要是一些广告软件、强制升级软件等，主要是为了获取用户信息和推广软件。

②中度病毒。这类计算机病毒可以对计算机操作系统造成一定的威胁，如擦盘病毒、蠕虫病毒等。

③重度病毒。这类计算机病毒对计算机操作系统的破坏非常大，如文件病毒、引导区病毒等，它们会导致操作系统崩溃、数据丢失等严重后果。

（4）按照计算机病毒的特有算法，计算机病毒可以分为以下5类。

①伴随型病毒。这类计算机病毒并不改变文件本身，它们根据算法产生EXE文件的伴随体，具有同样的名称和不同的扩展名。

②"蠕虫"型病毒。这类计算机病毒通过网络传播，不改变文件和资料信息，利用网络从一台计算机的内存传播到其他计算机的内存。有时它们在操作系统中存在，一般除了内

存不占用其他资源。

③寄生型病毒。除了伴随型和"蠕虫"型计算机病毒，其他计算机病毒均可称为寄生型病毒，它们依附在操作系统的引导扇区或文件中，通过操作系统的功能进行传播。

④诡秘型病毒。这类计算机病毒一般不直接修改 DOS 中断和扇区数据，而是通过设备技术和文件缓冲区等进行 DOS 内部修改，利用 DOS 空闲的数据区进行传播。

⑤变型病毒（又称为幽灵病毒）。这类计算机病毒使用复杂的算法，使自己每传播一份都具有不同的内容和长度。其一般由一段混有无关指令的解码算法和变化过的病毒体组成。

5.2　宏病毒及其防范

宏是一种批量处理的称谓，Microsoft Word 中对宏的定义为："宏是指能组织到一起作为独立的命令使用的一系列 Word 命令"。宏可以实现任务执行的自动化，能使日常工作变得更容易。

计算机领域的"宏"，就是一些组织在一起、作为一个单独命令完成一个特定任务的一些命令。Word 使用宏语言 WordBasic 将宏作为一系列指令来编写。宏病毒是一些制作计算机病毒的专业人员利用 Microsoft Word 的开放性（即 Word 中提供的 WordBasic 编程接口）专门制作的一个或多个具有计算机病毒特点的宏的集合，这种宏的集合影响计算机的使用，并能通过 DOC 文档及 DOT 模板进行自我复制及传播。

宏病毒是一种寄存在文档或模板的宏中的计算机病毒，存在于数据文件或模板中（字处理文档、数据表格、数据库、演示文档等），使用宏语言编写，利用宏语言的功能将自己寄生到其他数据文档中。

一旦打开带有宏病毒的文档，宏病毒就会被激活，转移到计算机中，驻留在 Normal 模板中。在此之后所有自动保存的文档都会感染宏病毒，如果其他用户打开了感染宏病毒的文档，宏病毒又会转移到该用户的计算机中。

宏病毒的发现方法如下。

（1）在 Normal 模板中发现 AutoOpen 等自动宏、Filesave 等标准宏或一些非常见名称的宏，而用户又没有加载特殊模板，它们就有可能是宏病毒。

（2）当打开一个文档时，未经任何改动，立即就进行存盘操作。

（3）打开以".doc"为后缀的文件，在"另存为"菜单中只能以模板方式存盘，无法使用"另存为（Save As）"命令修改路径，也不能转存为其他格式的文件。

（4）DOC 文件具备与 DOT 文档一致的内部格式（尽管文件后缀未改变）。

预防宏病毒的方法如下。

（1）对于已感染宏病毒的模板文件（Normal.dot），应先将其中的自动宏清除（AutoOpen、AutoClose、AutoNew），然后将其设置成只读方式。

（2）对于其他已感染宏病毒的文件均应将自动宏清除。

（3）平时要加强预防，最好删除来历不明的宏。

（4）禁用所有自动执行的宏。

（5）安装杀毒软件，利用杀毒软件进行防护。市面上的各种杀毒软件都有对应的宏病毒查杀功能，其弊端在于，它们对于感染宏病毒的文件几乎"格杀勿论"，甚至用户自行开发的宏文件也会被"误杀"，这需要用户做好数据备份或必要时到隔离区恢复文件。

（6）提高宏安全信任等级也可以起到一定的保护作用。需要通过"文件"→"选项"→"信任中心"→"信任中心设置"→"宏设置"，按实际工作需求选择宏安全信任等级，一般建议设置"禁用所有宏，并发出通知"，无特殊情况，不推荐设置"信任所有宏"。具体操作如下。

打开 Word 文件，选择"文件"选项，如图 5-1 所示。

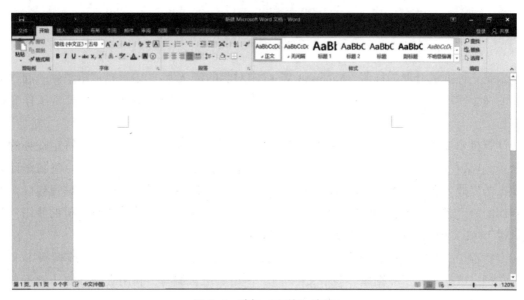

图 5-1　选择"文件"选项

选择"选项"选项，如图 5-2 所示。

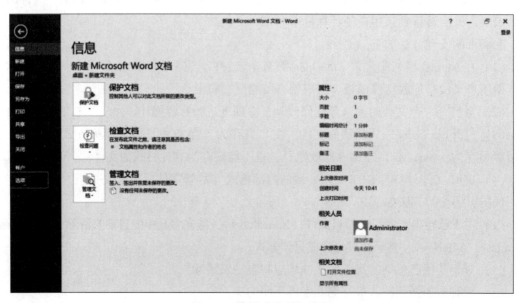

图 5-2　选择"选项"选项

在"Word 选项"对话框中，选择"信任中心"选项，如图 5-3 所示。

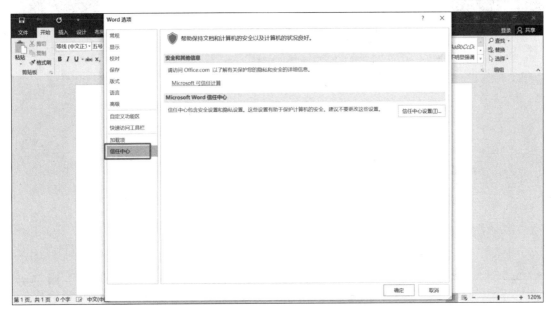

图 5-3　选择"信任中心"选项

单击"信任中心设置"按钮，如图 5-4 所示。

图 5-4　单击"信任中心设置"按钮

在"宏设置"区域，单击"禁用所有宏，并发出通知"单选按钮，如图 5-5 所示。

手动清除宏病毒的方法如下。

如果不慎感染了宏病毒，又不想失去文件中的数据，针对 Microsoft Word，可以将系统盘路径下的"Normal. dot"文件删除，该文件一般存放于"Templates"文件夹中，计算机操作系统可能隐藏部分文件夹，因此需要先将文件夹隐藏功能取消，具体操作如下。

图 5-5 单击"禁用所有宏，并发出通知"单选按钮

选择"文件"→"更改文件夹和搜索选项"选项，如图 5-6 所示。

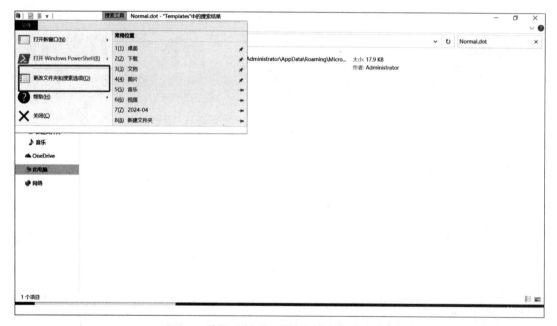

图 5-6 选择"更改文件夹和搜索选项"选项

在弹出的"文件夹选项"对话框中，单击"查看"选项卡，显示"高级设置"列表框，如图 5-7 所示。

在"高级设置"列表框中，勾选"显示隐藏的文件、文件夹和驱动器"复选框，如图 5-8 所示。

找到文件"Normal. dot"并删除，如图 5-9 所示，则手动清除完成。

图 5-7 显示"高级设置"列表框

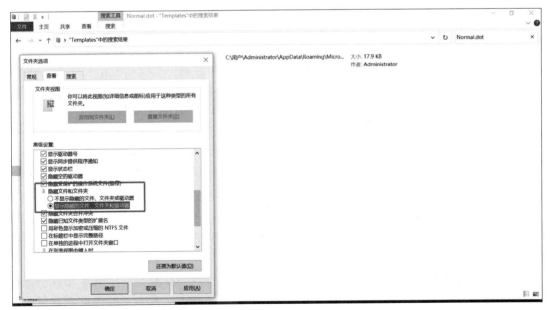

图 5-8 勾选"显示隐藏的文件、文件夹和驱动器"复选框

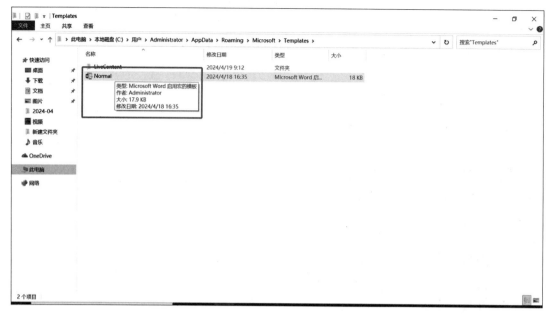

图 5-9 删除"Normal. dot"文件

5.3 蠕虫病毒及其防范

1988 年 11 月 2 日，康奈尔大学计算机科学研究生 Robert Tappan Morris 释放了一种计算机病毒，该计算机病毒后来被称为"莫里斯蠕虫"（Morris Worm）。它中断了大量计算机网络，预估为所有连网计算机的 1/10，并促使了 CERT 协调中心和 Phage 邮件列表诞生，而 Robert Tappan Morris 也成为第一个根据 1986 年《计算机欺诈和滥用法案》而受审并被定罪的人。

莫里斯蠕虫一夜之间攻击了互联网上约 6 200 台 VAX 系列小型机和 Sun 工作站，300 多个大学、议院和研究中心都发布了关于莫里斯蠕虫攻击的报告。DCA 的一位发言人宣称，莫里斯蠕虫不仅攻击了 ARPANET 系统，而且攻击了军用的 MILNET 网络中的几台主机，大量数据被破坏，整个经济损失估计达到 9 600 万美元。

Robert Tappan Morris 在自己的计算机中用远程命令将自己编写的蠕虫（Worm）程序送入互联网，他原本希望这个"无害"的蠕虫程序可以慢慢地渗透到政府与研究机构的网络中，并且悄悄地待在那里，不为人知。然而，由于 Robert Tappan Morris 在程序编制中犯了一个小错误，结果蠕虫程序疯狂地不断复制自己，并向整个互联网迅速蔓延。待到他发现情况不妙时，已经无能为力了，他无法终止这个进程。小小的蠕虫程序在 1988 年 11 月 2—3 日，袭击了庞大的互联网，其速度是惊人的。

最初的蠕虫病毒的命名是因为在 DOS 环境下，蠕虫病毒发作时会在屏幕上出现一条类似虫子的东西，胡乱"吞吃"屏幕上的字母并将其改形。蠕虫病毒是一种能够自我复制的恶意软件，它主要通过寻找漏洞（如 Windows 系统漏洞、网络服务器漏洞等）进行传播。

与一般计算机病毒不同的是，蠕虫病毒不需要人工干预，它能够利用漏洞主动进行攻击，具有较强的独立性。蠕虫病毒不会修改程序，且它的传播方式与一般计算机病毒不同。蠕虫病毒利用文件或者信息在系统中传播的特点，在没有人为操作的情况下，自动在计算机之间传播。受害者不需要打开任何文件，甚至不需要单击任何对象，蠕虫病毒就可以运行，并将自身传播到其他计算机中。计算机向外发送的不是一个蠕虫病毒，而是数百数千个它的副本。随着蠕虫病毒的传播，过多的系统内存或者网络带宽被消耗，导致服务器或者计算机停止响应。

感染蠕虫病毒的计算机会出现系统运行缓慢、文件丢失、文件被破坏或出现新文件的情况。由于蠕虫病毒可以通过系统漏洞、网络文件、电子邮件等各种途径进行传播，且攻击不受宿主程序牵制，所以蠕虫的传播速度比传统计算机病毒高得多。

清除蠕虫病毒的方法如下。

（1）中止进程。按"Ctrl+Alt+Del"组合键，在"Windows 任务管理器"中选择"进程"选项卡，查找"msblast. exe"（或"teekids. exe""penis32. exe"）并选择，然后单击下方的"结束进程"按钮［提示：如果不能运行"Windows 任务管理器"，可以选择"开始"→"运行"选项，在"运行"对话框中输入"cmd"，打开命令提示符，输入命令"taskkill. exe/im msblast. exe"（或"taskkill. exe/im teekids. exe""taskkill. exe/im penis32. exe"）］。

（2）删除病毒体。选择"开始"→"搜索"→"所有文件和文件夹"选项，输入关键词"msblast. exe"，将查找目标定位在操作系统所在分区。搜索完毕后，在"搜索结果"窗口中将找到的文件彻底删除。然后，使用相同的方法，查找并删除"teekids. exe"和"penis32. exe"文件。

（3）修改注册表。选择"开始"→"运行"选项，在"运行"对话框中输入"regedit"，打开"注册表编辑器"，找到"HKEY_LOCAL_MACHINESOFTWARE MicrosoftWindowsCurrent VersionRun"，删除"windows auto update = msblast. exe"（蠕虫病毒变种可能有不同的显示内容）。

（4）重启计算机。重启计算机后，蠕虫病毒就已经从操作系统中完全清除。

预防蠕虫病毒的关键在于计算机操作系统的防御性能以及个人安全意识，建议采取如下手段预防蠕虫病毒。

（1）安装防火墙和杀毒软件，并及时更新病毒特征库。

（2）从官方网站下载正版软件，及时给操作系统和其他软件安装补丁。

（3）为计算机操作系统账户设置密码，加强个人账户信息的安全意识，使用字符、大小写字母、数字的组合方式设置密码，及时删除或禁用过期账户。

（4）在打开任何移动存储器前用杀毒软件进行检查。

（5）定期备份计算机、手机的数据，留意异常告警，及时进行修复。

（6）安装新软件前，先使用杀毒软件对新软件进行扫描。

（7）不打开来历不明的网页、邮箱链接或短信中的链接。

（8）不打开从 QQ 等聊天工具收到的不明文件。

（9）不轻信浏览网页时弹出的支付风险、垃圾、漏洞等提示。

5.4　木马病毒及其防范

特洛伊木马（Trojan Horse）简称木马，其名源于古希腊传说。引申到计算机领域，可以理解为一类可以远程控制计算机的恶意程序。木马病毒和其他病毒一样，均是人为编写的应用程序，都属于计算机病毒的范畴。相对于普通病毒，木马病毒具有更高的传播速度和更高的危害性，但其最大的破坏作用在于它通过修改图标、捆绑文件和仿制文件等方式来伪装和隐藏自己，误导用户下载程序或打开文件，同时收集用户信息并将其泄露给黑客供其远程控制计算机，甚至进一步向用户发动攻击。下面介绍木马病毒一个典型实例：冰河木马。

冰河木马诞生伊始是一款正当的网络远程控制软件，但随着升级版本的发布，其强大的隐蔽性和使用简单的特点越来越受黑客们的青睐，最终演变为黑客进行破坏活动所使用的工具。

冰河木马的主要功能如下。

（1）连接功能。木马程序可以理解为一个网络客户机/服务器程序。由一台服务器提供服务，一台主机（客户机）接受服务。服务器一般会打开一个默认的端口并进行监听，一旦服务器接到客户机的连接请求，服务器中的相应程序就会自动运行，接受连接请求。

（2）控制功能。可以通过网络远程控制对方终端设备的鼠标、键盘或存储设备等，并监视对方的屏幕，远程关机，远程重启计算机等。

（3）口令获取。查看远程计算机口令信息，浏览远程计算机中的历史口令记录。

（4）屏幕抓取。在监视远程计算机屏幕的同时进行截图。

（5）远程文件操作。打开、创建、上传、下载、复制、删除和压缩文件等。

（6）冰河信使。冰河木马提供了一个简易的点对点聊天室，客户端与被监控端可以通过信使进行对话。

冰河木马激活服务端程序"G-Server.exe"后，可以在目标计算机的"C:\Windows\system"目录下自动生成两个可执行文件，分别是"Kernel32.exe"和"Syselr.exe"。如果用户只找到"Kernel32.exe"并将其删除，那么冰河木马并未被完全根除，只要打开任何一个文本文件或可执行程序，"Syselr.exe"就会被激活而再次生成一个"Kernel32.exe"文件，这就是冰河木马屡删无效、死灰复燃的原因。

预防木马病毒的方法如下。

（1）避免访问未知或不可信的网站，防止恶意下载。不要访问不安全的网站，应访问有安全证书的网站，它们的 URL 应该以"https://"而不是"http://"开头，"s"代表"安全"，其地址栏中也应该有挂锁图标。

（2）谨慎下载。在官方网站或知名网站下载软件时，不要下载和运行来历不明的软件，谨慎安装不完全信任来源的软件。

（3）注意网络钓鱼威胁。谨慎对待电子邮件附件和链接，确保发件人的身份可信。切勿打开来自陌生人的电子邮件的附件、打开其中的链接或运行其中的程序。

（4）尽量避免共享文件夹，如果必须共享文件夹，则最好设置账户和密码保护。使用复杂、唯一的密码保护账户。尽量使用强密码，在理想情况下强密码由大写和小写字母、特殊字符和数字组成。避免在所有地方都使用同一密码，并定期更改密码。使用密码管理器工具是管理密码的绝佳方式。

（5）保持操作系统和应用程序的更新，及时修补安全漏洞并关闭可疑的端口。除了及时更新操作系统，还应该检查计算机中其他软件的更新。

（6）使用可靠的杀毒软件和防火墙，定期进行全盘扫描。使用防火墙保护个人信息安全。防火墙会筛选从互联网进入设备的数据。虽然大多数操作系统配备了内置防火墙，但使用硬件防火墙提供全面保护更加安全可靠。

（7）在安装软件之前最好用杀毒软件查看其是否含有病毒，然后进行安装。通过安装有效的杀毒软件，可以保护设备（包括 PC、笔记本电脑、平板电脑和智能手机）免受木马病毒侵害。强大的杀毒软件（如卡巴斯基全方位安全软件）将检测并防止木马病毒攻击设备，并确保更安全的在线体验。

5.5 实战训练

5.5.1 利用自解压文件携带木马病毒

虽然木马病毒的危害性巨大，但近年来人们的安全意识逐渐提高，木马病毒并不容易入侵计算机。然而，部分伪装的木马病毒仍可以通过捆绑其他软件对计算机造成巨大危害，利用自解压文件携带木马病毒就是一个典型实例。

上述捆绑其他软件的病毒属于加壳病毒的一种。加壳病毒是最常见的计算机病毒之一，其特征是一般隐藏在一个压缩包中，平时只要不打开压缩包，就不会对计算机产生影响，杀毒软件也无法检测，只有在解压后才会对计算机产生危害。压缩文件是指经过压缩软件压缩的文件，一般分为两种：一种是单纯的压缩包，如 RAR 或 ZIP 文件；另一种是可执行的自解压 EXE 文件。当单纯的压缩包含有病毒时，尚可在解压前辨别垃圾文件或者计算机病毒，而对于自解压 EXE 文件，则无法避免计算机病毒入侵计算机。

本节通过一个简单的自解压文件携带木马病毒的实例，加深对此类伪装的木马病毒的理解。该实例将一个 DOC 文件（"myfile.doc"）和 TXT 文件（"Trojan.txt"）通过自解压文件捆绑在一起，若运行该文件，则木马病毒（"Trojan.txt"）会自动运行。

具体操作如下。

将两个文件放在同一目录下，如图 5-10 所示。

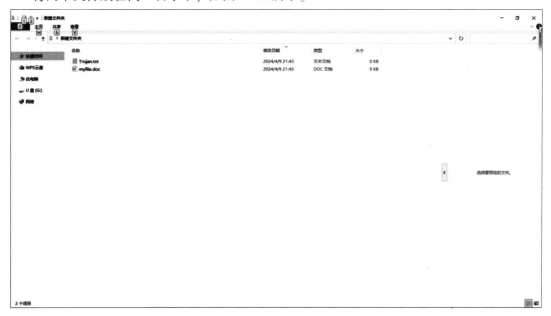

图 5-10 使文件同目录

同时选中两个文件，右击鼠标，在弹出的快捷菜单中选择"添加到压缩文件"选项，如图 5-11 所示。

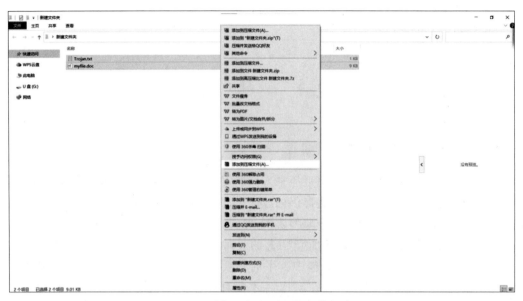

图 5-11　选择"添加到压缩文件"选项

弹出"压缩文件名和参数"对话框，在"压缩文件名"框中输入"利用自解压文件携带木马病毒.exe"，并在"压缩选项"列表框中勾选"创建自解压格式压缩文件"复选框，如图 5-12 所示。

图 5-12　勾选"创建自解压格式压缩文件"复选框

单击"高级"选项卡，单击"自解压选项"按钮，如图 5-13 所示。

在弹出的"高级自解压选项"对话框中，单击"在当前文件夹中创建"单选按钮，如图 5-14 所示。

接下来设置程序，在"解压后运行"文本框中输入"Trojan.txt"，在"解压前运行"

图 5-13 单击"自解压选项"按钮

图 5-14 单击"在当前文件夹中创建"单选按钮

文本框中输入"myfile. doc",如图 5-15 所示。

单击"模式"选项卡,在"安静模式"区域单击"全部隐藏"单选按钮,然后单击"确定"按钮,携带木马病毒的自解压文件制作完成,如图 5-16 所示。

此时,只需双击运行"利用自解压文件携带木马病毒 . exe",会在当前目录下自动解压"myfile"文件夹的同时,自动运行"Trojan. txt"文件,如图 5-17 所示,若该文件携带木马病毒,则木马病毒会自动执行,如图 5-18 所示,这将对计算机造成不可估量的危害。

5.5.2 使用木马专家查杀木马病毒

在计算机病毒防范技术中,最直接、最有效的方法是使用各种杀毒软件对计算机进行病

图 5-15　输入文件名

图 5-16　单击"全部隐藏"单选按钮

毒检测、查杀，常见的杀毒软件有 360 安全卫士、电脑管家、卡巴斯基、瑞星、火绒、木马专家等，本节介绍杀毒软件木马专家及其安装和使用方法。该杀毒软件能针对木马病毒为计算机提供有效的防护。

木马专家是一款木马病毒查杀软件，除采用传统病毒库查杀木马病毒以外，还能智能查杀未知木马病毒，自动监控内存中的非法程序，实时查杀内存和硬盘中的木马病毒。其第二代查杀内核支持脱壳分析木马病毒。木马专家还集成了内存优化，网络入侵拦截，IE 修复，恶意网站拦截，系统文件修复、注册表备份和供高级用户使用的系统进程管理和启动项目管理等功能。木马专家能有效查杀各种流行 QQ 盗号木马、网游盗号木马、"冲击波"、"灰鸽子"、黑客后门等 10 多万种木马间谍程序。

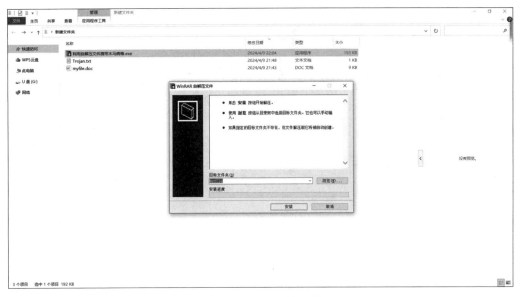

图 5-17　运行压缩文件

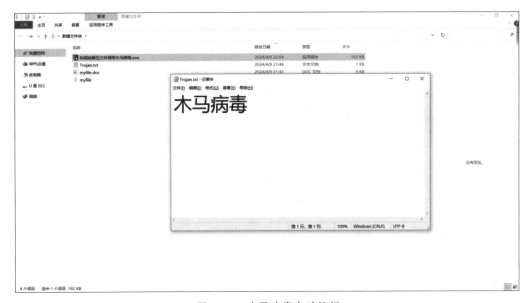

图 5-18　木马病毒自动执行

木马专家 2024 的全新改进如下。

（1）优化内核主动防御代码，提高执行效率。

（2）具有更低的 CPU 和内存占用率。

（3）具有更高效的主动木马病毒查杀拦截能力。

（4）增加了主动防御白名单信任机制。

（5）具有智能云鉴定实时防护功能，无须频繁更新本地病毒库。

下面介绍木马专家 2024 的下载路径、安装步骤及主要功能。

登录木马专家官方网站（http://www.beyondwork.com.cn/），如图 5-19 所示，在"官方主力下载""官方分流下载"等下载链接中选择其中之一，下载木马专家 2024 安装程序，如图 5-20 所示。

图 5-19　木马专家官方网站

双击运行木马专家 2024 安装程序，弹出图 5-21 所示对话框，单击"下一步"按钮。

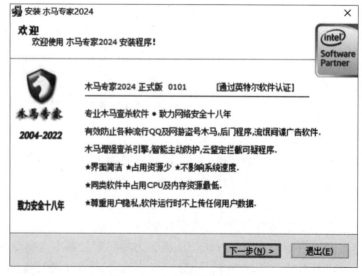

图 5-20　木马专家安装程序　　　　　　图 5-21　安装木马专家 2024

勾选"我接受上述条款和条件"复选框，然后单击"下一步"按钮，如图 5-22 所示。

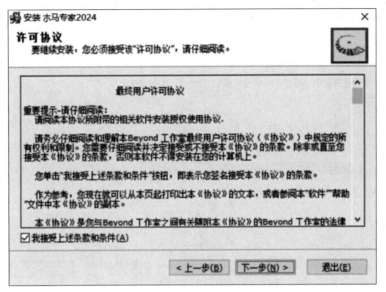

图 5-22 接受条款和条件

选择木马专家 2024 的安装路径，然后单击"下一步"按钮，如图 5-23 所示。

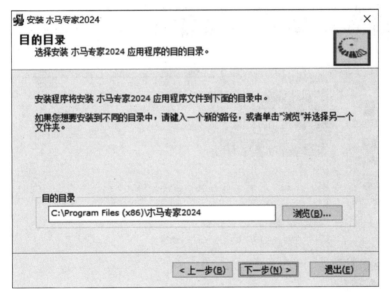

图 5-23 选择安装路径

安装程序为计算机安装木马专家 2024，进度条行进到底则安装完成，如图 5-24 所示。以下为木马专家 2024 的使用说明。

木马专家 2024 主界面如图 5-25 所示。

选择左侧"系统监控"栏目中的"扫描内存"选项，木马专家 2024 会自动扫描内存中的所有进程，以排查该计算机中是否存在正在运行的木马病毒，如图 5-26 所示。

选择左侧"系统监控"栏目中的"扫描硬盘"选项，会弹出"开始快速扫描""开始全面扫描""开始自定义扫描" 3 个扫描木马病毒的功能按钮，如图 5-27 所示。其中，单

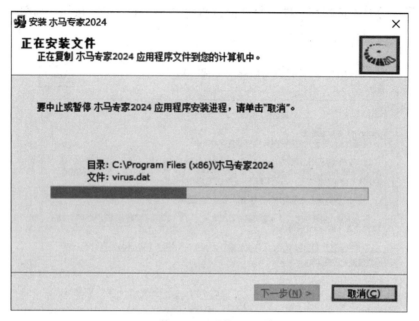

图 5-24　安装过程

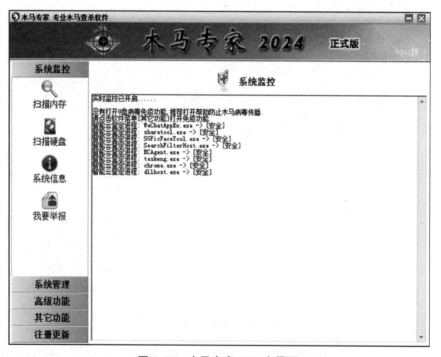

图 5-25　木马专家 2024 主界面

击"开始快速扫描"按钮仅扫描 Windows 系统目录，单击"开始全面扫描"按钮扫描全部硬盘分区，单击"开始自定义扫描"按钮扫描指定目录或移动设备。图 5-28 所示为单击"开始快速扫描"按钮的效果。

　　木马专家 2024 提供计算机系统信息，如内存使用情况、CPU 占用率、内存进程数等，还可以对计算机内存进行优化等，如图 5-29 所示。

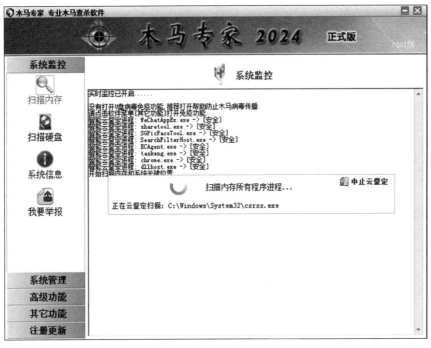

图 5-26 扫描内存

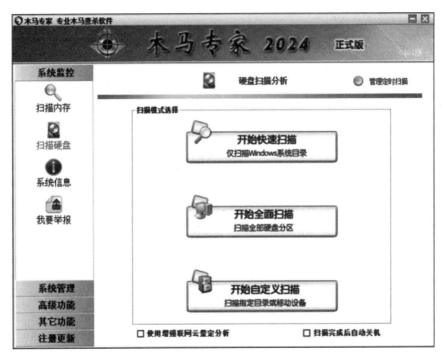

图 5-27 3个功能按钮

图 5-28　单击"开始快速扫描"按钮的效果

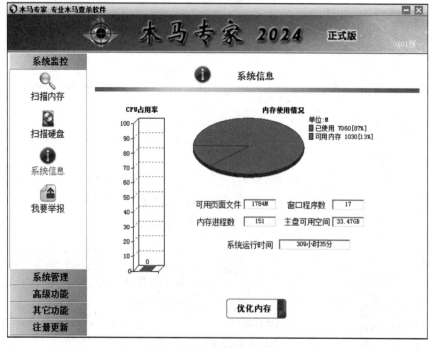

图 5-29　计算机系统信息

素养提升

积极掌握计算机病毒知识，守好网络安全的大门

党中央重视互联网、发展互联网、治理互联网，统筹协调涉及政治、经济、文化、社会、军事等领域信息化和网络安全重大问题，做出一系列重大决策、提出一系列重大举措，推动网信事业取得历史性成就。这些成就充分说明，党中央关于加强党对网信工作集中统一领导的决策和对网信工作做出的一系列战略部署是完全正确的。我国不断推进理论创新和实践创新，不仅走出一条中国特色的治网之道，而且提出一系列新思想、新观点、新论断，形成了网络强国战略思想。

没有网络安全就没有国家安全，不能保证经济社会稳定运行，广大人民群众的利益也难以得到保障。要树立正确的网络安全观，加强信息基础设施网络安全防护，加强网络安全信息统筹机制、手段、平台建设，加强网络安全事件应急指挥能力建设，积极发展网络安全产业，做到关口前移，防患于未然。要落实关键信息基础设施防护责任，行业、企业作为关键信息基础设施运营者承担主体防护责任，主管部门履行好监管责任。要依法严厉打击网络黑客、电信网络诈骗、侵犯公民个人隐私等违法犯罪行为，切断网络犯罪利益链条，持续形成高压态势，维护人民群众的合法权益。要深入开展网络安全知识技能宣传普及，提高广大人民群众的网络安全意识和防护技能。

下面列举历年来几种影响较大的计算机病毒案例。

1. "灰鸽子"病毒

"灰鸽子"病毒是一款木马程序，由灰鸽子工作室的葛军于2001年制作，在2004年、2005年、2006年连续3年被国内各大杀毒厂商评选为年度十大病毒。"灰鸽子"病毒自身并不具备传播性，一般通过网页、电子邮件、IM聊天工具、非法软件4种途径进行传播，具有监视摄像头、记录键盘、监控桌面、操作文件、伪装系统图标、随意更换启动项名称和表述、随意更换端口、运行后自删除等功能。其主要经历了模仿期、飞速发展期以及全民黑客时代三大阶段。其最初主要模仿冰河木马，早期并未以成品方式发布，更多的是以技术研究的姿态，采用源码共享的方式出现在互联网中。因为源码开放，所以"灰鸽子"病毒的版本越来越多。2004—2005年，由于电子商务、网络游戏的发展，该病毒逐步进入成熟期。灰鸽子变种木马病毒运行后，会自我复制到Windows目录下，并自行将安装程序删除，同时修改注册表，将病毒文件注册为服务项实现开机自启。该病毒还会注入所有的进程，隐藏自身，以防止被杀毒软件查杀。该病毒会自动开启IE浏览器，以便与外界进行通信，侦听黑客指令，在用户不知情的情况下连接黑客指定站点，盗取用户信息、下载其他特定程序。

2. "冲击波"病毒

"冲击波"病毒是利用在2003年7月21日公布的RPC漏洞进行传播的，该病毒于当年8月爆发。"冲击波"病毒运行时会不停地利用IP扫描技术寻找网络中操作系统为Windows 2000或Windows XP的计算机，找到后就利用DCOM/RPC缓冲区漏洞攻击该系统，一旦攻击成功，病毒体将被传送到对方计算机中进行感染，使系统操作异常、不停重启，甚至导致系统崩溃。另外，该病毒还会对系统升级网站进行拒绝服务攻击，导致该网站堵塞，使用户无法通过该网站升级系统。只要存在RPC服务并且没有打安全补丁的计算机都有RPC漏洞，具体涉及操作系统是：Windows 2000/XP/Server 2003/NT4.0。

通过对"冲击波"病毒的整个工作流程进行分析，可以归纳得出蠕虫病毒的几大行为特征。①主动攻击。蠕虫病毒在本质上已经演变为黑客入侵的自动化工具，当蠕虫病毒被释

放后，从搜索漏洞到利用搜索结果攻击系统，再到复制副本，整个流程全由蠕虫病毒自身主动完成。②利用系统、网络应用服务漏洞。计算机系统存在漏洞是蠕虫病毒传播的前提，利用这些漏洞，蠕虫病毒获得被攻击的计算机系统的相应权限，完成后续的复制和传播过程。正是漏洞产生原因的复杂性导致蠕虫病毒的攻击防不胜防。③造成网络拥塞。蠕虫病毒进行传播的第一步就是找到网络中其他存在漏洞的计算机系统，这需要通过大面积的搜索来完成，搜索动作包括判断其他计算机是否存在、判断特定应用服务是否存在、判断漏洞是否存在。这不可避免地会产生附加的网络数据流量。即使不包含破坏系统正常工作的恶意代码的蠕虫病毒，也会因为产生巨大的网络流量导致整个网络瘫痪，造成经济损失。④具有反复性。即使清除了蠕虫病毒在文件系统中留下的任何痕迹，如果没有修补计算机系统漏洞，重新接入网络的计算机还是会被重新感染。⑤具有破坏性。从蠕虫病毒的发展过程可以看到，越来越多的蠕虫病毒开始包含恶意代码，破坏被攻击的计算机系统，而且造成的经济损失越来越大。

3. "熊猫烧香"病毒

"熊猫烧香"病毒是由李俊制作并肆虐网络的计算机病毒，是具有自动传播、自动感染硬盘能力和强大的破坏能力的计算机病毒。该病毒是蠕虫病毒的变种，由于中毒计算机的可执行文件会出现"熊猫烧香"图案，所以被称为"熊猫烧香"病毒。原病毒只会对 EXE 文件的图标进行替换，并不会对系统本身进行破坏。该病毒大多数是中等病毒变种，用户计算机中毒后可能会出现蓝屏、频繁重启以及系统硬盘中的数据文件被破坏等现象。同时，该病毒的某些变种可以通过局域网进行传播，进而感染局域网中的所有计算机系统，最终导致局域网瘫痪，无法正常使用。它能感染计算机系统中的 EXE、COM、PIF、SRC、HTML、ASP 等格式的文件，它还能终止大量的杀毒软件进程并且会删除扩展名为".gho"的备份文件。被感染的用户系统中的所有可执行文件全部被改成熊猫举着三根香的模样。2007 年 2 月 12 日，湖北省公安厅宣布，李俊及其同伙共 8 人已经落网，这是中国警方破获的首例计算机病毒大案。2014 年，张顺、李俊被法院以开设赌场罪分别判处有期徒刑五年和三年，并分别处罚金 20 万元和 8 万元。

4. 勒索攻击

勒索攻击是指网络攻击者通过对目标数据强行加密，导致企业核心业务停摆，以此要挟受害者支付赎金进行解密。勒索攻击的发展历程并不长，在 30 多年的发展过程中，其主要经历 3 个阶段。1989—2009 年是勒索攻击的萌芽期，在这 20 年中，勒索攻击处于起步阶段，勒索攻击软件数量增长较为缓慢，且攻击力度小、危害程度低。2006 年我国首次出现勒索攻击软件。2010 年以后，勒索攻击软件进入活跃期，几乎每年都有变种出现，其攻击范围不断扩大、攻击手段持续翻新。2013 年以来，越来越多的攻击者要求以比特币的形式支付赎金。2014 年，出现了第一个真正意义上针对 Android 平台的勒索攻击软件，这标志着攻击者的注意力开始向移动互联网和智能终端转移。勒索攻击在 2015 年后进入高发期。2017 年，WannaCry 勒索攻击在全球范围内大规模爆发，至少 150 个国家、30 万名用户受害，共计造成超过 80 亿美元的损失，至此勒索攻击正式走入大众视野并引发全球关注。近年来勒索攻击席卷全球，几乎所有国家的政府、金融、教育、医疗、制造、交通、能源等行业均受到影响，可以说有互联网的地方就可能存在勒索攻击。2021 年 5 月，美国 17 个州的能源系统受到勒索攻击，导致美国最大的燃料管道运营商 Colonial 关闭约 8 851 千米的运输管道，犯罪分子在短时间内获取了 100GB 数据，并锁定相关服务器等设备数据，要求支付 75 个比特币作为赎金（相当于 440 万美元）。勒索攻击已经成为未来一段时期网络安全的主要威胁。

综合练习

一、填空题

1. 根据《中华人民共和国计算机信息系统安全保护条例》第 28 条：计算机病毒，是指编制或者在计算机程序中插入的_____或者_____，影响计算机使用，并能自我复制的一组计算机指令或者程序代码。

2. 计算机病毒通常包括 3 个单元：_____、_____和_____。

3. 根据计算机病毒的_____、_____、_____和_____的不同，计算机病毒可以分为很多种类。

4. 蠕虫病毒是计算机病毒的一种，是一种能够_____的病毒，但是它与人们广泛认识的计算机病毒并不完全相同。

5. 相对于普通计算机病毒，木马病毒具有更高的_____和更严重的_____，但其最大的破坏作用在于它通过修改图标、捆绑文件和仿制文件等方式来伪装和隐藏自己。

二、简答题

1. 计算机病毒有哪些危害？

2. 按照传播方式，计算机病毒可以分为哪几类？阐述每一类的特点。

3. 简述宏病毒的特点。

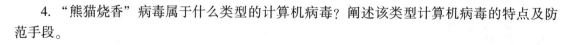

4. "熊猫烧香"病毒属于什么类型的计算机病毒？阐述该类型计算机病毒的特点及防范手段。

5. 请列举一个木马病毒的典型例子，并阐述其特点及防范手段。

三、操作题

使用 Windows 自带的解压软件 WinRAR 制作携带木马病毒的可自动执行的压缩文件，同时使用木马专家 2024 对木马病毒进行查杀。

学习评价

知识巩固与技能提高（40 分）	得分：
计分标准：得分＝2×填空题正确个数+4×简答题正确个数+10×操作题正确个数	

学生自评（20 分）	得分：
计分标准：初始分＝2×A 的个数+1×B 的个数+0×C 的个数 得分＝初始分÷14×20	

专业能力	评价指标	自测结果	要求（A 掌握；B 基本掌握；C 未掌握）
宏病毒防范技术	1. 发现宏病毒 2. 设置宏安全信任等级 3. 手动清除宏病毒	A□　B□　C□ A□　B□　C□ A□　B□　C□	掌握宏病毒的发现方法及防范技术
蠕虫病毒防范技术	1. 预防蠕虫病毒方法 2. 手动清除蠕虫病毒	A□　B□　C□ A□　B□　C□	掌握蠕虫病毒防范技术
实战训练	1. 利用自解压文件携带木马病毒 2. 使用木马专家查杀木马病毒	A□　B□　C□ A□　B□　C□	掌握制作携带木马病毒的压缩文件的方法； 掌握木马专家 2024 下载、安装及使用方法

小组评价（20 分）			得分：	
计分标准：得分＝10×A 的个数+5×B 的个数+3×C 的个数				
团队合作	A□　B□　C□	沟通能力	A□　B□　C□	

教师评价（20 分）	得分：
教师评语	
总成绩	
	教师签字

第六章

操作系统加固技术

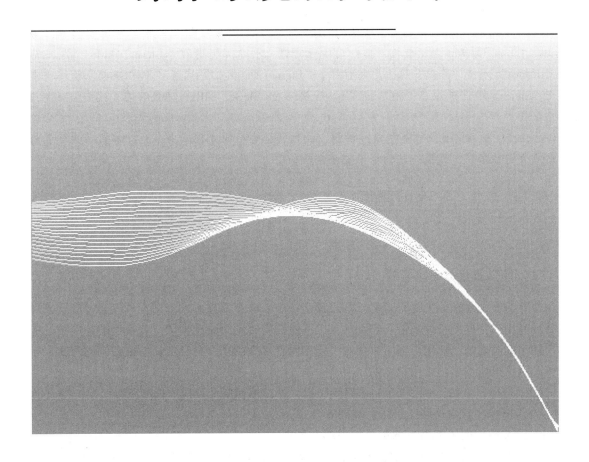

知识目标

➢ 掌握 Windows Server 2016 的安全加固方法。

➢ 掌握 RedHat Linux 的安全加固方法。

能力目标

➢ 具备实现 Windows 账户安全管理的能力。

➢ 具备关闭 Windows 操作系统危险服务的能力。

➢ 具备设置不同用户按权限访问文件和文件夹的能力。

➢ 具备实现 Linux 账户安全管理的能力。

➢ 具备关闭 Linux 操作系统危险服务的能力。

素养目标

➢ 了解网络安全的重要性和复杂性。

➢ 培养对网络安全的认知和警惕性。

➢ 提高网络安全意识。

引导案例

2020 年 3 月 12 日，微软公司在周二补丁日披露了一个 SMB 服务的重大安全漏洞，攻击者利用该漏洞无须权限即可实现远程代码执行。尽管微软公司已经通过 Windows Update 发布了关于这个重大安全漏洞的独立补丁程序，及时为 Windows 10 修补了这个漏洞，然而至今全球仍有许多计算机没有安装该补丁程序，这些计算机成为黑客的主要攻击对象。有 Twitter 用户在 GitHub 上发布了攻击概念验证视频，展示如何透过"Eternal Darkness"或者"SMBGhost"入侵计算机并执行恶意程序。"Eternal Darkness"或者"SMBGhost"的安全漏洞与 Windows 10 中的服务器消息块（Server Message Block，SMB）协议有关，这个协议允许网络文件分享，让网络中的多台计算机分享文件、打印机和其他资源。早前横行的"WannaCry"勒索病毒正式利用这些漏洞，通过网络蠕虫的方式感染多台计算机，对计算机中的文件进行加密，造成全球的资讯安全危机。

6.1　Windows 操作系统安全加固

6.1.1　用户和组的安全管理

账户的安全管理分为密码策略、账户锁定策略、账户管理审核策略。可以通过配置密码策略提高用户密码复杂性和密码长度。可以通过账户锁定策略设置用户登录失败的次数，在账户锁定期满之前，该用户将不可登录。达到阈值次数的用户可延长其尝试密码的时间。账户管理审核策略用于记录用户事件。

（1）选择"开始"→"Windows 管理工具"→"本地安全策略"选项，如图 6-1 所示。

（2）选择"账户策略"选项，如图 6-2 所示。

（3）选择"密码策略"选项，如图 6-3 所示。

（4）双击"密码必须符合复杂性要求"选项，打开"密码必须符合复杂性要求 属性"

图 6-1　选择"本地安全策略"选项

图 6-2　选择"账户策略"选项

对话框，如图 6-4 所示，单击"已启用"单选按钮后单击"确定"按钮。

如果启用此策略，则密码必须满足下列最低要求。

①不能包含用户的账户名，不能包含用户姓名中超过两个连续字符的部分。

②至少有 6 个字符长。

③包含以下 4 类字符中的 3 类字符：英文大写字母（A~Z）、英文小写字母（a~z）、10 个基本数字（0~9）、非字母字符（如！、\$、#、%）。

④在更改或创建密码时满足复杂性要求。

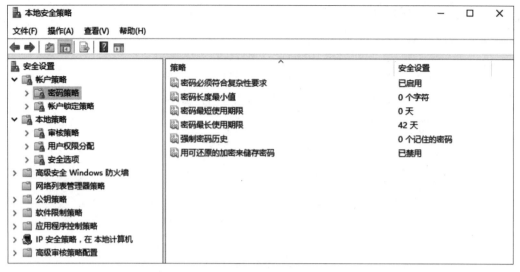

图 6-3　选择"密码策略"选项

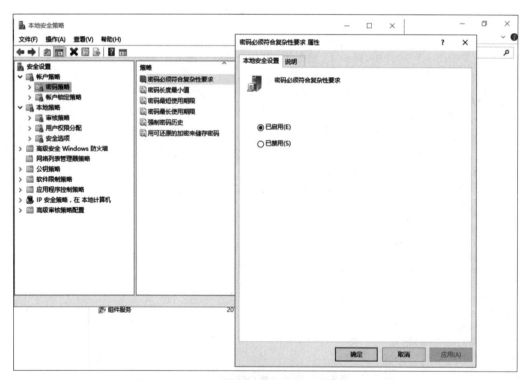

图 6-4　"密码必须符合复杂性要求 属性"对话框

（5）双击"密码长度最小值"选项，将密码设置为 8 个字符并单击"确定"按钮（图 6-5）。在许多操作系统中，对用户身份进行验证的最常用的方法是使用密码。安全的网络环境要求所有用户使用强密码，即密码至少拥有 8 个字符并包括字母、数字和符号的组合。这类密码可以防止未经授权的用户使用手动方法或自动工具猜测密码（弱密码）来损害用户账户和管理账户。设置密码最长使用期限和强制密码历史，可以强制用户定期更改密码，降低密码被破解的可能性。

图 6-5 设置"密码长度最小值"

（6）选择左侧窗格中的"账户锁定策略"选项，修改账户锁定策略。选择"账户锁定阈值"选项，打开"账户锁定阈值 属性"对话框，将账户锁定阈值修改为3，并单击"确定"按钮，如图 6-6 所示。

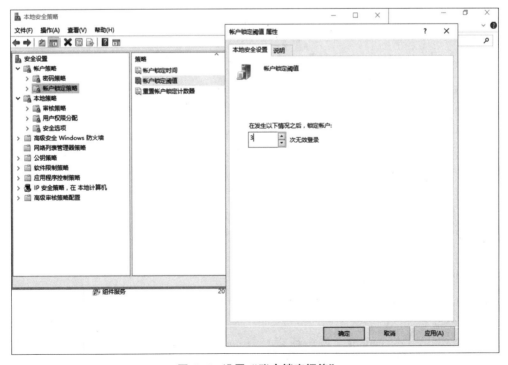

图 6-6 设置"账户锁定阈值"

"阈"的意思是界限，故阈值又叫作临界值，是指一个效应能够产生的最小值或最大值。此名词广泛用于建筑、生物、飞行、化学、电信、心理学等各方面，如生态阈值、电流阈值等。

（7）单击"确定"按钮后会弹出"建议的数值改动"对话框，如图6-7所示。针对通过反复实验确定密码的恶意用户行为，Windows操作系统可以被配置为能对此类型的攻击行为进行响应，方法是在预设时间段内禁止该账户再次尝试登录。

图6-7　"建议的数值改动"对话框

（8）双击展开左侧窗格中的"本地策略"选项后，选择"审核策略"选项，双击"审核账户管理"选项，打开"审核账户管理 属性"对话框，勾选"成功"和"失败"复选框，如图6-8所示。至此本地账户的安全配置设置完成。

（9）可以通过"事件查看器"查看系统账户管理的审核日志，展开"Windows日志"选项，选择"安全"选项，在中间窗格中显示多条审核成功的记录，这些记录是成功创建的用户日志，如图6-9所示。

6.1.2　关闭多余的系统服务

（1）打开"服务器管理器"窗口，然后选择"工具"→"服务"选项，打开"服务"窗口，如图6-10所示。

（2）在"服务"窗口中，每个服务都有对应的名称、状态、启动类型和登录身份。

将DNS Client（DNS客户端）、Event Log（事件日志）、Logical Disk Manager（逻辑磁盘管理器）、Network Connections（网络连接）、Plug and Play（即插即用）、Protected Storage（受保护存储）、Remote Procedure Call（RPC，远程过程调用）、RunAs Service（运行即服务）、Security Accounts Manager（安全账户管理器）、Task Scheduler（任务调度程序）、Win-

图 6-8 设置"审核账户管理"

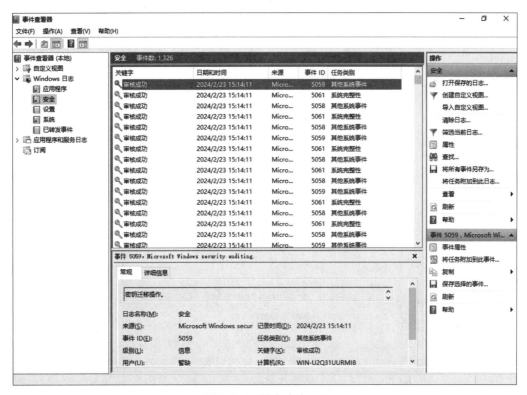

图 6-9 审核成功的记录

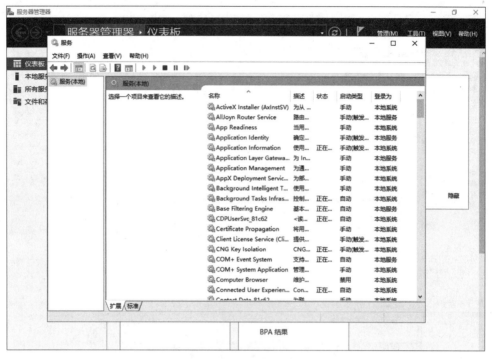

图 6-10 "服务"窗口

dows Management Instrumentation（Windows 管理规范）、Windows Management Instrumentation Driver Extensions（Windows 管理规范驱动程序扩展）服务配置为启动时自动加载。如图 6-11 所示，在"启动类型"下拉列表中选择"自动"选项，"服务状态"选择"启动"。

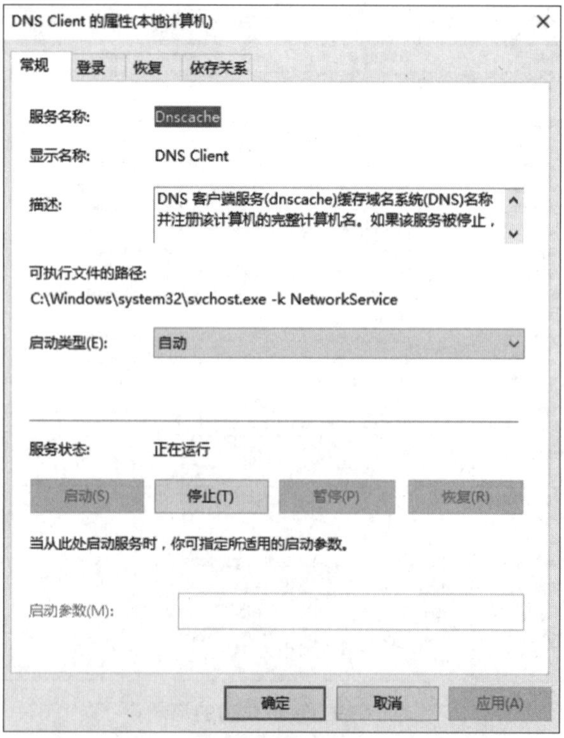

图 6-11 设置 DNS Client 服务自动启动

（3）Windows Server 2016 的 Remote Registry 和 Telnet 服务都可能给系统带来安全漏洞，Remote Registry 服务的作用是允许远程操作注册表；Telnet 服务的作用是允许远程登录主机。关闭这两个服务，其中关闭 Remote Registry 服务如图 6-12 所示。

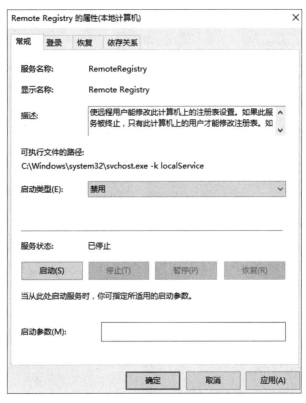

图 6-12　关闭 Remote Registry 服务

6.1.3　防火墙的安全配置

在 Windows Server 2016 服务器中，可以在开启防火墙后，通过高级设置关闭不必要的端口访问来提高服务器的安全性，例如防止黑客使用 ping 命令进行服务器探测。对服务器的保护可以避免很多危险发生，是保护服务器的关键。

防火墙的维护是测量防火墙的整体效能，而了解防火墙有效性的唯一方法是查看丢弃数据包的数量。毕竟，部署防火墙的目的是让它阻止应该被阻止的流量。

（1）选择"开始"菜单→"Windows 管理工具"→"高级安全 Windows 防火墙"选项，如图 6-13 所示。

（2）在弹出的"高级安全 Windows 防火墙"窗口中，先选择左侧窗格中的"入站规则"选项，如图 6-14 所示。入站规则和出站规则分别代表外部对服务器的访问流量和服务器对外的访问流量。如果要限制网络访问服务器就编写入站规则，反之编写出站规则。

（3）设置要创建的规则类型，在弹出的"新建入站规则向导"对话框的"规则类型"界面中单击"要创建的规则类型"区域的"自定义"单选按钮，然后单击"下一步"按钮，如图 6-15 所示。

（4）选择应用规则的程序，单击"所有程序"单选按钮，然后单击"下一步"按钮，如图 6-16 所示。

图 6-13　选择"高级安全 Windows 防火墙"选项

图 6-14　"高级安全 Windows 防火墙"窗口

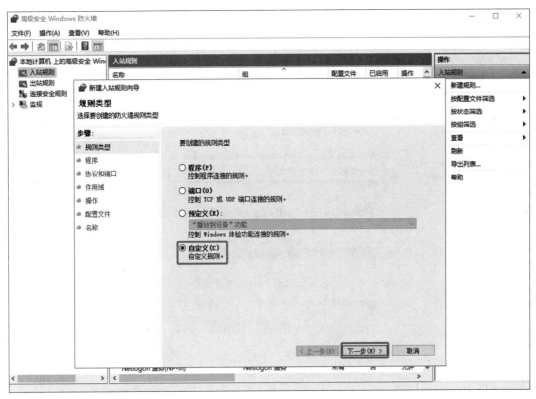

图 6-15 选择规则类型

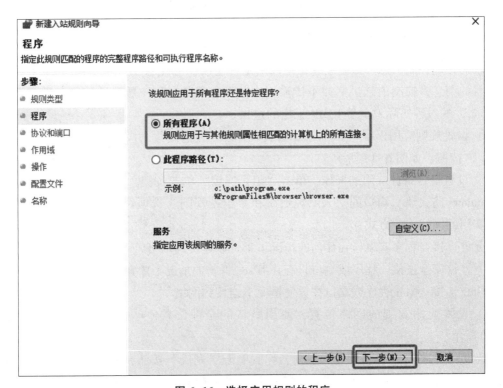

图 6-16 选择应用规则的程序

（5）在"协议类型"下拉列表选择"ICMPv4"选项，然后单击"下一步"按钮，如图6-17所示。

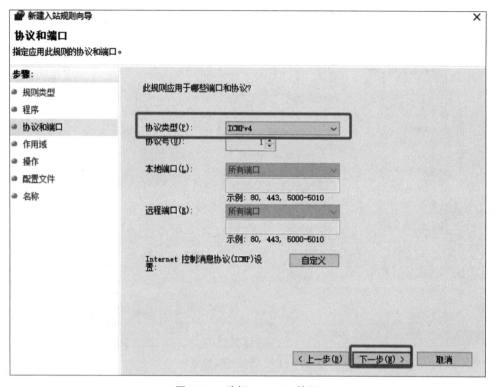

图6-17　选择 ICMPv4 协议

ICMP 是 Internet 控制报文协议。它是 TCP/IP 协议簇的一个子协议，用于在 IP 主机、路由器之间传递控制消息。控制消息是指网络是否连接、主机是否可达、路由器是否可用等网络本身的消息，控制消息虽然并不传输用户数据，但是对用户数据的传递起着重要的作用。"ping"的过程实际上就是 ICMP 工作的过程。

（6）设置规则应用于哪些 IP 地址，在此使用默认配置将规则应用于任何 IP 地址，单击"下一步"按钮，如图6-18 所示。

（7）设置符合条件应用的操作，单击"阻止连接"单选按钮，如图6-19 所示。"高级安全 Windows 防火墙"窗口的"入站规则"和"出站规则"选项针对每个程序为用户提供了 3 种实用的网络连接方式。

①允许连接：程序或端口在任何的情况下都可以连接到网络。

②只允许安全连接：程序或端口只有在 IPsec 保护的情况下才允许连接到网络。

③阻止连接：阻止程序或端口在任何情况下连接到网络。

（8）设置应用规则的网络位置，使用默认的全部位置，单击"下一步"按钮，如图6-20 所示。

（9）在"名称"文本框中输入规则名称后单击"完成"按钮，规则创建完成。在测试主机上使用 ping 命令进行测试，显示请求超时，已经无法 ping 通。

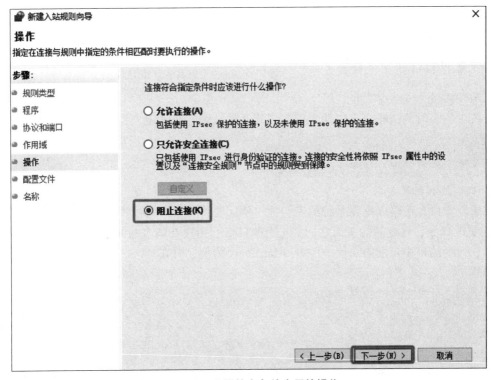

图 6-18 设置规则应用于哪些 IP 地址

图 6-19 设置符合条件应用的操作

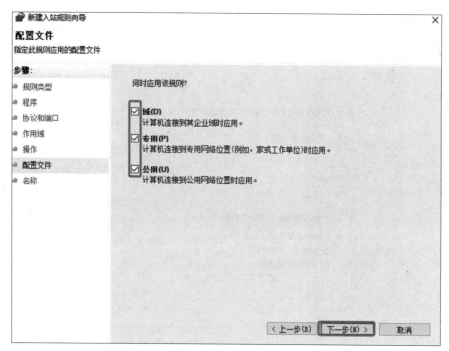

图 6-20　设置应用规则的网络位置

6.2　Linux 操作系统安全加固

6.2.1　账户和口令安全设置

1. 账户安全控制要求

系统中的临时测试账户、过期无用账户等必须被删除或锁定。设置方法如下。

> 锁定账户：/usr/sbin/usermod - L - s/dev/null $name
> 删除账户：/usr/sbin/user $name

2. 口令策略配置要求

要求设置口令策略以提高系统的安全性。例如要将口令策略设置为：非 root 用户强制在 90 天内更改口令、在之后的 7 天之内禁止更改口令、用户在口令过期的 28 天前接收到系统的提示、口令的最小长度为 6 位。以 RedHat Linux 为例，可在 "/etc/login. def" 文件中进行如下设置。

> vi/etc/login. def
> PASS_MAX_DAYS　90
> PASS_MIN_DAYS　7
> PASS_MIN_LEN　6
> PASS_WARN_AGE　28

3. root 登录策略的配置要求

禁止直接使用 root 登录，必须先以普通用户登录，然后用 su 命令改成 root。禁止 root 账户远程登录，以 RedHat Linux 为例，设置方法如下。

```
touch/etc/securetty
echo"console" >/etc/securetty
```

4. root 的环境变量基线

root 的环境变量基线设置要求见表 6-1。

表 6-1　root 的环境变量基线设置要求

修改文件	安全设置	操作说明
/etc/profile	PATH 变量设置中不含本地目录（.）	1. 查看 root 账户的环境变量，env 2. 如果 root 的 PATH 变量包含本地目录，则去掉本地目录 "."

6.2.2　网络与服务安全设置

1. 最小化启动服务

1）关闭 xinetd 服务

如果 xinetd 中的服务都不需要开放，则可以直接关闭 xinetd 服务。方法如下。

```
chkconfig - - level 12345 xinetd off
```

2）关闭电子邮件服务

如果不需要将系统作为电子邮件服务器，并且不需要向外发送电子邮件，则可以直接关闭电子邮件服务。方法如下。

```
chkconfig - - level 12345 sendmail off
```

如果不需要将系统作为电子邮件服务器，但是允许向外发送电子邮件，则可以设置 Sendmail 不运行在 daemon 模式。方法如下。

编辑/etc/sysconfig/sendmail 文件，增添以下行：

```
DAEMON=no
QUEUE=1h
```

设置配置文件访问权限：

```
cd/etc/sysconfig
/bin/chownroot:root sendmail
/bin/chmod 644 sendmail
```

3）关闭图形登录服务（X Windows）

在不需要图形环境进行登录和操作的情况下，要求关闭 X Windows 服务。方法如下。

编辑/etc/inittab 文件，修改 id：5：initdefault：行为 id：3：initdefault：。

设置配置文件访问权限：

```
chown root:root/etc/inittab
chmod 0600/etc/inittab
```

4）关闭 X font 服务器服务

如果关闭了 X Windows 服务，则 X font 服务器服务也应该关闭。方法如下。

```
chkconfig xfs off
```

5）关闭其他默认启动服务

操作系统会默认启动很多不必要的服务，有可能造成安全隐患。建议关闭以下不必要的服务。

apmd、canna、FreeWnn、gpm、hpoj、innd、irda、isdn、kdcrotate、lvs、mars – nwe、oki4daemon、privoxy、rstatd、rusersd、rwalld、rwhod、spamassassin、wine、nfs、nfslock、autofs、ypbind、ypserv、yppasswdd、portmap、smb、netfs、lpd、apache、httpd、tux、snmpd、named、postgresql、mysqld、webmin、kudzu、squid、cups。

方法如下。

```
chkconfig - - level 12345 服务名 off
```

在关闭上述服务后，应同时对这些服务在系统中的使用的账户（如 rpc、rpcuser、lp、apache、http、httpd、named、dns、mysql、postgres、squid 等）予以锁定或删除。方法如下。

```
usermod - L 要锁定的用户
```

2. 最小化 xinetd 服务

要求禁止以下 xinetd 默认服务。

chargen、chargen – udp、cups – lpd、daytime、daytime – udp、echo、echo – udp、eklogin、finger、gssftp、imap、imaps、ipop2、ipop3、krb5 – telnet、klogin、kshell、ktalk、ntalk、pop3s、rexec、rlogin、rsh、rsyncservers、services。

方法如下。

```
chkconfig 服务名 off
```

对于 xinetd 必须开放的服务，应该注意服务软件的升级和安全配置，并推荐使用 SSH 和 SSL 对原明文的服务进行替换。如果条件允许，可以使用系统自带的 iptables 或 tcp-wrapper 功能对访问 IP 地址进行限制。

6.2.3 文件与目录安全配置

1. 临时目录权限配置标准

临时目录“/tmp”“/var/tmp”必须包含粘置位，以避免普通用户随意删除由其他用户创建的文件。例如：

```
chmod +t/tmp          ——为/tmp 增加粘置位。
```

2. 重要文件和目录权限配置标准

在 Linux 操作系统中，“/usr/bin”“/bin”“/sbin”目录为可执行文件目录，/etc 目录为系统配置目录，包括账户文件、系统配置文件、网络配置文件等，这些目录和文件相对重要。重要文件及目录的权限配置标准必须按照表 6-2 进行配置。

表 6-2　重要文件及目录的权限配置标准

文件或目录	属主	属组	权限
/etc/passwd	root	Root	–rw–r--r--
/etc/group	root	Root	–rw–r--r--
/etc/hosts	root	Root	–rw–rw–r--
/etc/inittab	root	Root	–rw-------

3. umask 配置标准

umask 命令用于设置新建文件的权限掩码。要求编辑"/etc/profile"文件，设置 umask 为 027；在系统转成信任模式后，可设置 umask 为 077。

4. SUID/SGID 配置标准

SUID/SGID 的程序在运行时，将有效用户 ID 改变为该程序的所有者（组）ID，使进程拥有该程序的所有者（组）的特权，因此可能存在一定的安全隐患。对于这些程序，必须在全部检查后形成基准，并定期对照基准进行检查。查找此类程序的命令如下。

```
# find/ - perm - 4000 - user 0 – ls          ——查找 SUID 可执行程序
# find/ - perm - 2000 - user 0 – ls          ——查找 SGID 可执行程序
```

6.2.4 其他系统设置

1. 信任主机的设置

原则上关闭所有 R 系列服务：rlogin、rsh、rexec。

对于需要以信任主机方式访问的业务系统，按照表 6-3 所示方式设置。

表 6-3 信任主机的设置方法

修改文件	安全设置	操作说明
1./etc/hosts. equiv（全局配置文件）； 2. ~/. rhosts（单独用户的配置文件）	1. 限定信任的主机、账户； 2. 不能有单行的"+"或"++"的配置信息	1. 编辑"/etc/host. equiv"文件或者"~/. rhosts"文件，不能只采用主机信任方式，而必须采用账户和主机的方式，删除不必要的信任主机设置； 2. 更改"/etc/hosts. equiv"文件的属性，只允许 root 可读写

2. 系统 Banner 的配置

要求修改系统 banner，以避免泄露系统名称、版本号、主机名称等，并且给出登录告警信息。

修改"/etc/issue"文件，加入：

```
ATTENTION:You have logged onto a secured server. . ONLY Authorized users can access. .
```

修改"/etc/issue. net"文件，加入：

```
ATTENTION:You have logged onto a secured server. . ONLY Authorized users can access. .
```

修改"/etc/inetd. conf"文件，在 telnet 一行的最后更改 telnetd 为 telnetd – b/etc/issue，增加读取 banner 参数。

重启 inetd 进程：

```
Kill – HUP "inetd 进程 pid"
```

3. 内核参数

要求调整以下内核参数，以提高系统安全性。

（1）设置 tcp_max_syn_backlog，以限定 SYN 队列的长度。

（2）设置 rp_filter 为 1，打开反向路径过滤功能，防止 IP 地址欺骗。

（3）设置 accept_source_ route 为 0，禁止包含源路由的 IP 包。

（4）设置 accept_redirects 为 0，禁止接收路由重定向报文，防止路由表被恶意更改。

（5）设置 secure_redirects 为 1，只接收来自网关的"重定向"ICMP 报文。

配置方法如下。

编辑"/etc/sysctl. conf"，增加以下行：

```
net. ipv4. tcp_max_syn_backlog = 4096
net. ipv4. conf. all. rp_filter = 1
net. ipv4. conf. all. accept_source_route = 0
net. ipv4. conf. all. accept_redirects = 0
net. ipv4. conf. all. secure_redirects = 0
net. ipv4. conf. default. rp_filter = 1
net. ipv4. conf. default. accept_source_route = 0
net. ipv4. conf. default. accept_redirects = 0
net. ipv4. conf. default. secure_redirects = 0
```

设置配置文件权限：

```
/bin/chownroot:root/etc/sysctl. conf
/bin/chmod 0600/etc/sysctl. conf
```

在系统不作为不同网络之间的防火墙或网关时，要求进行如下设置。

（1）设置 ip_forward 为 0，禁止 IP 转发功能。

（2）设置 send_redirects 为 0，禁止转发重定向报文。

配置方法如下。

编辑"/etc/sysctl. conf"，增加：

```
net. ipv4. ip_forward = 0
net. ipv4. conf. all. send_redirects = 0
net. ipv4. conf. default. send_redirects = 0
```

4. syslog 日志的配置

syslog 日志安全配置见表6-4。

表 6-4   syslog 日志安全配置

修改文件	安全设置	操作说明
/etc/syslog. conf	配置文件中包含以下日志记录： ＊. err /var/adm/errorlog ＊. alert　　　/var/adm/alertlog ＊. cri /var/adm/critlog auth，authpriv. info /var/adm/authlog	syslog 的配置文件
/etc/rc. config. d/syslogd	SYSLOGD_OPTS =" -DN"	syslogd 不接收远程主机的日志

要求将日志输出至专用日志服务器，或者至少输出至本地文件中。

<h1 style="text-align:center">6.3　实战训练</h1>

6.3.1　文件和文件夹访问权限的设置

1. 任务描述

在 Windows Server 2016 操作系统中新建用户 test1、test2、test3。允许 test1 访问 C 盘的"作业"文件夹，并可以在该文件夹中创建新的文件夹及文件；test2 用户不能访问"作业"文件夹；test3 用户可以访问"作业"文件夹，但不能在"作业"文件夹中新建任何文件及文件夹。

2. 任务实施

本任务是关于 Windows Server 2016 操作系统文件和文件夹的 NTFS 权限设置。利用 NTFS 文件权限设置，管理员可以根据需要针对不同用户设置不同的访问权限，设置成功后，用户只能按照自己的权限访问和操作文件或文件夹。

1）NTFS 权限的类型

（1）标准 NTFS 文件权限。

①读取：读取文件中的数据，查看文件的属性。

②写入：可以将文件覆盖，改变文件的属性。

③读取和运行：除了"读取"权限外，还有运行应用程序的权限。

④修改：除了"写入"与"读取和运行"权限外，还有更改文件数据、删除文件、改变文件名称的权限。

⑤完全控制：拥有所有的 NTFS 文件夹的权限。

（2）标准 NTFS 文件夹权限。

①读取：可以查看文件夹中的文件名称、子文件夹的属性。

②写入：可以在文件夹中写入文件与文件夹，更改文件的属性。

③列出文件夹目录：除了"读取"权限外，还有列出子文件夹的权限，即使用户对此文件夹没有访问权限。

④读取和运行：它与"列出文件夹目录"权限几乎相同，但在权限的继承方面有所不同，"读取和运行"是文件与文件夹同时继承，而"列出子文件夹目录"只具有文件夹的继承权。

⑤修改：它除了具有"写入"与"读取和运行"权限，还具有删除、重命名子文件夹的权限。

⑥完全控制：它具有所有 NTFS 文件夹的权限。

2）用户权限的有效性

（1）权限的累加性。

用户对某个资源的有效权限是所有权限的来源的总和。

（2）"拒绝"权限会覆盖所有其他权限。

虽然用户的有效权限是所有权限的来源的总和，但是只要其中某个权限被设置为拒绝访问，用户最后的有效权限就无法访问此资源。

（3）文件会覆盖文件夹的权限。

如果针对某个文件夹设置了 NTFS 权限，同时也对该文件夹的文件设置了 NTFS 权限，则该文件的权限被设置为优先。

3）NTFS 权限的设置

（1）指派文件夹的权限：双击"我的电脑"图标，双击磁盘图标，选择文件夹，单击鼠标右键，选择"属性"→"安全"选项。

（2）指派文件的权限：双击"我的电脑"图标，双击磁盘图标，选择文件，单击鼠标右键，选择"属性"→"安全"选项。文件权限的指派与文件夹权限的指派类似。

4）文件复制或移动时权限的改变

（1）文件从某个文件夹被复制到另一个文件夹，等于产生另一个新文件，因此新文件的权限继承目的地的权限。

（2）文件从某文件夹移动到另一个文件夹分为两种情况。

①如果移动到同一磁盘分区的另一个文件夹，则仍然保持原来的权限。

②如果移动到另一个磁盘分区的某个文件夹，则该文件将继承目的地的权限。

本任务可以按照以下步骤进行操作。

（1）在 Windows Server 2016 操作系统中新建用户 test1、test2、test3，创建用户成功后如图 6-21 所示。

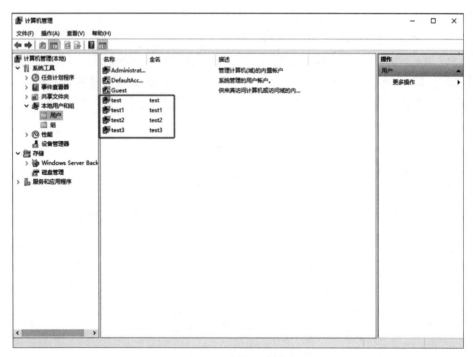

图 6-21　创建用户成功

（2）打开采用 NTFS 格式的 Windows Server 2016 操作系统的某个磁盘，选择一个需要设置用户权限的文件夹，如"test"文件夹。用鼠标右键单击该文件夹，选择"属性"选项，并打开"安全"选项卡，然后单击"编辑"按钮，如图 6-22 所示。

（3）打开"test"文件夹的权限设置对话框，单击"添加"按钮为"test"文件夹添加用户，如图 6-23 所示。

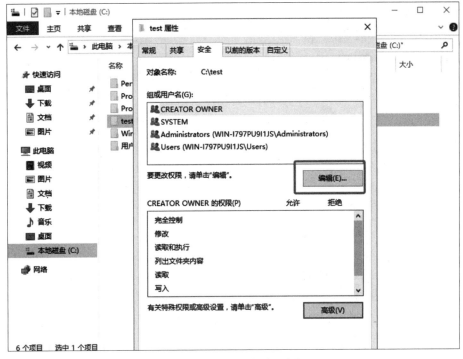

图 6-22 设置文件夹的用户权限

图 6-23 为"test"文件夹添加用户

（4）在"选择用户或组"对话框中单击"立即查找"按钮，在搜索结果中选择 test1、test2、test3 用户，单击"确认"按钮，如图 6-24 所示。

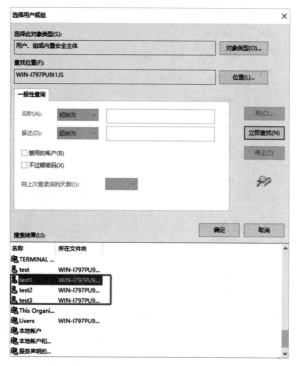

图 6-24　"选择用户或组"对话框

（5）设置用户 test1 对文件夹"test"有"完全控制"权限，如图 6-25 所示。设置用户 test2 对"test"文件夹有完全拒绝权限，如图 6-26 所示。设置用户 test3 对"test"文件夹有访问权限，但是没有写入权限，如图 6-27 所示。

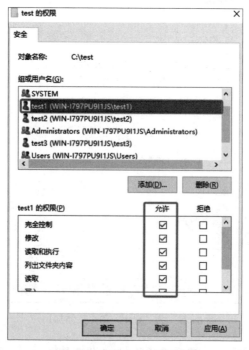

图 6-25　用户 test1 权限设置

图 6-26　用户 test2 权限设置

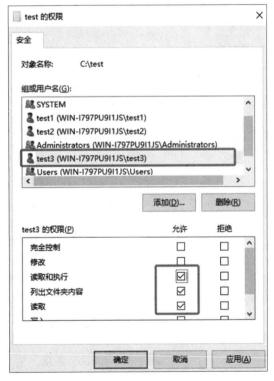

图 6-27　用户 test3 权限设置

（6）分别使用用户 test1、test2、test3 登录系统，对 "test" 文件夹进行访问、创建文件夹操作。

6.3.2 通过过滤 ICMP 报文阻止 ICMP 攻击

1. 任务描述

很多针对 Windows Server 2016 操作系统的攻击均是通过 ICMP 报文的漏洞攻击实现的，如 ping of death 攻击。本任务要求通过安全配置过滤 ICMP 报文，从而阻止 ICMP 攻击。验证的方法是在过滤之前，可以 ping 通 192.168.51.196 这台服务器，在应用规则以后，则无法 ping 通这台服务器。

2. 任务实施

1）启用"本地安全设置"

在"服务器管理器"中选择"工具"→"本地安全策略"选项，打开"本地安全策略"窗口，如图 6-28 所示。

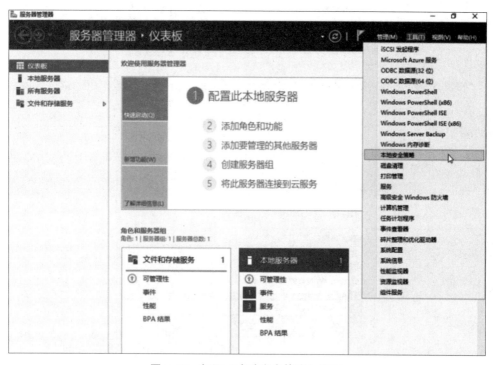

图 6-28 打开"本地安全策略"窗口

2）添加 ICMP 过滤规则

（1）在"本地安全策略"窗口中，用鼠标右键单击"IP 安全策略，在本地计算机"选项，在弹出的快捷菜单中选择"管理 IP 筛选器和 IP 筛选器操作"选项，弹出"管理 IP 筛选器列表和筛选器操作"对话框，如图 6-29 所示。

（2）在该对话框中单击"管理筛选器操作"选项卡，取消勾选"使用'添加向导'"复选框，然后单击"添加"按钮，弹出"新筛选器操作 属性"对话框，如图 6-30 所示。在该对话框的"安全方法"选项卡中单击"阻止"单选按钮。

（3）单击该对话框的"常规"选项卡，在"名称"文本框中输入"防止 ICMP 攻击"，如图 6-31 所示，单击"确定"按钮，弹出图 6-32 所示的界面。

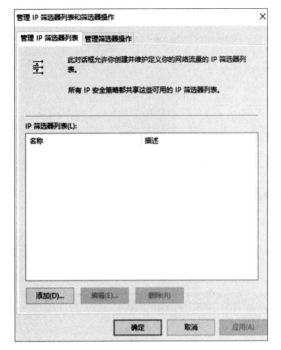

图 6-29 "管理 IP 筛选器列表和筛选器操作"对话框

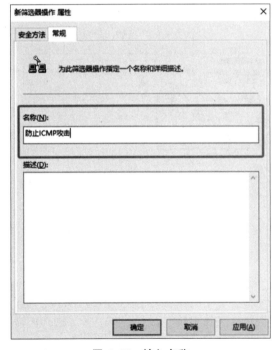

图 6-31 输入名称

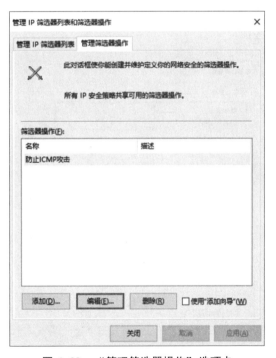

图 6-32 "管理筛选器操作"选项卡

（4）在"管理 IP 筛选器列表和筛选器操作"对话框中选择"管理 IP 筛选器列表"选项卡，然后单击左下方的"添加"按钮，弹出"IP 筛选器列表"对话框，在"名称"文本框中输入"防止 ICMP 攻击"。取消勾选右下方的"使用'添加向导'"复选框，如图 6-33 所示。

图 6-33　"IP 筛选器列表"对话框

（5）单击右侧的"添加"按钮，弹出"IP 筛选器 属性"对话框。在该对话框中，"源地址"选择"任何 IP 地址"，"目标地址"选择"我的 IP 地址"，如图 6-34 所示；在"协议"选项卡中，协议类型选择"ICMP"，如图 6-35 所示，然后单击"确定"按钮，设置完毕。

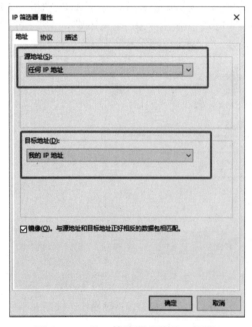

图 6-34　"IP 筛选器 属性"对话框

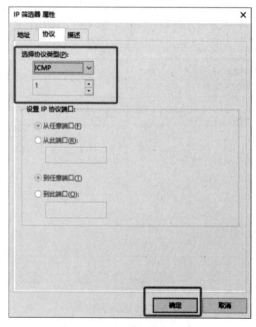

图 6-35　IP 筛选器协议设置

（6）单击"确定"按钮后，可以看到"IP 筛选器"列表框中已经增加了一条规则，显示源地址等详细信息（图 6-36），单击"确定"按钮，回到"管理 IP 筛选器列表和筛选器操作"对话框,"防止ICMP攻击"规则创建完成。这样就设置了一个关注所有进入ICMP报文的过滤策略和丢弃所有ICMP报文的过滤操作。

图6-36 设置完成

3)添加ICMP过滤器

(1)在"本地安全策略"窗口中,用鼠标右键单击"IP安全策略,在本地计算机"选项,在弹出的快捷菜单中选择"创建IP安全策略"选项,弹出"IP安全策略向导"对话框,单击"下一步"按钮,在"名称"文本框中输入"ICMP过滤器",如图6-37所示。

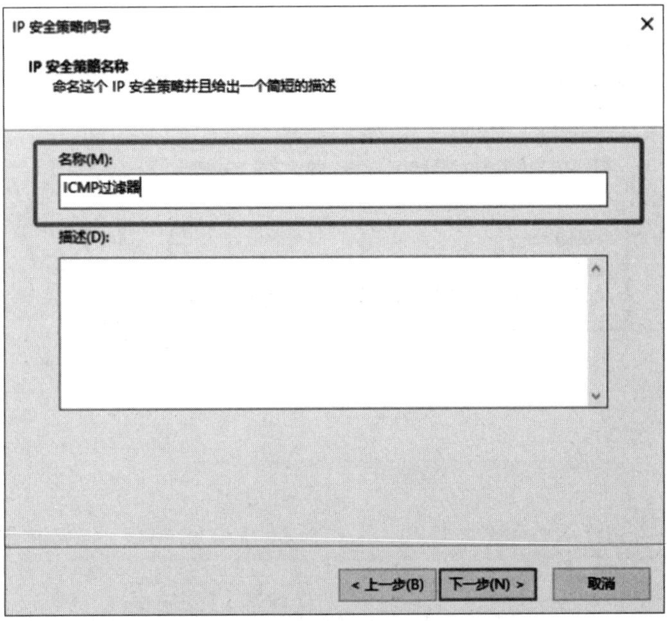

图6-37 "IP安全策略向导"对话框

（2）单击"下一步"按钮，在"安全通信请求"界面选择默认选项，单击"下一步"按钮，进入"正在完成 IP 安全策略向导"界面，单击"完成"按钮，弹出"ICMP 过滤器属性"对话框。

（3）单击"添加"按钮，弹出"安全规则向导"对话框，单击"下一步"按钮，在"隧道终结点"界面中单击"此规则不指定隧道"单选按钮，如图 6-38 所示。

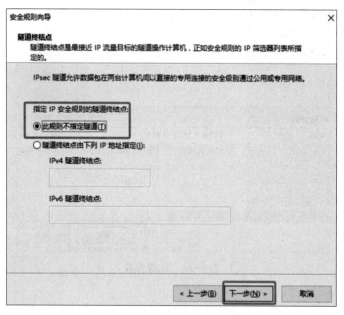

图 6-38　设置隧道终结点

（4）单击"下一步"按钮，在"网络类型"界面中选择"所有网络连接"选项，单击"下一步"按钮，在"IP 筛选器列表"界面中单击"防止 ICMP 攻击"单选按钮，如图 6-39 所示。

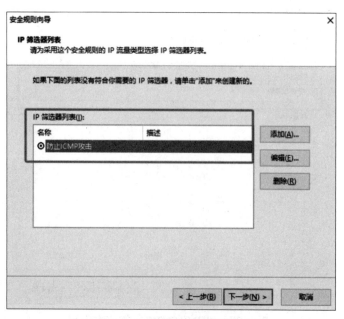

图 6-39　设置 IP 筛选器列表

（5）单击"下一步"按钮，在"筛选器操作"界面中选择"防止 ICMP 攻击"选项，单击"下一步"按钮，进入"正在完成安全规则向导"界面，如图 6-40 所示。

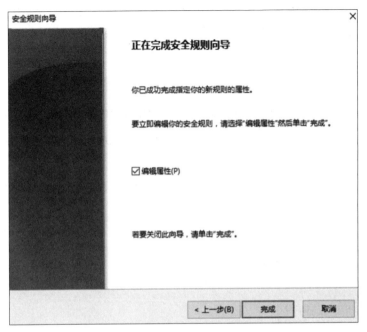

图 6-40 "正在完成安全规则向导"界面

（6）单击"完成"按钮，可以看到创建了一条"防止 ICMP 攻击"规则，如图 6-41 所示，单击"确定"按钮，出现"ICMP 过滤器"。

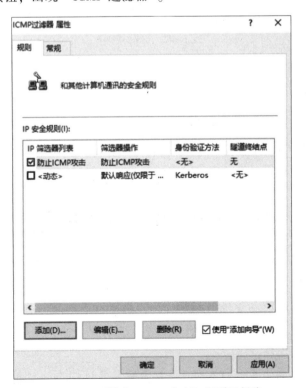

图 6-41 "防止 ICMP 攻击"规则已创建

（7）用鼠标右键单击"ICMP 过滤器"，选择"分配"选项，对该规则进行分配，否则该规则不会生效，如图 6-42 所示。这样就完成了一个所有进入系统的 ICMP 报文的过滤策略和丢失所有 ICMP 报文的过滤操作，从而阻挡攻击者使用 ICMP 报文进行攻击。

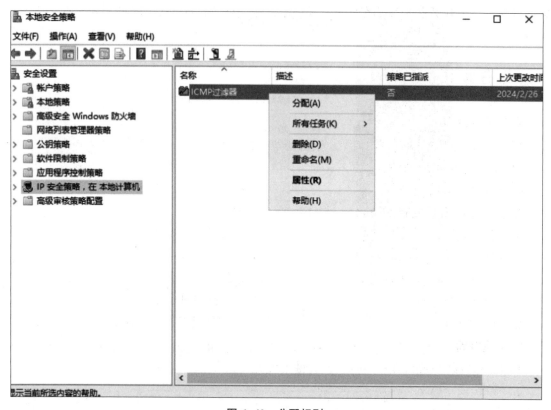

图 6-42　分配规则

素养提升

国家安全是安邦定国的重要基石，维护国家安全是全国各族人民的根本利益所在。2023年4月15日是第八个全民国家安全教育日，其主题是"贯彻总体国家安全观，增强全民国家安全意识和素养，夯实以新安全格局保障新发展格局的社会基础"。没有网络安全就没有国家安全。

要树立正确的网络安全观，加强信息基础设施网络安全防护，加强网络安全信息统筹机制、手段、平台建设，加强网络安全事件应急指挥能力建设，积极发展网络安全产业，做到关口前移，防患于未然。要落实关键信息基础设施防护责任，行业、企业作为关键信息基础设施运营者承担主体防护责任，主管部门履行好监管责任。要依法严厉打击网络黑客、电信网络诈骗、侵犯公民个人隐私等违法犯罪行为，切断网络犯罪利益链条，持续形成高压态势，维护人民群众的合法权益。要深入开展网络安全知识技能宣传普及，提高广大人民群众的网络安全意识和防护技能。

2018年9月初，山东省多地的不动产登记系统因遭到 GlobeImposter 3.0 勒索病毒的攻击而出现数据缺失、无法显示、无法存储等问题，致使系统瘫痪，无法正常办理不动产登记业务。山东省公安厅网安总队发布《关于做好 Globelmposter 3.0 勒索病毒安全防护工作的紧急通知》，该通知分析了勒索病毒的种类、特点及临时应对措施。经安全专家分析，存在弱口令且 Windows 远程桌面服务（3389 端口）暴露在互联网上、未做好内网安全隔离、Windows 服务器及终端未部署或未及时更新杀毒软件的信息系统更容易遭受 Globelmposter 3.0 勒索病毒的侵害。

综合练习

一、单选题

1. 下面不属于 Windows 操作系统安全加固方法的是（　　　）。

A. 安装最新的系统补丁　　　　　　　　B. 打开账户空连接

C. 删除管理共享　　　　　　　　　　　D. 激活系统的审计功能

2. 操作系统安全机制不包括（　　　）。

A. 用户的登录　　　　　　　　　　　　B. 文件和设备使用权限

C. 审计　　　　　　　　　　　　　　　D. 安装最新的系统补丁

3. 防范 Windows 操作系统中 IPC 攻击的方法不包括（　　　）。

A. 关闭账户空连接　　　　　　　　　　B. 删除管理共享

C. 制定安全口令　　　　　　　　　　　D. 安装最新的系统补丁

二、填空题

1. Linux 操作系统可在_____文件中设置口令策略。

2. "高级安全 Windows 防火墙"的"入站规则"和"出站规则"选项针对每个程序为用户提供了 3 种实用的网络连接方式，分别是_____、_____、_____。

3. Linux 操作系统如果不需要用作电子邮件服务器，但是允许用户向外发送电子邮件，可以设置_____。

三、操作题

下载 Nessus（https://www.tenable.com）漏洞扫描工具，对自己学校的网站（也可以是平时经常访问的网站）进行扫描，并把扫描后的结果提交给网站的管理人员，帮助他们改正问题，同时，思考对于同样的问题自己应该怎么解决，把解决建议提交给网站的管理人员。

 学习评价

知识巩固与技能提高（40 分）			得分：
计分标准：得分＝5×单选题正确个数＋3×填空题正确个数＋16×操作题正确个数			
学生自评（20 分）			得分：
计分标准：初始分＝2×A 的个数＋1×B 的个数＋0×C 的个数 得分＝初始分÷18×20			
专业能力	评价指标	自测结果	要求（A 掌握；B 基本掌握；C 未掌握）
Windows 操作系统 安全加固	1. 用户和组的安全管理 2. 关闭多余的系统服务 3. 防火墙的安全配置	A□　B□　C□ A□　B□　C□ A□　B□　C□	掌握 Windows Server 2016 的安全加固方法
Linux 操作系统 安全加固	1. 账户和口令安全设置 2. 网络与服务安全设置 3. 文件与目录安全设置 4. 其他系统设置	A□　B□　C□ A□　B□　C□ A□　B□　C□ A□　B□　C□	掌握 RedHat Linux 的安全加固方法
实战训练	1. 文件和文件夹访问权限的设置 2. 通过过滤 ICMP 报文阻止 ICMP 攻击	A□　B□　C□ A□　B□　C□	掌握文件和文件夹的权限设置； 理解使用 ICMP 报文阻止 ICMP 攻击的方法
小组评价（20 分）			得分：
计分标准：得分＝10×A 的个数＋5×B 的个数＋3×C 的个数			
团队合作	A□　B□　C□	沟通能力	A□　B□　C□
教师评价（20 分）			得分：
教师评语			
总成绩		教师签字	

第七章

网络攻击技术

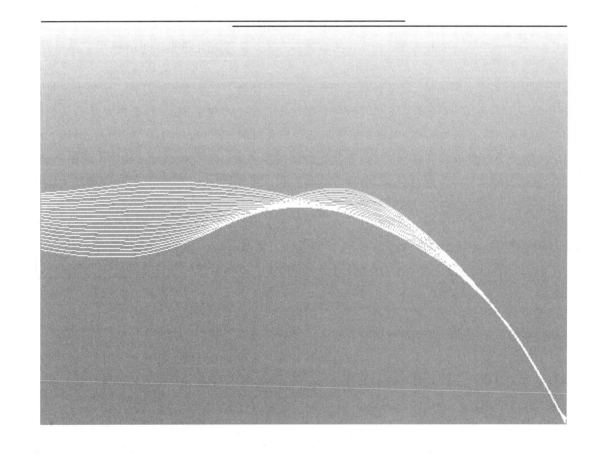

知识目标

➤ 了解信息收集。

➤ 了解网络扫描步骤。

➤ 了解网络嗅探原理。

➤ 了解网络欺骗原理。

➤ 了解拒绝服务攻击原理。

能力目标

➤ 掌握常见扫描器的使用方法。

➤ 能使用网络嗅探工具窃取账户和口令。

➤ 能使用网络欺骗工具进行 ARP 欺骗。

➤ 掌握拒绝服务攻击方法。

素养目标

➤ 具备较强的网络安全意识。

➤ 具有团队合作精神。

➤ 培养开拓进取精神。

引导案例

随着科学技术的飞速发展，21 世纪的人们已经生活在信息时代。20 世纪人类两大科学技术成果——计算机技术和网络技术，均已深入人类社会的各个领域，Internet 把"地球村"的居民紧密地联系在一起，"天涯若比邻"已然成为现实。互联网之所以能这样迅速地蔓延，被世人接受，是因为它具备特有的信息资源。无论商人、学者，还是社会生活中的普通老百姓，只要进入网络世界，就能得到所需要的资源。近年来 Internet 的迅速发展给人们的日常生活带来了全新的感受，"网络生存"已经成为时尚，同时人类社会中政治、科研、经济、军事等各种活动对信息网络的依赖程度已经越来越高，"网络经济"时代已悄然来临。21 世纪全世界的计算机都将通过 Internet 连在一起，随着 Internet 的发展，网络中的丰富信息资源给用户带来了极大的方便，但同时也给用户带来了安全问题。Internet 的开放性和超越组织与跨越国界的特点，使它存在一些安全隐患。网络攻击利用了互联网的开放性、网络协议的缺陷等，极大地威胁着网络安全。

计算机网络攻击是攻击者利用网络通信协议自身存在的缺陷、用户使用的操作系统的内在缺陷或用户使用的程序语言本身所具有的安全隐患，通过网络命令或者专门的软件非法进入本地或远程用户主机系统，获得、修改、删除用户主机系统中的信息以及在用户主机系统插入有害信息，降低、破坏网络使用效能等一系列活动的总称。

本章首先分析了网络攻击的动机以及实施网络攻击的详细过程，其次针对目前互联网中的一些常见网络攻击技术的方法、原理进行分析，并列举了主要的网络攻击方法，最后给出一定的安全策略。

从技术角度看，计算机网络的安全隐患，一方面是由于它面向所有用户，所有资源通过网络共享，另一方面是因为其技术是开放和标准化的。层出不穷的网络攻击事件可视为这些不安全因素最直接的证据。其后果就是导致信息的保密性、完整性、可用性、真实性、可控性等安全属性遭到破坏，进而威胁到系统和网络的安全。

从法律定义上，网络攻击是入侵行为完全完成且入侵者已在目标网络内，但是更激进的观点认为（尤其是对网络管理员来说），可能使一个网络受到破坏的所有行为都应称为网络攻击，即从攻击者开始对目标主机进行入侵的时刻起，网络攻击就开始了。通常网络攻击过程具有明显的阶段性，可以粗略地划分为 3 个阶段：准备阶段、实施阶段、善后阶段。

为了获取访问权限或者修改、破坏数据等，攻击者会综合利用多种网络攻击方法达到其目的。常见的网络攻击方法包括网络探测、网络欺骗、网络嗅探、会话劫持、缓冲区溢出、口令猜解、木马后门、社交工程、拒绝服务等。

网络渗透是网络攻击的核心，攻击者通过逐步入侵目标主机或目标服务器，达到控制或破坏的目的。攻击者往往通过对网络攻击技术的综合使用，在看似安全的网络中寻找很小的安全缺陷或漏洞，然后逐步将这些安全缺陷或漏洞扩大，最终导致整个网络安全防线的失守，从而掌控整个网络的控制权限。

剑有双刃，网络攻击可以成为攻击者手中的一种破坏性极强的攻击手段，也可以成为网络管理员和安全工作者保护网络安全的重要方案设计来源。下面分别介绍主要的网络攻击技术。

7.1　网络扫描

网络技术的发展在给人们带来便利的同时也带来了巨大的安全隐患，尤其是 Internet 和 Intranet 的飞速发展对网络安全提出了前所未有的挑战。技术是一把双刃剑，不法分子试图不断利用新的技术伺机攻入他人的网络系统，而肩负保护网络安全重任的网络管理员则要利用最新的技术来防范各种各样的非法网络入侵行为。事实表明，随着互联网的日趋普及，互联网上的犯罪活动也越来越多，特别是随着 Internet 的大范围开放以及金融领域网络的接入，越来越多的系统遭到网络攻击的威胁。但是，不管攻击者是从外部还是从内部攻击网络系统，攻击行为都是通过挖掘操作系统和应用服务程序的弱点或者缺陷来实现的，1988 年的"蠕虫事件"就是一个很好的实例。目前，对付破坏系统企图的理想方法是建立一个完全安全的、没有漏洞的系统。但从实际上看，这是根本不可能的。美国威斯康星大学的 Miller 给出一份有关现今流行操作系统和应用程序的研究报告，指出软件中不可能没有漏洞和缺陷。因此，一个实用的方法是建立比较容易实现的安全系统，同时按照一定的安全策略建立相应的安全辅助系统。就目前系统的安全状况而言，系统中存在一定的漏洞，因此存在潜在的安全威胁，但是，如果能够根据具体的应用环境，尽可能早地通过网络扫描发现这些漏洞，并及时采取适当的处理措施进行修补，就可以有效地阻止网络攻击。因此，网络扫描非常重要和必要。

7.1.1　网络扫描的定义

网络扫描是用于评估网络安全的过程，它通过检测和识别网络中可能存在的漏洞和弱点来提高系统的安全性。

网络扫描的目的是发现和识别可能存在的漏洞、配置错误和安全风险，以便及时采取纠正措施。根据网络扫描的目的和使用的技术，可以将网络扫描分为以下几种类型。

（1）端口扫描。端口扫描用于发现目标主机上开放的网络端口，确定哪些服务和协议正在运行。这有助于评估网络的可达性和潜在的攻击面。

（2）漏洞扫描。漏洞扫描旨在检测目标系统中可能存在的已知漏洞。它使用漏洞数据库和签名检测技术，通过发送特定的请求和恶意数据包来测试系统的安全性。

（3）Web 应用程序扫描。Web 应用程序扫描是针对 Web 应用程序的安全性进行扫描和评估。它会探测 Web 应用程序中可能存在的安全漏洞，如 XSS 攻击、SQL 注入攻击、文件包含等。

（4）漏洞管理与评估。漏洞管理是一个持续的过程，包括识别、分类、评估和解决网络中的漏洞。定期的漏洞评估有助于保持系统的安全性，并优先处理风险最高的漏洞。

7.1.2 常用的网络扫描工具

下面是一些常用的网络扫描工具，用于进行上述不同类型的网络扫描。

（1）Nmap（网络映射器）。Nmap 是一款强大的开源网络扫描工具，用于端口扫描和服务探测。

（2）Nessus。Nessus 是一个广泛使用的漏洞扫描工具，具有大量的漏洞检测插件和定制选项。

（3）OpenVAS（开放式漏洞评估系统）。OpenVAS 是一个开源的漏洞扫描框架，基于网络进行开放性安全测试（OpenVAS-Scanner）。

（4）Nikto。Nikto 是一款开源的 Web 服务器扫描工具，用于检查 Web 应用程序中的漏洞和安全配置错误。

7.1.3 网络扫描的步骤

网络扫描通常包括以下步骤。

（1）收集信息。收集有关目标网络的信息，包括 IP 地址范围、域名、子网掩码等。

（2）确定扫描目标。根据需求和目标，选择要扫描的主机、网络或 Web 应用程序。

（3）执行扫描。使用适当的工具和技术执行扫描，如端口扫描、漏洞扫描或 Web 应用程序扫描。

（4）分析结果。分析扫描结果，确定存在的漏洞和风险。这有助于人们掌握系统的安全状态，并采取相应的纠正措施。

（5）报告和解决。生成扫描报告，包括发现的问题和建议的解决方案，并将报告传达给相关人员，同时协调修复措施。

注意，网络扫描需要在合法和授权的环境中进行，遵守适用的法律法规和道德准则。未经授权的网络扫描活动可能导致违法行为和严重的后果。建议在网络扫描前从相关的所有者或管理者处取得合法的授权和许可。

7.1.4 网络扫描举例

Nmap 是一个优秀的端口扫描器，它可以检测操作系统的版本号。最初它只是一个著名的黑客工具，但很快得到安全工程师的青睐，成为著名的网络安全漏洞检测工具。

Nmap 是在免费软件基金会的 GNU General Public License（GPL）下发布的，可从 nmap.org 站点免费下载。下载格式可以是 TGZ 格式的源码或 RPM 格式。此外，还有用于 Windows 环境的版本 Zenmap，但其功能相对弱一点。

Nmap 用于允许网络管理员查看一个大的网络系统中有哪些主机以及其中运行了何种服务。它支持多种协议的扫描，如 UDP、TCP connect（）、TCP SYN（half open）、ftp proxy（bounce attack）、Reverse-ident、ICMP（ping sweep）、FIN、ACK sweep、Xmas Tree、SYN sweep 和 Null 扫描。Nmap 还提供一些实用功能，如通过 TCP/IP 甄别操作系统类型、秘密扫描、动态延迟和重发、平行扫描、通过并行的 ping 侦测下属的主机、欺骗扫描、端口过滤探测、直接的 RPC 扫描、分布扫描、灵活的目标选择以及端口的描述。Nmap 的界面如图 7-1 所示（这里以 Zenmap 版本为例）。

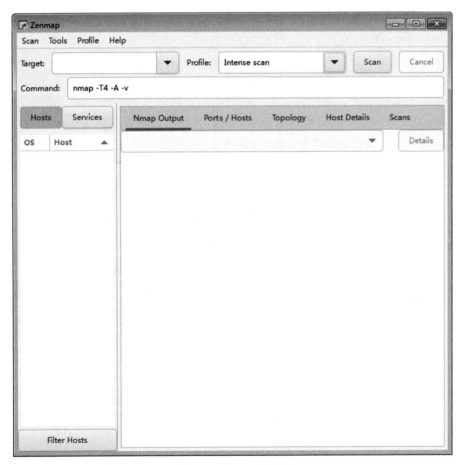

图 7-1 Nmap 的界面

界面中的命令选项通常都可以组合使用，以便获得更复杂、更精确的扫描功能。

Nmap 还有一种快速扫描方式，如图 7-2 所示，使用比较方便。

图7-2　快速扫描运行

　　Nmap 运行在命令行下，由于命令选项组合繁多，所以使用不便。采用图形化界面的前端程序 Nmap Front End 使 Nmap 操作变得很方便，其界面如图 7-3 所示。

图7-3　Nmap Front End 的界面

在 Nmap Front End 界面中，设置好扫描的目标和要进行的操作，单击"Scan"按钮即可开始对目标主机进行扫描，如图 7-4 所示。

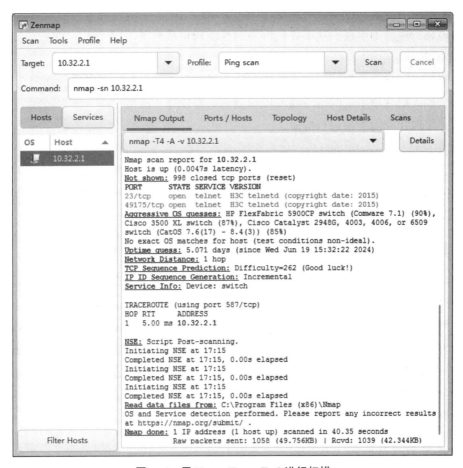

图 7-4　用 Nmap Front End 进行扫描

7.2　网络嗅探

7.2.1　网络嗅探的定义

网络嗅探（Network Sniffing）是指通过监视和分析网络中的数据流量来获取有关网络通信的信息和数据。网络嗅探可以用于多种目的，包括网络管理、网络安全和数字取证等领域。网络嗅探是一种用于监视和拦截网络数据流量的技术。通过网络嗅探，攻击者可以截取数据包并分析其中的信息，包括敏感数据、登录凭证和其他敏感信息。本节详细介绍网络嗅探的工作原理、常用的网络嗅探工具和防范网络嗅探攻击的方法。

在网络通信中，数据以数据包的形式在网络中传输。网络嗅探工具可以截获这些数据包，并对其进行解析。通过分析数据包中的头部和载荷信息，网络嗅探工具可以获得关于源 IP 地址、目标 IP 地址、端口号、协议类型以及通信内容等信息。

网络嗅探可以提供以下方面的信息和功能。

1. 网络监控

通过嗅探网络流量，可以实时监控网络中的通信情况。网络管理员可以观察数据包的来源、目的地和传输量等信息，从而评估网络的性能和负载情况。

2. 网络安全

网络嗅探在网络安全领域扮演着重要角色。通过分析数据包，可以检测和阻止网络中的恶意行为，如入侵和攻击。网络嗅探可以检测到恶意软件、网络扫描、数据包欺骗等网络安全威胁，并采取相应的措施进行应对。

3. 数字取证

在数字取证中，网络嗅探被用于收集和分析网络中的通信数据，以获取犯罪嫌疑人的证据。通过网络嗅探和通信数据分析，可以还原网络攻击、网络犯罪活动以及其他非法行为的证据链，支持司法和法律调查。

7.2.2 网络嗅探的工作原理

网络嗅探通过网络接口以混杂模式（Promiscuous Mode）监听网络中传输的数据包。传统上，网络接口只接收与自己或广播地址有关的数据包，但在混杂模式下，网络接口可以接收经过网络传输的所有数据包，无论其目标地址是否为自己。攻击者可以使用特殊的软件或工具来设置网络嗅探器，并将其放置在网络中的某个位置上，以捕获经过该位置的数据包。

一旦网络嗅探器开始监听数据包，它就可以对抓取的数据包进行存储、显示或进一步分析。通过分析数据包的内容，攻击者可以获取其中包含的敏感信息，如未加密的登录凭证、网站会话标识符、电子邮件内容等。

7.2.3 常用的网络嗅探工具

以下是一些常用的网络嗅探工具。

（1）Wireshark。Wireshark 是一个开源的网络协议分析工具，它可以捕获和分析网络数据包。Wireshark 具有强大而灵活的功能，可以帮助用户查看和分析数据包的内容，包括协议头、数据负载和元数据。

（2）tcpdump。tcpdump 是一个命令行工具，用于捕获和分析网络数据包。它可以在多种操作系统中运行，并具有过滤和显示选项，方便用户检查所捕获的数据包。

（3）Ettercap。Ettercap 是一个强大的网络嗅探和中间人攻击工具。它可以被用于获取敏感信息、篡改通信内容，甚至注入恶意代码。

（4）Cain & Abel。Cain & Abel 是一个综合性的网络安全工具，具有网络嗅探功能。它可以分析网络数据包、破解密码、进行 ARP 欺骗等。

网络管理员和安全专家通常使用以上网络嗅探工具进行网络分析和安全评估，但也有部分人可能滥用它们进行恶意操作。

7.2.4 网络嗅探工具举例

安装好 Wireshark，对其部分功能进行了解。Wireshark 的主界面如图 7-5 所示。

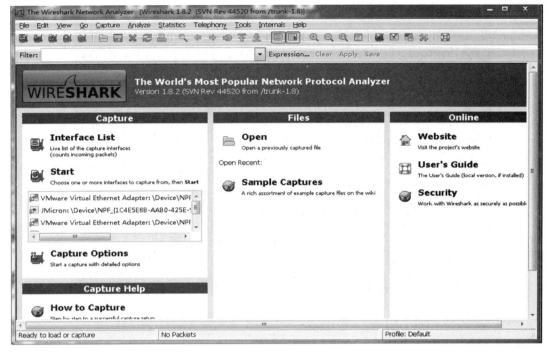

图 7-5　Wireshark 的主界面

Wireshark 可以对 ICMP 数据包进行捕获以及分析。

1. ICMP 的原理

ICMP 工作在 OSI 参考模型的网络层，向数据通信中的源主机报告错误。ICMP 可以实现故障隔离和故障恢复。

网络本身是不可靠的，在网络传输过程中，可能发生许多突发事件并导致数据传输失败。网络层的 IP 是一个无连接的协议，它不会处理网络层传输中的故障，而位于网络层的 ICMP 却恰好弥补了 IP 的缺陷，它使用 IP 进行信息传递，向数据包中的源端节点提供发生在网络层的错误信息反馈。

2. 利用 Wireshark 捕获 ICMP 数据包

利用 Wireshark 捕获 ICMP 数据包并对所捕获的数据包进行分析。利用 ping 程序产生 ICMP 分组，抓取 ICMP 数据包，如图 7-6 所示。

图 7-6　利用 ping 程序产生 ICMP 分组

（1）启动 Wireshark，在 "Filter" 文本框中输入 "icmp"。

（2）打开命令提示符，输入 "ping-n 10 www.baidu.com"，返回 10 条 ping 信息，如图 7-7 所示。

可以看出，每次 ICMP 通信的过程都包含 ICMP request 和 ICMP reply，10 次通信加起来

图 7-7 返回 10 条 ping 信息

一共产生 20 个数据包。

（3）停止 Wireshark 后，会得到图 7-8 所示的界面。

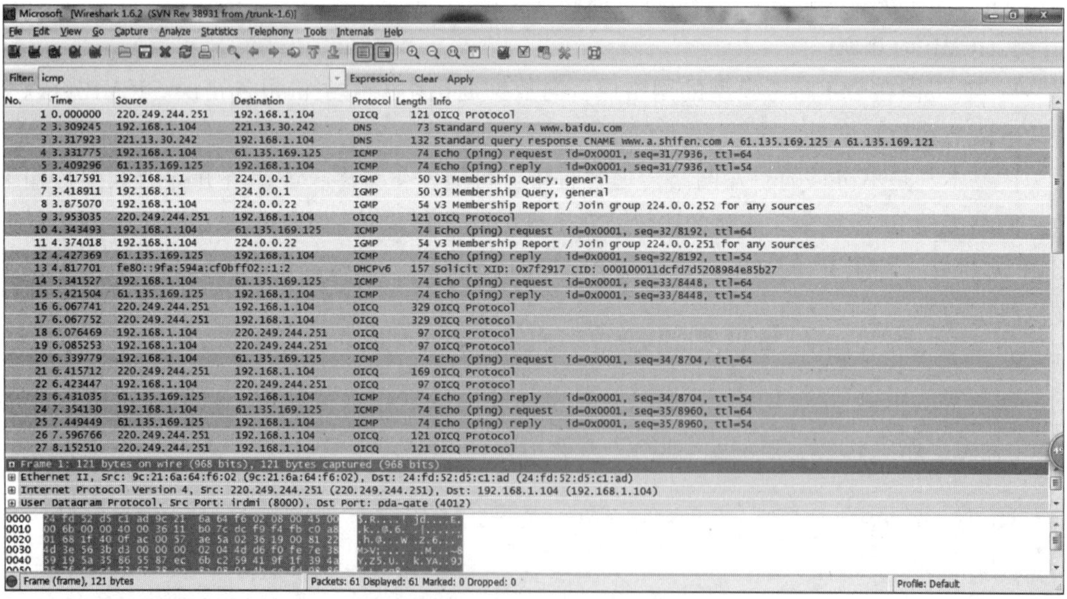

图 7-8 停止 Wireshark 后的界面

在这次捕捉过程中，捕捉到了很多数据包，但是抓包的对象是 ICMP 数据包，因此可以单击"Apply"按钮或按 Enter 键，以使过滤生效，如图 7-9 所示。

3. 对所捕获的数据包进行分析

本实例中一共捕获了 20 个 ICMP 数据包，随机打开一个 ICMP request 数据包和一个 ICMP reply 数据包，其结果分别如图 7-10 和图 7-11 所示。

Microsoft [Wireshark 1.6.2 (SVN Rev 38931 from /trunk-1.6)]

File Edit View Go Capture Analyze Statistics Telephony Tools Internals Help

Filter: icmp　　　　　　　　　　　　　　　　▼　Expression... Clear Apply →应用按钮

No.	Time	Source	Destination	Protocol	Length	Info
4	3.331775	192.168.1.104	61.135.169.125	ICMP	74	Echo (ping) request id=0x0001, seq=31/7936, ttl=64
5	3.409296	61.135.169.125	192.168.1.104	ICMP	74	Echo (ping) reply id=0x0001, seq=31/7936, ttl=54
10	4.343493	192.168.1.104	61.135.169.125	ICMP	74	Echo (ping) request id=0x0001, seq=32/8192, ttl=64
12	4.427369	61.135.169.125	192.168.1.104	ICMP	74	Echo (ping) reply id=0x0001, seq=32/8192, ttl=54
14	5.341527	192.168.1.104	61.135.169.125	ICMP	74	Echo (ping) request id=0x0001, seq=33/8448, ttl=64
15	5.421504	61.135.169.125	192.168.1.104	ICMP	74	Echo (ping) reply id=0x0001, seq=33/8448, ttl=54
20	6.339779	192.168.1.104	61.135.169.125	ICMP	74	Echo (ping) request id=0x0001, seq=34/8704, ttl=64
23	6.431035	61.135.169.125	192.168.1.104	ICMP	74	Echo (ping) reply id=0x0001, seq=34/8704, ttl=54
24	7.354130	192.168.1.104	61.135.169.125	ICMP	74	Echo (ping) request id=0x0001, seq=35/8960, ttl=64
25	7.449449	61.135.169.125	192.168.1.104	ICMP	74	Echo (ping) reply id=0x0001, seq=35/8960, ttl=54
28	8.368139	192.168.1.104	61.135.169.125	ICMP	74	Echo (ping) request id=0x0001, seq=36/9216, ttl=64
29	8.447789	61.135.169.125	192.168.1.104	ICMP	74	Echo (ping) reply id=0x0001, seq=36/9216, ttl=54
30	9.381934	192.168.1.104	61.135.169.125	ICMP	74	Echo (ping) request id=0x0001, seq=37/9472, ttl=64
31	9.461278	61.135.169.125	192.168.1.104	ICMP	74	Echo (ping) reply id=0x0001, seq=37/9472, ttl=54
32	10.395797	61.135.169.125	192.168.1.104	ICMP	74	Echo (ping) request id=0x0001, seq=38/9728, ttl=64
33	10.473000	61.135.169.125	192.168.1.104	ICMP	74	Echo (ping) reply id=0x0001, seq=38/9728, ttl=54
34	11.409895	192.168.1.104	61.135.169.125	ICMP	74	Echo (ping) request id=0x0001, seq=39/9984, ttl=64
35	11.491744	61.135.169.125	192.168.1.104	ICMP	74	Echo (ping) reply id=0x0001, seq=39/9984, ttl=54
36	12.407973	192.168.1.104	61.135.169.125	ICMP	74	Echo (ping) request id=0x0001, seq=40/10240, ttl=64
40	12.486039	61.135.169.125	192.168.1.104	ICMP	74	Echo (ping) reply id=0x0001, seq=40/10240, ttl=54

图 7-9　使过滤生效

4 3.331775 192.168.1.104 61.135.169.125 ICMP 74 Echo (ping) request id=0x0001, seq=31/7936, ttl=64

⊞ Frame 4: 74 bytes on wire (592 bits), 74 bytes captured (592 bits)
⊞ Ethernet II, Src: 24:fd:52:d5:c1:ad (24:fd:52:d5:c1:ad), Dst: 9c:21:6a:64:f6:02 (9c:21:6a:6
⊞ Internet Protocol Version 4, Src: 192.168.1.104 (192.168.1.104), Dst: 61.135.169.125 (61.13
⊟ Internet Control Message Protocol
　　Type: 8 (Echo (ping) request)
　　Code: 0
　　Checksum: 0x4d3c [correct]
　　Identifier (BE): 1 (0x0001)
　　Identifier (LE): 256 (0x0100)
　　Sequence number (BE): 31 (0x001f)
　　Sequence number (LE): 7936 (0x1f00)
　　[Response In: 5]
⊟ Data (32 bytes)
　　Data: 6162636465666768696a6b6c6d6e6f707172737475767761...
　　[Length: 32]

```
0000  9c 21 6a 64 f6 02 24 fd  52 d5 c1 ad 08 00 45 00   .!jd..$. R.....E.
0010  00 3c 0f aa 00 00 40 01  c2 02 c0 a8 01 68 3d 87   .<....@. .....h=.
0020  a9 7d 08 00 4d 3c 00 01  00 1f 61 62 63 64 65 66   .}..M<.. ..abcdef
0030  67 68 69 6a 6b 6c 6d 6e  6f 70 71 72 73 74 75 76   ghijklmn opqrstuv
0040  77 61 62 63 64 65 66 67  68 69                     wabcdefg hi
```

图 7-10　打开 ICMP request 数据包

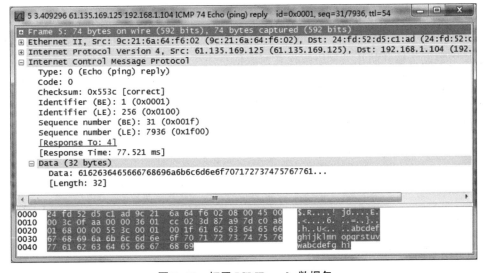

图 7-11　打开 ICMP reply 数据包

可以得到的信息如下。

（1）Type：类型字段，8 代表 ICMP 的请求。

（2）Code：代码字段，0 代表 ICMP 的请求。

（3）Checksum：ICMP 数据包头部的校验值，如果传递过程中 ICMP 数据包被篡改或损坏，与该值不匹配，接收方就将这个 ICMP 数据包作废。

（4）进程 ID 标识：表示从哪个进程产生 ICMP 数据包。

（5）Sequence Number（序列号）：同一个进程中会产生很多 ICMP 数据包，序列号用来描述当前 ICMP 数据包是哪一个，每对 ICMP request 和 ICMP reply 数据包中该字段应该是一样的。

（6）Data：ICMP 数据包中的数据，一般是无意义的填充字段，这个部分可能被黑客加入恶意代码，实施 ICMP 攻击。

7.2.5　网络嗅探攻击防范

（1）使用加密连接。确保在线活动（如登录网银、在线购物和登录社交媒体）使用加密连接，这样即使被嗅探到，攻击者也无法轻易解析和使用其中的敏感信息。

（2）使用 VPN。VPN 可以为用户创建一个安全的隧道，将用户的网络流量加密并通过安全的服务器路由。这样即使在公共网络中，攻击者也无法识别和截取用户的真实流量。

（3）确保软件和操作系统更新。及时更新操作系统、浏览器和应用程序，以确保设备拥有最新的安全补丁和防护功能。

（4）避免使用公共 Wi-Fi 网络。尽量避免在不安全的公共 Wi-Fi 网络中进行敏感活动，因为这些网络容易成为攻击者进行网络嗅探的目标。

（5）使用防火墙和安全软件。在计算机中安装和定期更新可靠的防火墙和安全软件，以提供实时保护并检测潜在的网络嗅探行为。

（6）注意不明设备和连接。监视网络并确保只有被信任的设备连接到网络。陌生设备或未经授权的连接可能网络嗅探的表现。

（7）使用加密的通信协议。尽可能使用加密的通信协议，如 HTTPS、SSH 等。这些协议可以加密数据传输并防止被网络嗅探者窃取信息。

总结起来，网络嗅探是一种潜在的威胁，可以用于获取敏感信息。通过使用加密连接、使用 VPN、定期更新软件和操作系统、避免使用不安全的网络，并使用防火墙和安全软件等，可以提高网络设备的安全性，降低成为网络嗅探攻击目标的风险。

7.3　网络欺骗

7.3.1　网络欺骗的定义

网络欺骗（Network Deception）是一种网络攻击技术，旨在误导、欺骗或操纵网络系统和用户，以达到进行非法访问、窃取信息或其他恶意行为的目的。网络欺骗可以通过伪造身份、篡改数据、欺骗用户和操纵网络流量等方式来实施。

7.3.2 网络欺骗的常见形式

（1）钓鱼攻击是指攻击者通过伪造合法的电子邮件、网站、短信等方式诱骗用户提供个人敏感信息，如银行账户和密码等。攻击者通常借用合法机构的名义，以使受害者相信并泄露信息。

（2）网络诈骗是指通过虚假的网站、广告等获取受害者的财产或敏感信息，例如假冒银行发送虚假确认邮件，诱使用户提供银行账户信息。

（3）网络盗窃是指攻击者通过黑客攻击、恶意软件等手段，窃取他人的个人数据、资金或其他敏感信息，例如通过入侵电子商务网站获取用户的支付信息。

（4）假冒身份是指攻击者通过虚假的身份和资格，获取他人的信任和获取敏感信息，例如假冒企业员工或 IT 维修人员，获取网络账户信息或操纵计算机系统。

（5）网络垃圾信息是指通过电子邮件、短信、社交媒体等方式发送的虚假、欺诈或垃圾信息。这些信息可能包含诱骗受害者提供个人信息的链接、恶意软件或其他欺骗性代码。

7.3.3 网络欺骗的影响

网络欺骗对个人和组织都会造成严重的影响，包括但不限于以下几个方面。

（1）财务损失。例如，通过网络诈骗或网络盗窃，攻击者可以窃取财务信息，导致个人或企业资金损失。

（2）身份盗窃。攻击者可以通过欺骗的手段获得个人的身份信息，进而滥用个人身份信息进行违法犯罪活动。

（3）数据泄露。通过网络欺骗手段，攻击者可能窃取个人或企业的敏感数据，泄露个人隐私或商业机密，损害声誉和信任。

（4）信息泄露。通过网络欺骗手段，攻击者可以获得个人或企业的敏感信息，如账户密码、社交媒体登录信息等。

（5）恶意软件感染。恶意软件可以通过网络欺骗手段传播，并感染设备和系统，导致设备性能下降，个人信息泄露，甚至瘫痪整个网络。

（6）社交工程（Social Engineering）。攻击者通过与用户进行欺骗性的交互，取得用户的信任，以获取敏感信息或执行其他恶意操作。

常用的网络欺骗技术如下。

（1）假冒网站（Phishing）。攻击者通过伪造合法网站的外观和链接，引诱用户提供个人敏感信息，如账号密码、信用卡号码等。用户在被欺骗的网站输入信息后，攻击者可获取相应信息并进行不法行为。

（2）中间人攻击（Man-in-the-Middle Attack）。攻击者劫持网络通信连接，从而拦截、篡改或窃取通信数据。攻击者可以在用户与目标网站之间插入自己的身份，使双方均认为正在与合法的通信方进行交互。

（3）DNS 欺骗（DNS Spoofing）。攻击者篡改 DNS 服务器的记录，将合法的域名解析到恶意网站的 IP 地址。当用户尝试访问合法网站时，实际上被导向恶意网站。

（4）假冒 Wi-Fi 热点（Evil Twin）。攻击者创建与合法 Wi-Fi 热点相似的伪造热点，在用户连接后窃取其通信数据。用户可能误以为连接到了合法的 Wi-Fi 网络，实际上该网络是被攻击者控制的网络。

（5）逆向代理攻击（Reverse Proxy Attack）。攻击者在目标站点和用户之间建立逆向代理，以篡改和监控双方的通信。逆向代理攻击可用于窃取用户的信息，甚至篡改返回用户的数据。

7.3.4　网络欺骗举例

本节对 DNS 欺骗进行介绍。

1. DNS 欺骗概述

DNS 欺骗是一种比较常见的网络攻击手段。一个著名的利用 DNS 欺骗进行攻击的案例，是全球著名网络安全销售商 RSASecurity 的网站遭到网络攻击。其实 RSASecurity 网站的主机并没有被入侵，而是 RSA 的域名被黑客劫持，当用户连接 RSASecurity 的网站时，发现主页被改成了其他内容。

2. DNS 欺骗的原理

DNS 欺骗首先是冒充域名服务器，然后把用户所查询的 IP 地址设为攻击者的 IP 地址，这样用户上网时只能看到攻击者的主页，这就是 DNS 欺骗的基本原理。在 DNS 欺骗中，攻击者的网站其实并未真正取代受害者的网站，只是冒名顶替、招摇撞骗。

DNS 欺骗的现实过程如图 7-12 所示。www.xxx.com 的 IP 地址为 202.109.2.2，当 www.angel.com 向 xxx.com 的子域 DNS 服务器查询 www.xxx.com 的 IP 地址时，www.hk.com 冒充 DNS 服务器向 www.ang.com 回复 www.xxx.com 的 IP 地址为 200.1.1.1，这时 www.ang.com 就会把 200.1.1.1 当作 www.xxx.com 的 IP 地址。当 www.ang.com 连接 www.xxx.com 时，就会转向虚假的 IP 地址。

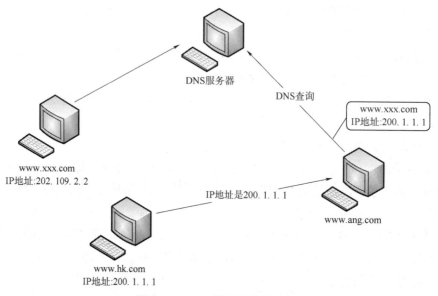

图 7-12　DNS 欺骗的现实过程

3. DNS 欺骗的检测

根据检测手段的不同，DNS 欺骗的检测分为被动监听检测、虚假报文探测和交叉检查查询 3 种。

（1）被动监听检测。该检测手段是通过旁路监听的方式，捕获所有请求包和应答数据包，并为其建立一个请求应答映射表。如果在一定的时间间隔内，一个请求包对应两个或两个以上结果不同的应答数据包，则怀疑受到了 DNS 欺骗攻击，因为 DNS 服务器不会给出多个结果不同的应答数据包，即使目标域名对应多个 IP 地址，DNS 服务器也使用在一个应答数据包反馈，只是有多个应答域（Answersection）而已。

（2）虚假报文探测。该检测手段采用主动发送探测包的方式来检测网络中是否存在 DNS 欺骗攻击者。这种检测手段基于一个简单的假设：攻击者为了尽快发出欺骗包，不会对域名服务器的有效性进行验证。这样如果向一个非 DNS 服务器发送请求包，正常来说不会收到任何应答，但是由于攻击者不会验证目标 IP 是否是合法 DNS 服务器，其会继续实施 DNS 欺骗攻击，因此如果收到了应答数据包，则说明受到了 DNS 欺骗攻击。

（3）交叉检查查询。所谓交叉检查，即在客户端收到应答数据包之后，向 DNS 服务器反向查询应答数据包中返回的 IP 地址所对应的 DNS 名称，如果二者一致，说明没有受到 DNS 欺骗攻击，否则说明被欺骗。

7.3.5　网络欺骗攻击防范

为了防止网络欺骗攻击，用户和组织可以采取以下防范措施。

（1）保持警惕。时刻保持对垃圾信息、虚假网站、可疑电子邮件和短信的警惕性，避免打开或回复未知来源的信息。

（2）验证信息。在提供任何个人或敏感信息之前，务必验证信息的来源和合法性。可以通过独立的渠道，如官方网站或正式联系电话进行验证。

（3）使用强密码。使用复杂、独特的密码，并定期更改密码，避免在多个账户中使用相同的密码。

（4）更新软件和操作系统。及时更新操作系统、应用程序和安全补丁，以修复已知漏洞和解决安全问题。

（5）安装杀毒软件。安装并定期更新可信任的杀毒软件，以阻止恶意软件、计算机病毒和其他威胁的入侵。

（6）使用加密连接。在互联网上进行敏感活动时，确保使用加密连接，如 HTTPS，以保护通信的隐私和安全。

（7）教育和培训。提高网络安全意识，丰富相关知识，了解常见的网络欺骗形式，并采取预防措施。

（8）多因素身份验证。使用多因素身份验证可以提供额外的安全层，保护账户免受未经授权的访问。

（9）定期备份数据。定期备份重要数据，以防止数据丢失或被勒索软件加密。备份数据应存储在分离的设备或云空间中。

（10）注意安全设置。注意所使用的软件和在线服务的安全设置，例如隐私设置、权限管理等。

综上所述，网络欺骗是一种常见而危险的网络攻击行为。为了保护个人和组织免受网络欺骗攻击，应该保持警惕、提高网络安全意识，并采取必要的预防措施。

7.4 拒绝服务攻击

7.4.1 拒绝服务攻击的定义

拒绝服务攻击是一种旨在剥夺合法用户正常访问网络资源的攻击方式。攻击者通过消耗目标系统的带宽、计算资源或存储资源，使系统无法响应合法用户的请求。

1. 典型拒绝服务攻击

拒绝服务攻击的方式有很多种。最基本的拒绝服务攻击就是利用合理的服务请求来占用过多的服务资源，致使服务超载，无法响应其他请求。这些服务资源包括网络带宽、文件系统空间容量、开放的进程或者向内的连接。拒绝服务攻击会导致服务资源的缺乏。典型拒绝服务攻击有以下几种。

1）Ping of Death

根据 TCP/IP 的规范，一个数据包的长度最大为 65 536 字节。尽管一个数据包的长度不能超过65 536字节，但是一个数据包的多个片段的叠加却能达到。当主机收到了长度大于 65 536字节的数据包时，就是受到了 Ping of Death 攻击，该攻击会造成主机宕机。

2）SYN Flood

SYN Flood 也是一种常见的拒绝服务攻击。它的工作原理如下。正常的 TCP 连接需要连接双方进行"3 次握手"：请求连接的客户机首先将一个带 SYN 标志位的数据包发给服务器；服务器收到这个数据包后产生一个自己的 SYN 标志，并把收到的数据包的 SYN+1 作为 ACK 标志返回给客户机；客户机收到该数据包后，再发一个 ACK=SYN+1 的数据包给服务器。经过"3 次握手"，连接才正式建立。在服务器向客户机发回数据包时，它会等待客户机的 ACK 确认数据包，这时这个连接被加到未完成连接的队列中，直到收到 ACK 应答或超时才从队列中被删除。这个队列是有限的，一些 TCP/IP 堆栈的实现只能等待从有限数量的计算机发来的 ACK 消息，因为它们只有有限的内存缓冲区用于创建连接，如果这些缓冲区内充满了虚假连接的初始信息，服务器就会对接下来的连接停止响应，直到缓冲区中的连接超时。如果客户机伪装大量 SYN 数据包进行连接请求并且不进行第三次握手，则服务器的未完成连接队列就会被塞满，正常的连接请求就会被拒绝，这样就造成了拒绝服务。

3）缓冲区溢出

缓冲区是程序运行时计算机内存中的一个连续块。在大多数情况下，为了不占用太多内存，一个有动态变量的程序只有在运行时才决定给它们分配多少内存。如果程序在动态分配缓冲区放入超长的数据，就会发生缓冲区溢出。此时，子程序的返回地址就有可能被溢出缓冲区的数据覆盖，如果在溢出的缓冲区中写入想执行的代码（Shell-Code），并使返回地址指向其起始地址，CPU 就会转而执行 Shell-Code，达到运行任意指令从而进行拒绝服务攻击的目的。

2. 新出现的拒绝服务攻击

随着互联网技术和网络安全的发展，新出现的拒绝服务攻击主要有以下几种类型。

1）分布式拒绝服务攻击（Distributed DoS，DDoS）

分布式拒绝服务攻击是指利用多个被控制的"僵尸"计算机，同时向目标服务器发送大量请求流量，以超过目标系统的处理能力，从而使其无法正常工作。这些"僵尸"计算机往往是通过恶意软件感染远程计算机而控制的，攻击者可以远程操控它们。

2）应用层拒绝服务攻击（Application Layer DoS）

应用层拒绝服务攻击是指攻击者利用目标系统的漏洞或弱点，发送特定的请求，使目标系统的应用程序崩溃或无法正常工作。这种攻击通常会针对特定的应用程序协议，如HTTP、DNS等，使目标系统无法处理正常的用户请求。

3）零日攻击（Zero-day Attack）

零日攻击是指攻击者利用尚未被系统管理员或软件供应商发现的安全漏洞，通过向系统注入恶意代码或利用易受攻击的软件漏洞，进行拒绝服务攻击。由于相关漏洞尚未被公开或修补，所以防御者在零日攻击发生后才会获得相关信息。

7.4.2 拒绝服务攻击过程

某单位外网Web服务器连续多次遭到分布式拒绝攻击。网络维护人员发现网络访问速度很低，经检查发现外网防火墙丢包现象非常严重，在防火墙上抓包分析，发现有大量的随机IP地址对该主机发送了大量协议为255、长度固定的攻击包。防火墙在1分钟内收到了110万个攻击包，造成外网口堵塞，以致用户对网站的正常访问受到极大影响。同时，其他需要通过防火墙的业务也受到了影响。由于大量攻击包到达防火墙的外网口，只能在骨干路由器上对主要IP地址进行封堵。封堵以后，网络状况暂时恢复正常。同样的情况出现了多次，网络维护人员都是通过在骨干网设备上进行IP地址限制来恢复网络。

由于使用复杂的欺骗技术和基本协议，而不是采用可被阻断的非基本协议或高端口协议，分布式拒绝服务攻击难以识别和防御，而在拒绝服务攻击中，又以SYN Flood最为有名。SYN Flood利用TCP缺陷，发送大量伪造的TCP连接请求，使被攻击方资源耗尽，无法及时回应或处理正常的服务请求。SYN Flood的攻击效果好，对它的防御手段还不够完善。迄今为止还没有什么好方法能够从根本上预防拒绝服务攻击的发生，因此需要制定完善的应急措施，对已发生的拒绝服务攻击进行发现、告警、识别、消除影响以及追踪来源。此外，现在的拒绝服务攻击防御系统普遍"重技术，轻管理"，大多仍局限于单一的技术手段，缺乏系统综合防御的思想，对安全管理和流程层面关注不够。

1. 拒绝服务攻击的目的

与其他类型的网络攻击一样，攻击者发起拒绝服务攻击的目的也是多种多样的。下面对拒绝服务攻击的主要目的进行归纳。需要说明的是，这里列出目的不可能包含所有目的；同时，这些目的也不具有排他性，因为一次拒绝服务攻击事件可能存在多重目的。

1）作为练习网络攻击的手段

由于拒绝服务攻击非常简单，还可以从网上直接下载工具进行自动攻击，所以拒绝服务攻击被一些黑客作为练习网络攻击的手段。

2）炫耀

拒绝服务攻击的技术要求不是很高，因此有时被一些黑客作为提高知名度的资本进行炫耀。

3）报复

报复也是拒绝服务攻击的目的。以报复为目的的攻击者可能竭尽所能地发起拒绝服务攻击，因此一般具有较大的破坏性。同时，拒绝服务攻击一般是报复者的首选网络攻击方式，因为他们的目的主要是破坏而非控制系统或窃取信息。

4）恶作剧

有些系统的使用需要账户（用户名）和口令进行身份认证，而当以某个用户登录时，如果口令连续错误的次数超过一定值，系统会锁定该账户，攻击者可以采用此方法实施对账户的拒绝服务攻击。

5）经济原因

有的攻击者进行拒绝服务攻击是为了某种经济利益。例如，A、B 是两家相互竞争的依赖 Internet 做生意的公司，如果公司 A 的服务质量降低或者顾客不能访问该公司的网络，则顾客可能转向公司 B，则公司 A 就可能对公司 B 提供的网络服务实施了拒绝服务攻击。在这里，公司 A 可以通过对公司 B 的攻击而获取经济利益。攻击者也可以受雇而发起攻击，敲诈、勒索逐渐成为一些攻击者进行拒绝服务攻击的目的。由于拒绝服务攻击会导致较大的损失，所以一些攻击者以此作为敲诈勒索的手段。

6）政治原因

这类拒绝服务攻击的目的是表达某种政治思想或者压制他人的表达。例如，某银行贷款给一家公司，该公司将贷款用于在某处建一家对环境污染严重的化工厂，那么环境保护主义者可能攻击该银行，其目的或者是使该银行遭受损失，报复该银行，或者是迫使该银行取消该项贷款。

7）信息战

在战争条件下，交战双方如果进行信息战，则拒绝服务攻击就是最常用的战术手段之一。例如，1991 年，在海湾战争开战前数周，美国特工买通了安曼国际机场的工作人员，用带有计算机病毒的芯片替换了运往伊拉克的打印机芯片。该计算机病毒由美国国家安全局设计，目的是破坏巴格达的防空系统，从而为美方的空中打击创造有利条件。据一本名为《不战而胜：波斯湾战争中未揭露的历史》的图书称，该计算机病毒可以逃避层层安全检测，当它存在于计算机中时，每当伊拉克的技术人员打开一个窗口访问信息，其计算机屏幕上的信息就会消失。这里，美方通过激发计算机病毒使伊拉克防空系统使用的打印机不能正常工作，这就是一种拒绝服务攻击。

8）作为特权提升攻击的辅助手段

前面讨论的目的都是由拒绝服务攻击直接达到的，事实上，拒绝服务攻击还可以作为特权提升攻击、获得非法访问的一种辅助手段。这时，拒绝服务攻击服从属于其他攻击。通常，攻击者不能单纯通过拒绝服务攻击对某些系统、信息进行非法访问，但其可作为间接手段。

2. 拒绝服务攻击的影响

1）网络资源不可用

拒绝服务攻击可以导致目标系统的网络资源不可用，合法用户无法正常访问服务或网站。这对于商业网站、在线服务提供商以及企业的网络基础设施来说，可能造成严重的经济损失。

2）服务质量下降

拒绝服务攻击可以使目标系统的性能受到影响，使其响应时间延长、数据传输速度下降。这将导致服务质量下降，用户体验不佳，甚至造成用户流失和声誉损害。

3）数据丢失或泄露

某些拒绝服务攻击可能导致数据丢失或泄露，攻击者可能借此机会获取系统中的敏感信息。这对于企业和个人的隐私和数据安全构成威胁。

7.4.3　防御拒绝服务攻击的方法

1. 流量监测和过滤

通过流量监测和过滤，可以识别和阻止异常或恶意流量。例如，使用 IDS 和 IPS 等检测和阻止已知的拒绝服务攻击流量。

2. 负载均衡与容灾

采用负载均衡技术，将流量分散到多台服务器上，以减小单个服务器的压力，提高系统的承载能力。此外，设置容灾机制，保证在一台服务器发生故障时，其他服务器仍能正常提供服务。

3. 安全漏洞修补与更新

及时修补操作系统、应用程序和网络设备中的已知漏洞，以降低被攻击的风险。定期更新软件和固件，保持操作系统处于最新和最安全的状态。

4. 流量限制与访问控制

设置流量限制策略，限制单个 IP 地址或来源网络的访问频率，以减小恶意请求的影响。实施访问控制策略，限制对敏感资源的访问，确保只有合法用户能够使用相关资源。

5. 容量规划

对操作系统进行容量规划，合理设计硬件和网络资源，以满足正常业务量的需求，并提供一定的冗余，应对突发的攻击流量。

拒绝服务攻击是一种常见的网络安全威胁，可以对目标系统造成严重影响。为了应对拒绝服务攻击，组织和个人需要采取有效的防御措施，包括流量监测、负载均衡、安全漏洞修补、访问控制和容量规划等。

7.5　实战训练

7.5.1　利用 X-Scan 进行漏洞扫描

X-Scan 是国内最著名的综合扫描器之一，它完全免费，是不需要安装的绿色软件，其界面支持中文和英文两种语言，包括图形界面和命令行方式。X-Scan 主要由国内著名的民间黑客组织"安全焦点"完成，从 2000 年的内部测试版 X-Scan V0.2 到目前的最新版本

X-Scan 3.3-cn 都凝聚了国内众多黑客的心血。最值得一提的是，X-Scan 把扫描报告和安全焦点网站相连，对扫描到的每个漏洞进行"风险等级"评估，并提供漏洞描述、漏洞溢出程序，方便测试、修补漏洞。

1. X-Scan 介绍

1）软件说明

X-Scan 采用多线程方式对指定 IP 地址段（或单机）进行安全漏洞检测，支持插件功能，提供了图形界面和命令行两种操作方式，扫描内容包括远程操作系统类型及版本，标准端口状态及端口 Banner 信息，CGI 漏洞，IIS 漏洞，RPC 漏洞，SQL - SERVER、FTP - SERVER、SMTP - SERVER、POP3 - SERVER、NT - SERVER 弱口令用户，NT 服务器 NETBIOS 信息等。扫描结果保存在"log"目录下，"index_*.htm"为扫描结果索引文件。

2）系统支持

X-Scan 支持的操作系统为 Windows 9x/NT/2000/XP/2003，理论上可运行于 Windows NT 系列操作系统，推荐运行于 Windows 2000 以上的 Server 版操作系统。

3）功能

X-Scan 采用多线程方式对指定 IP 地址段（或单机）进行安全漏洞检测，支持插件功能。其扫描内容包括远程服务类型、操作系统类型及版本、各种弱口令漏洞、后门、应用服务漏洞、网络设备漏洞、拒绝服务漏洞等 20 几个大类。对于多数已知漏洞，X-Scan 给出了相应的漏洞描述、解决方案及详细描述链接，其他漏洞资料正在进一步整理完善中。3.0 及后续版本提供了简单的插件开发包，便于有编程基础的用户自己编写插件或将其他调试通过的代码修改为 X-Scan 插件。

4）准备工作

X-Scan 是完全免费软件，无须注册，无须安装（解压缩即可运行，系统会自动检查并安装 WinPCap 驱动程序）。若已经安装的 WinPCap 驱动程序版本不正确，可通过主界面菜单的"工具"→"Install WinPCap"选项重新安装 WinPCap 3.1 beta4 或更高版本。

5）图形界面设置说明

（1）"检测范围"模块。

①"指定 IP 范围"：可以输入独立 IP 地址或域名，也可输入以"-"和"，"分隔的 IP 地址范围，如"192.168.0.1-20，192.168.1.10-192.168.1.25"或类似"192.168.100.1/24"的掩码格式。

②"从文件中获取主机列表"：勾选该复选框将从文件中读取待检测主机地址，文件格式应为纯文本，每一行可包含独立 IP 地址或域名，也可包含以"-"和"，"分隔的 IP 地址范围。

（2）"全局设置"模块。

①"扫描模块"：选择本次扫描需要加载的插件。

②"并发扫描"：设置并发扫描的主机和并发线程数，也可以单独为每个主机的各个插件设置最大线程数。

③"网络设置"：设置适合的网络适配器，若找不到网络适配器，请重新安装 WinPCap 3.1 beta4 以上版本驱动。

④"扫描报告"：扫描结束后生成的报告文件名，保存在"log"目录下。扫描报告目前支持 TXT、HTML 和 XML 三种格式。

⑤"其他设置"：a. "跳过没有响应的主机"——若目标主机不响应 ICMP ECHO 及 TCP SYN 报文，X-Scan 将跳过对该主机的检测。b. "无条件扫描"——如名称所述。c. "跳过没有检测到开放端口的主机"——若在用户指定的 TCP 端口范围内没有发现开放端口，将跳过对该主机的后续检测。d. "使用 NMAP 判断远程操作系统"——使用 SNMP、NETBIOS 和 Nmap 综合判断远程操作系统类型，若 Nmap 频繁出错，可关闭该选项。f. "显示详细信息"——主要用于调试，平时不推荐使用该选项。

（3）"插件设置"模块。

该模块包含针对各个插件的单独设置，如"端口扫描"插件的端口范围设置、各弱口令插件的用户名/密码字典设置等。

2. 实验目的

（1）发现系统漏洞。

（2）扫描系统开放服务。

（3）扫描系统弱口令。

3. 实验原理

（1）现实生活中大量存在的弱口令是认证入侵得以实现的条件。

（2）X-Scan 可以对系统的弱口令、漏洞等进行扫描，提高系统的安全性

（3）X-Scan 可以方便地使用自定义的用户列表文件（用户字典）和密码列表文件（密码字典）。

4. 实验步骤

（1）在 X-Scan-v3.3 文件夹中双击"xscan_gui.exe"应用程序，如图 7-13 所示。

图 7-13　双击"xscan_gui. exe"应用程序

（2）在该软件主界面中，选择"设置"→"扫描参数"选项，如图 7-14 所示。

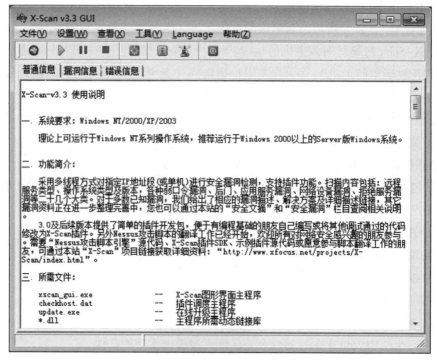

图 7-14　设置扫描参数

（3）在弹出的"扫描参数"对话框右侧"指定 IP 范围"文本框中输入 IP 地址范围，如"192.168.0.1-192.168.0.100"，如图 7-15 所示。

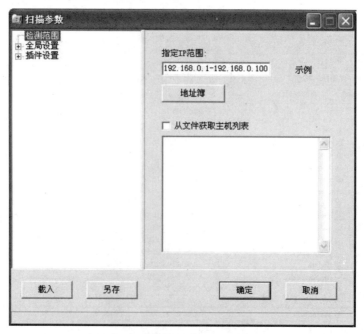

图 7-15　输入 IP 地址范围

（4）在"扫描参数"对话框中选择"全局设置"选项，展开下级选项，如图 7-16 所示。

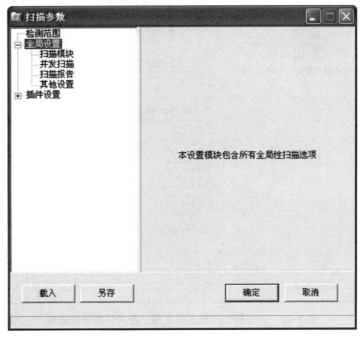

图 7-16 选择"全局设置"选项

（5）选择"全局设置"→"扫描模块"选项，启用相关扫描模块，如图 7-17 所示。

图 7-17 启用相关扫描选项

（6）选择"全局设置"→"并发扫描"选项，设置最大并发主机数量、最大并发线程数量，如图 7-18 所示。

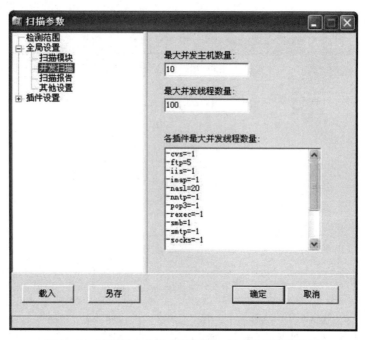

图 7-18　设置最大并发主机数量、最大并发线程数量

（7）选择"全局设置"→"扫描报告"选项，在"报告文件"文本框中输入文件名"text. html"。在"报告文件类型"下拉列表中选择文件类型为 HTML，并勾选"扫描完成后自动生成并显示报告"复选框，如图 7-19 所示。

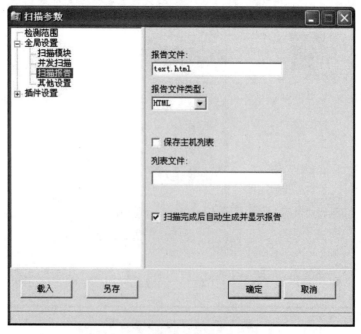

图 7-19　设置报告文件类型为 HTML

（8）选择"全局设置"→"其他设置"选项，单击"跳过没有响应的主机"单选按钮，勾选"跳过没有检测到开放端口的主机"和"使用NMAP判断远程操作系统"复选框，并单击"确定"按钮，如图7-20所示。

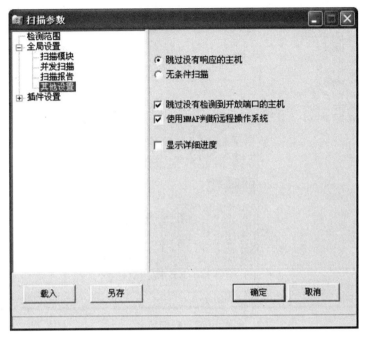

图 7-20 进行其他设置

（9）单击工具栏中的"启动"按钮，如图7-21所示。

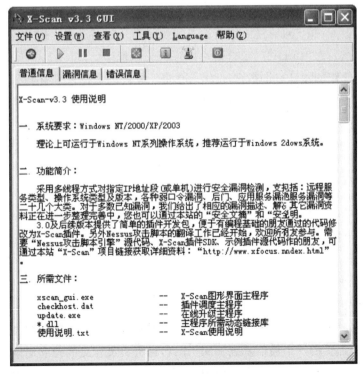

图 7-21 单击"启动"按钮

（10）扫描完成，扫描结果如图7-22所示。

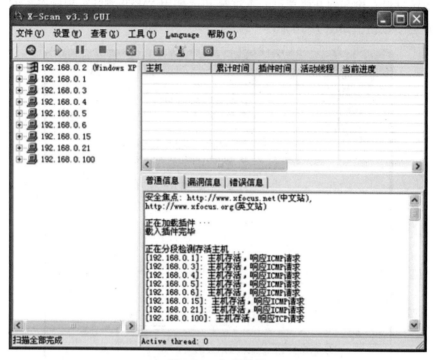

图7-22 扫描结果

（11）注意事项。

①当网速过低时，多线程检测CGI漏洞有可能导致本地网络阻塞，出现无法连接远程主机或读取数据失败等情况，Space此时需相应调小线程数量，或暂时不扫描CGI漏洞。

②在检测过程中，按Space键可以查看各线程状态及扫描进度，按Q键可以保存当前数据后提前退出程序，按"Ctrl+C"组合键可以强行关闭程序。

③X-Scan所使用的地址查询数据库为"追捕"软件的数据库，并且得到了软件作者许可。由于没有考虑与"追捕"软件数据库的兼容问题，所以不能保证以后版本能正确使用"追捕"数软件据库。在"追捕"软件数据库文件格式没有改变的情况下，可以将新版本的数据库文件"wry.dll"复制到"dat"目录下替换旧版本文件，但建议在覆盖前备份旧文件。

7.5.2 利用IPC $进行入侵

IPC $是Windows操作系统特有的一项管理功能，是微软公司为了方便用户使用计算机而设计的，主要用于远程管理计算机。事实上使用这个功能的黑客可以通过建立IPC $连接与远程主机实现通信和控制。

1. IPC $入侵相关知识

1）什么是IPC

IPC是Internet Process Connection的缩写，可以理解为"命名管道"资源，它是Windows操作系统提供的一个通信基础，用于两台计算机进程之间建立通信连接。

"$"是Windows操作系统所使用的隐藏符号，因此"IPC $"表示IPC隐藏的共享。

IPC ＄是 Windows NT 及 Windows 2000/XP/2003 特有的一项功能，通过这项功能，一些网络程序的数据交换可以建立在 IPC 上，实现远程访问和计算机管理。IPC ＄连接就像挖好的地道，通信程序通过 IPC 地道访问目标主机。

在默认情况下，IPC ＄是共享的，除非手动删除 IPC ＄。通过 IPC ＄连接，入侵者能够远程控制目标主机。因此，这种基于 IPC ＄的入侵也常被简称为 IPC ＄入侵。

2）Windows 操作系统的默认共享

为了配合 IPC ＄共享工作，Windows 操作系统（不包括 Windows 98 系列）在安装完成后，自动设置共享的目录为 C 盘、D 盘、E 盘、ADMIN 目录（C:\WINNT\）等，即 C ＄、D ＄、E ＄、ADMIN ＄等，但要注意，这些共享是隐藏的，只有网络管理员能够对它们进行远程操作。

2. IPC ＄入侵实例

下面用实例介绍如何建立和断开 IPC ＄连接，讨论入侵者是如何将远程磁盘映射到本地的。

通过 IPC ＄连接进行入侵的条件是已获得目标主机管理员账户和密码。

步骤 1：选择"开始"→"运行"选项，在"运行"对话框中输入"CMD"，如图 7-23 所示。

图 7-23 输入"CMD"

步骤 2：建立 IPC ＄连接。

使用命令"net use\\IP\ipc ＄" PASSWD"/user:"ADMIN""与目标主机建立 IPC ＄连接。参数说明如下。

（1）IP：目标主机的 IP 地址。

（2）ipc ＄：前面已经介绍过（注意，命令中 ipc 为小写）。

（3）PASSWD：已经获得的管理员密码。

（4）ADMIN：已经获得的管理员账户。

输入命令，如图 7-24 所示。

net use \\222. 200. 1. 191\ipc ＄" "/user:"administrator"。

步骤 3：映射网络驱动器。

使用命令"net use z:\\222. 200. 1. 191 \ c ＄"。

参数说明如下。

（1）"\\222. 200. 1. 191\c ＄"表示目标主机 222. 200. 1. 191 上的 C 盘，其中"＄"符号表示隐藏的共享。

图 7-24 输入命令

（2）"z:"表示将远程主机的 C 盘映射为本地磁盘的盘符。

该命令表示将 222.200.1.191 这台目标主机上的 C 盘映射为本地的 Z 盘，如图 7-25 所示。

图 7-25 将目标主机上的 C 盘映射为本地的 Z 盘

映射成功后，打开"我的电脑"，会发现多出一个 Z 盘，上面显示"C $位于 222.200.1.191 上"，该磁盘即目标主机的 C 盘。

步骤 4：查找指定文件。

用鼠标右键单击 Z 盘，在弹出的快捷菜单中选择"搜索"选项，查找关键字"自己定"，等待一段时间后，会得到的结果。

将文件复制、粘贴到本地磁盘，其复制、粘贴操作就像对本地磁盘进行的操作一样。

步骤 5：断开连接。

使用命令"net use"查看所有 IPC $连接。

输入"net use */del"命令断开所有 IPC $连接，如图 7-26 所示。

图 7-26 断开所有 IPC $连接

参数说明如下。

（1）" * "表示所有 IPC $连接。

（2）"/del"表示删除。

通过命令"net use\\目标 IP \ ipc $/del"可以删除指定目标的 IPC $连接。

发生系统错误 1219 的解决对策如下。

（1）使用命令"net use"查看当前的连接情况。

（2）使用命令"net use\\IP 服务器 \ ipc $/del"重新建立 IPC $连接。

发生系统错误 67 的解决对策如下。

（1）关闭防火墙。

（2）开启 139 和 445 端口。

①139：NETBIOS（启用）。

②445：文件夹共享和打印机共享。

发生系统错误 1236 的解决对策如下。

检查 root 用户是否属于 administrator 组。IPC $只允许 administrator 组的成员访问，因此可换用 administrator 组的用户和密码尝试。

3. 如何防范 IPC $入侵

（1）永久关闭 IPC $和默认共享依赖的服务。

①在控制面板中选择"管理工具"→"服务"→"Server"服务并用鼠标右键单击，选择"属性"选项，打开"Server 的属性"对话框，在"常规"选项卡的"启动类型"下拉列表中选择"禁用"选项。

②删除共享，可以使用以下命令。

```
net share ipc $ Content $ nbsp;/delete
net share admin $ Content $ nbsp;/delete
net share c $ Content $ nbsp;/delete
net share d $ Content $ nbsp;/delete(如果有 e,f,等,可以继续删除)
```

（2）设置烦琐的用户密码，防止黑客通过 IPC $窃取管理密码。

（3）关闭 139 端口，因为 IPC $和 RPC 漏洞存在于此。

（4）安装防火墙或者过滤端口（过滤掉 139、445 端口等）。

素养提升

网络安全通常指计算机网络的安全，实际上也可以指计算机通信网络的安全。计算机通信网络是将若干台具有独立功能的计算机通过通信设备及传输媒体互连起来，在通信软件的支持下，实现计算机间的信息传输与交换的网络。计算机网络是指以共享资源为目的，利用通信手段把地域上相对分散的若干独立的计算机、终端设备和数据设备连接起来，并在相关协议的控制下进行数据交换的。计算机网络的根本目的在于资源共享，计算机通信网络是实现网络资源共享的途径，因此，计算机网络是安全的，相应的计算机通信网络也必须是安全的。

安全的基本含义是客观上不存在威胁，主观上不存在恐惧，即客体不担心其正常状态受到影响。可以把网络安全定义为：网络系统不受任何威胁与侵害，能正常地实现资源共享。要使网络能正常地实现资源共享，首先要保证网络的硬件、软件能正常运行，然后要保证数据信息交换的安全。

 **综合练习**

一、单选题

1. 在下列网络攻击模型的攻击过程中，端口扫描攻击一般属于（　　）。

A. 信息收集　　　　B. 弱点挖掘　　　　C. 攻击实施　　　　D. 痕迹清除

2. （　　）不是用来对安全漏洞进行扫描的。

A. Nessus　　　　　　　　　　　　B. SuperScan

C. SSS（Shadow Security Scanner）　　D. Retina

3. 下列网络通信协议中对传输的数据进行加密来保证信息的保密性的是（　　）。

A. FTP　　　　　　B. SSL　　　　　　C. POP3　　　　　　D. HTTP

二、填空题

1. 网络扫描是一种用于评估网络安全的过程，通过检测和识别网络中可能存在的漏洞和弱点来提高系统的_____。

2. 网络嗅探是指通过监视和分析网络中的数据流量来获取有关网络通信的_____和_____。

3. 网络欺骗是一种_____，旨在误导、欺骗或操纵网络系统和用户，以进行非法访问、信息窃取或其他恶意行为。

三、操作题

下载 Nmap（https://nmap.org），对自己学校的网站（也可以是平时经常访问的网站）进行扫描，并把扫描结果提交给网站的管理人员，帮助他们解决问题。同时，思考对于同样的问题，自己应该怎么解决，把解决建议提交给网站的管理人员。

学习评价

知识巩固与技能提高（40分）			得分：
计分标准：得分＝5×单选题正确个数+3×填空题正确个数+16×操作题正确个数			
学生自评（20分）			得分：
计分标准：初始分＝2×A的个数+1×B的个数+0×C的个数 得分＝初始分÷22×20			
专业能力	评价指标	自测结果	要求（A掌握；B基本掌握；C未掌握）
网络扫描	1. 网络扫描的定义 2. 常用的网络扫描工具 3. 网络扫描举例	A□　B□　C□ A□　B□　C□ A□　B□　C□	掌握网络扫描的定义
网络嗅探	1. 网络嗅探的定义 2. 常用的网络嗅探工具 3. 网络嗅探举例	A□　B□　C□ A□　B□　C□ A□　B□　C□	掌握网络嗅探的定义
网络欺骗	1. 网络欺骗的定义 2. 网络欺骗的常见形式 3. 网络欺骗举例	A□　B□　C□ A□　B□　C□ A□　B□　C□	掌握网络欺骗的定义
实战训练	1. 网络扫描 2. 网络入侵	A□　B□　C□ A□　B□　C□	掌握网络扫描的基本工具；使用网络入侵技术进行实操
小组评价（20分）			得分：
计分标准：得分＝10×A的个数+5×B的个数+3×C的个数			
团队合作	A□　B□　C□	沟通能力	A□　B□　C□
教师评价（20分）			得分：
教师评语			
总成绩		教师签字	

第八章

灾难恢复及网络安全新技术

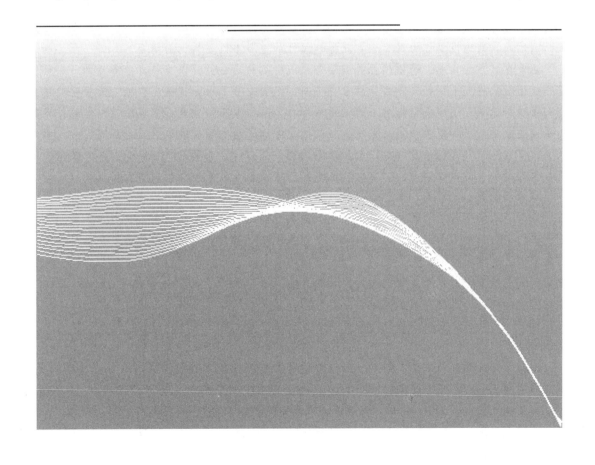

知识目标

➢ 了解灾难恢复的定义。

➢ 了解灾难恢复计划。

➢ 了解保护备份。

➢ 了解数据库的备份与恢复。

➢ 了解大数据的发展。

能力目标

➢ 掌握灾难恢复的要素。

➢ 掌握灾难恢复计划的建立方法。

➢ 能使用 EasyRecovery 软件恢复数据文件。

➢ 能使用深信服企业级数据备份与恢复系统实现备份配置和恢复配置。

素质目标

➢ 具备较强的网络安全意识。

➢ 提升应用实践能力。

➢ 培养探索研究能力。

⑤ 引导案例

在信息技术高度发达的今天，企业的运营越来越依赖于信息技术和信息系统。然而，自然灾害、人为错误、技术故障等不可预见的事件都可能对信息系统造成破坏，导致企业业务中断。因此，灾难恢复作为保障企业业务连续性的重要手段显得尤为重要。

企业在日常运营中，需要确保关键业务系统持续稳定运行，以支持其业务活动。一旦信息系统出现故障或数据丢失，将导致业务中断，给企业带来巨大损失。灾难恢复旨在通过预定的策略和流程，迅速恢复信息系统的正常运行，从而保障企业业务的连续性。信息技术的发展使企业运营更加依赖于信息系统，但同时也增加了信息系统的风险。自然灾害、人为错误、技术故障等都可能导致信息系统崩溃或数据丢失，给企业带来严重影响。客户数据、业务数据等是企业的重要资产，一旦丢失或泄露，将给企业带来声誉损失和经济损失。

随着云计算、大数据、人工智能等技术的不断发展，企业可以更加灵活地选择灾难恢复解决方案。例如，采用云备份服务可以降低成本并提高数据恢复的效率；利用人工智能技术可以自动地监控和预测潜在的风险。许多行业都面临严格的合规性和监管要求，需要确保在发生灾难时能够迅速恢复业务并满足相关法规的要求。因此，制定和实施符合行业标准和法规要求的灾难恢复计划对于企业来说至关重要。灾难恢复项目的实施需要投入一定的成本，包括设备采购、人员培训、预案编写等。然而，与业务中断带来的损失相比，这些成本是相对较低的。因此，企业需要在保障业务连续性和数据安全的前提下，尽可能降低灾难恢复项目的成本。

本章介绍灾难恢复的基本概念、数据库的备份和恢复的方法和步骤，及其在业务恢复、风险管理和应急响应中的重要性。

灾难恢复是指在发生灾难后，通过预定的策略和流程，迅速恢复信息系统的正常运行，保证业务的连续性。灾难恢复不仅包括硬件和软件的恢复，还包括数据的恢复和业务的恢复。

以某高校为例，该高校在实施了全面的灾难恢复计划后，成功应对了一次由自然灾害引起的数据中心故障。在故障发生后，该高校迅速启动了灾难恢复预案，通过备份和冗余系统，迅速恢复了关键业务系统的运行，确保了业务的连续性。这一案例充分展示了灾难恢复在保障企业业务连续性方面的重要作用。

通过实施全面的灾难恢复计划，能够提前识别和评估潜在的风险，并采取相应的措施进行防范和应对；在发生灾难时，能够迅速启动恢复流程，确保关键业务的连续性，减少损失并维护企业的声誉和利益。因此，应高度重视灾难恢复工作，不断完善和优化灾难恢复计划，提高应对各种灾难的能力。

8.1 灾难恢复

灾难恢复是指为了保证关键业务和应用在经历各种灾难后仍然能够最大限度地提供正常服务所进行的一系列系统计划及建设行为，其目的是确保关键业务持续运行以及缩短非计划宕机时间。灾难备份是灾难恢复的基础，灾难恢复不能只考虑信息系统的恢复，更应关注业务的恢复。

表8-1所示为信息系统灾难恢复管理规范中灾难恢复资源七要素。

表8-1 灾难恢复资源七要素

序号	要素	考虑要点
1	备用基础设施	灾难备份中心的选址与建设； 备用的机房及工作辅助设施和生活设施
2	数据备份系统	数据备份范围与RPO； 数据备份技术； 数据备份线路
3	数据处理系统	数据处理能力； 生产系统的兼容性要求； 平时的状态（处于就绪状态还是运行状态）
4	备用网络系统	备用网络通信设备系统与备用通信线路的选择； 备用通信线路的使用情况
5	灾难恢复预案	明确灾难恢复预案的要素： （1）整体要求； （2）制定过程的要求； （3）培训和演练的要求； （4）管理要求
6	运维管理能力	运维管理组织架构； 人员的数量和综合素质； 运维管理制度； 其他要求
7	技术支持能力	软件、硬件和网络等方面的技术支持要求； 技术支持的组织架构； 各类技术支持人员的数量和综合素质

银行业信息系统灾难恢复管理规范中灾难恢复能力等级见表8-2。

表8-2　灾难恢复能力等级

等级	支持能力	能力描述	特点
一	基本支持	数据备份系统能保证每周至少进行一次数据备份，备份介质能够提供场外存放条件	定时灾备，异步传输
二	备用场地支持	在满足等级一的基础上，要求配备灾难恢复所需的部分数据处理设备； 或灾难发生后能在预定时间内调配所需的数据处理设备到备用场地，要求配备通信线路和相应的网络设备； 或灾难发生后能在预定时间内调配所需的通信线路和网络设备到备用场地	
三	电子传输和设备支持	每天至少进行一次完全数据备份，备份介质场外存放，同时每天多次利用通信网络将关键数据定时批量传送至备用场地	周期性灾备，异步传输
四	电子传输和完整设备支持	在满足等级三的基础上，要求配置灾难恢复所需的所有数据处理设备、通信线路和相应的网络，并且处于就绪或运行状态	
五	实时数据传输及完整设备支持	每天至少进行一次完全数据备份，备份介质场外存放；要求采用远程数据复制技术，利用通信网络将关键数据实时复制到备用场地	实时灾备，同步传输
六	数据零丢失和远程集群支持	要求实现远程实时备份，数据零丢失；备用数据处理系统具备与生产环境一致的处理能力，支持软件集群且可以随时切换	

在表8-2中，等级从低到高，所需要投入的资源和时间成正比例上升。

灾难恢复注意事项和原则见表8-3。

表8-3　灾难恢复注意事项和原则

注意事项	原则
对业务运营的影响	应尽量避免或减小对正常业务运营的影响
关键的业务周期	测试活动应尽可能安排在非业务高峰期，以避免或降低风险
分离关键的组件	如果测试对特定业务的中断无法避免，那应当在一个可接受的时间段内，将所涉及的服务组件与所有会受影响的业务进行隔离，然后进行测试
保证足够的人员支持生产系统	完整的测试应当分为多个可管理的批次，目的是保证有足够的资源维护和支持生产系统
恢复流程准备就绪	测试之前，管理流程开发完成，要恢复的系统架构组件和应用相关的灾难恢复方案与恢复步骤应当已编写完成并进行过适当的测试

续表

注意事项	原则
对真实场景的模拟程度	测试的场景设计应当尽可能反应最坏的灾难情况
测试期间的容灾保护程度	测试应当尽可能不要影响生产系统的容灾保护程序； 如果无法避免，应考虑采用一些措施保证测试期间生产系统的容灾保护备份
应用系统的分组	具有高度依赖性的多个应用应当尽可能安排在同一次测试中

灾难恢复的准备需要计划。由于大多数灾难恢复需要处理时间，所以建议准备一个组织可以快速到达的安全地点以持续运行，即使该运行速度有限。保护和传输备份对确保远地点运行很必要。灾难恢复需要非常详细的计划。局部灾难可能为组织带来非常严重的经济损失。为了减小损失，组织必须能够快速地执行灾难恢复计划以使系统联机。这需要有健壮的灾难恢复计划以及定期进行 DR 演习以确保所有事情都在计划之内。通常组织会有定义良好的灾难恢复计划，但是它们从来不会测试这些计划能否应付灾难。因此，当真正发生灾难时无法很顺利地执行计划。灾难恢复计划是以特定组织的业务需求为基础的，但是其中有一些通用的部分需要在制定计划前加以考虑。

通常使用带 Windows 故障转移集群的灾难恢复解决方案以在数据中心站点上提供硬件的冗余性，并且可以使用地理上分散的 Windows 故障转移集群来在多个数据中心上配置灾难恢复解决方案。在 Windows Server 2008 发布之前，这需要采用昂贵的基于 SAN 的解决方案。Windows Server 2008 减少了与子集和心跳延迟相关的各种限制，从而可以更加方便地实现地理上分散的集群。然而，这仍然是相当复杂而昂贵的选项。此外，可用数据库镜像、复制和日志传送都可以作为廉价的灾难恢复解决方案进行部署。

一些组织还会使用后备灾难恢复解决方案接管所有操作，或者至少接管关键任务的操作。一些组织会定期地将故障转移到灾难恢复站点以验证灾难恢复计划在真正的灾难中能否正常工作。其他组织可能没有灾难恢复计划，但是它们与另一个提供灾难恢复服务的公司签有服务协议。

如果要实现灾难恢复站点，需要在灾难恢复站点间设置兼容的硬件。如果没有可用的硬件，那么用户需要为如何获取这些能够使组织的系统更快联机的硬件制定计划，并把所需的硬件记入文档。对于计算机，需要考虑 CPU 的数据和类型、速度、品牌（使用 Inter 还是 AMD）、超线程、核心数量、磁盘驱动器容量、RAID 级别以及所需物理内存数量。最好使用相同的硬件规格以降低发生意外的可能性。如果考虑存储子系统，那么需要考虑磁盘空间需求、所需的 LUN 数量、RAID 级别。对于网络，那么最好配置类似的网络基础设施以维持同样的性能。

8.1.1　建立灾难恢复计划

灾难恢复计划与持续运行计划不同。灾难恢复计划基本上是指当重大灾难造成组织停止运行时的措施。灾难恢复计划范围广泛，它应该是定期更新的详细文档。

所有灾难恢复计划都不相同，但它们应该包括以下基本内容。

（1）目的和范围。应该明确列出原因和内容以及需要规定的事件。主要内容应包括如下几方面。

①简介。

②目的和范围。

③前提。

④反应的事件。

⑤附带事件。

⑥物理安全。

⑦计算机服务破坏种类。

⑧保险。

（2）恢复团队。应明确规定指挥灾难恢复计划的负责团队。每名成员要明确自己的责任并受过良好培训。当员工离岗、家庭电话号码或手机号码改变或团队接受新成员时，这部分计划要持续更新。本部分应包括如下几方面。

①灾难恢复团队组织。

②灾难恢复团队办公地点。

③灾难恢复协调员。

④恢复团队领导及其责任。

（3）灾难准备。一份优秀的灾难恢复计划不仅要包括灾难发生后采取的措施，还应包括减少灾难威胁的程序和保护。本部分应包括如下几方面。

①总体程序。

②软件保护。

（4）应急程序。明确灾难发生时应采取的措施，列出程序的基本步骤。本部分应包括如下几方面。

①灾难恢复团队编制。

②供应商联系列表。

③其他工作地点。

④脱机存储。

（5）恢复程序。最初反应过后，组织持续运行的程序就应到位，以完全从灾难中恢复并正常运行。本部分包括如下几方面。

①重要设施恢复计划。

②系统和运行。

③限制中央系统运行的范围。

④网络通信。

⑤微型计算机恢复计划。

要建立灾难恢复计划，首先要收集一些重要的信息。第一项是拜访任何应用程序的业务所有者，这些应用程序使用受用户控制的数据库。需要从中找出发生灾难时这些业务所有者的具体需求，借助该信息可以将受用户控制的数据库分类为不同的灾难恢复选项。这些选项可以简单地分为"需要灾难恢复的数据库"和"不需要灾难恢复的数据库"。如果每个系统都需要灾难恢复，但是一些系统需要立即运行，而其他系统可以在灾难恢复站点联机之前保持几个小时、几天、几个星期的宕机，那么这可能是另一种分类数据库的方式。

此外，需要一个文档，它应该包含下列选项。

（1）联系列表。

（2）决策树。

（3）恢复成功的标准。

（4）密钥、备份、软件和硬件的存放位置。

（5）基础设施文档。

需要为能够声明和激活紧急呼叫的管理人员创建联系列表，其中应该包含所有可能用到的联系信息。确保紧急情况下联系到这些人员。还需要建立备用的联系点，以防意外情况下联系不到某人。

决策树指定了具体情况下所应执行的操作，可以为灾难恢复单独制定决策树，而不是使用普通恢复的决策树。当灾难发生并且关键任务的进程无法工作时，情况就非常紧急。决策树会给出提示，因此在大多数情况下只要遵循决策树的计划，就不会在匆忙的情况下出错。由于决策树是在非常紧急的情况下使用的，所以它必须具有逻辑性、清晰、易于理解。决策树应尽量简单以便完成其计划，同时要包括足够多的涉及大多数情况的内容。

决策树需要对数据库丢失情况分类。应该在不影响其他系统的前提下快速恢复丢失的数据。

可以对恢复成功的标准进行如下分级。

（1）恢复时间目标（RTO）。恢复时间目标是一个时间量，在灾难发生后，必须在此时间内使特定系统恢复运行。8 小时的恢复时间目标意味着受影响的系统必须在灾难发生后 8 小时内恢复运行。

（2）恢复点目标（RPO）。恢复点目标是灾难发生后系统丢失数据量的指标。8 小时的恢复点目标意味着丢失前 8 小时内输入的任意数据是可以接受的。

确保理解这些标准并将其记录文档中，以后可能会使用这些标准来衡量灾难恢复计划是否成功。灾难恢复指标及其特点见表 8-4。

表 8-4　灾难恢复指标及其特点

指标	描述	与灾难恢复能力等级的关系	常用提升技术
恢复时间目标关注点：业务恢复时间，即可容许服务中断的时间长度	软件系统宕机导致业务停顿开始，到软件系统恢复至可支持各部门业务恢复运营，两点间的时间段	1 级：2 天以上 2 级：>24 小时 3 级：>12 小时 4 级：数小时~2 天 5 级：数分钟~2 天 6 级：数分钟	容灾技术：时长 磁带恢复：日级 人工迁移：小时级 系统远程切换：秒级
恢复点目标关注点：损失的数据量，即恢复的数据所对应的时间点	对系统和数据而言，要实现能够恢复到可以支持各部门业务运营	1 级：1~7 天 2 级：1~7 天 3 级：数小时~1 天 4 级：数小时~1 天 5 级：0~30 分钟 6 级：0 分钟	容灾技术：时长 磁带备份：日级 定期数据复制：小时级 异步数据复制：分钟级 同步数据复制：秒级

续表

指标	描述	与灾难恢复能力等级的关系	常用提升技术
网络恢复目标（Network Recovery Object，NRO）	灾难发生后，网络切换需要的时间	—	—
降级运作目标（Degrade Operation Object，DOO）	恢复完成后到第二次故障或灾难的所有保护恢复以前的时间间隔，反映了系统发生故障后的降级运行能力	—	—

恢复时间目标和恢复点目标指标对于数据中心非常关键和重要。恢复时间目标主要考验数据中心发生故障时，业务切换到容灾系统或备份系统的能力；恢复点目标主要考验数据中心的数据备份能力，尤其是当数据中心发生故障时，仍要具备一定的数据备份能力。但数据中心不能一味追求恢复时间目标和恢复点目标指标，因为这两个指标数值越小，投入越大，而总体投入成本越高，投资回报率越低。

最佳的解决方案是在恢复时间目标、恢复点目标、运维及成本多方面综合考虑，寻求一个合适的平衡点。理性看待容灾恢复指标，结合实际情况，提升两个指标才是最佳方案。

灾难恢复计划文档还应该包含基础设施文档，如命名约定、DNS 和网络信息等完成作业所需的任何信息。

根据业务需求列出灾难恢复步骤的正确次序。不要认为在宕机时还能冷静地思考并快速做出最佳的决策。提前做出所有基本决策，这样宕机时只需遵循文档中的过程。

（1）验证、实现和测试计划。

与获取恰当的业务信息相比，该任务并没有那么难，因此不用担心。如果能够准确地获取业务需求，那么通常实现备份还原计划是非常简单的。当然，如果该计划无法工作，那么它不是一份优秀的计划，但是在测试前是无法知道该计划能否正常工作。

实现这份计划的人应该先通过测试并定期进行实践。应该计划常规的测试。在一些众所周知的时间段内进行测试，可能是每隔 6 个月测试一次。当需要修改计划时，也要进行测试。确保任何新的职员都理解这些计划。在理想情况下，让新的职员接受培训，培训内容至少包括讨论这些计划，最好是针对灾难场景实际完整地执行一次这些计划。从上一次计划的测试以来，只要有大量的职员变动，就应该运行另一次测试。

确保测试包括建立备用服务器、完成还原过程和使应用程序/数据可用的步骤。还需要模拟故障的情形，并测试故障的响应计划。可模拟的故障包括最近完整备份的丢失或事务日志的丢失。还需要考虑诸如还原站点处于不同的时区或数据库的规模可能比以前大得多等情形。

（2）备份失败时通知策略。

由于计划的成功依赖于成功的备份，所以需要制定计划以便在备份失败时收到通知。注意，直到将备份复制到独立的服务器、进行还原并检查其有效性之后才可以拥有备份，因此应定期还原备份和进行验证。还需要使用 DBCC 命令来确保备份的数据库是能够正常工作的数据库。此外，数据库备份工作应该在其他日常维护任务完成（如数据库收缩和索引维护）之后进行。这样做的原因是当从备份数据库进行还原操作时，被还原的数据库就可以立即投入使用，而不需要额外的维护工作。

8.1.2 确定安全恢复

灾难发生时往往需要组织暂时转移到其他地点，这对于不能接受停工期的企业很有必要。灾难发生时有 3 种备用地点。

热站具有组织持续运行的所有设备，包括办公空间和家具、电话插座、计算机设备和通信线路。如果组织数据运行中心不能运行，可在一小时内把所有运行数据转移到热站。冷站提供办公空间，但消费者必须自己安装所有运行设备。冷站的价格较低廉，但企业需要很长的时间恢复正常运行。

基本上，企业每年都会按月支付提供热站和冷站公司的费用。不管是否使用热站或冷站，一些服务商都会提供数据备份服务。

8.1.3 保护备份

对于数据备份必须考虑防盗及应对环境变化。备份媒体可能损坏。磁带备份应远离损坏磁带的强磁场。不仅不应将磁带放在高温、低温或潮湿环境中，还应避免直接光照。

8.2 数据库的备份与恢复

各种人为因素或外界因素可能造成数据库中数据的灾难性丢失，为了保证数据库中数据的安全，必须采取备份措施确保数据库中的数据免遭破坏，有效的备份是用于重建数据库的重要信息。

备份和恢复是两个互相联系的概念，备份就是将数据信息保存起来，而恢复则是当意外件发生或有某种需要时，将已备份的数据还原到数据库中。

8.2.1 备份与恢复概述

简单地讲，备份就是对数据库信息的复制。以 Oracle 数据库为例，备份包括控制文件、数据文件及重做日志文件等。备份数据库的目的是防止意外事件发生而造成数据库被破坏，以及恢复数据库中的数据信息。转储是指当数据文件或控制文件出现损坏时，将已备份的副本文件还原到原数据库的过程。恢复是指应用归档日志和重做日志更新副本文件到数据文件故障前的状态。

通常，Oracle 数据库有两种备份方式：物理备份和逻辑备份。

（1）物理备份。物理备份是将实际组成数据库的操作系统文件从一处复制到另一处的备份过程，通常是从磁盘复制到磁带。物理备份可以实现数据库的完整恢复，但数据库必须运行在归档模式下（业务数据库在非归档模式下运行），且需要极大的外部存储设备。物理备份又分为冷备份和热备份。使用 RMAN（恢复管理器）备份与还原 Oracle 数据库的方式属于物理备份。

（2）逻辑备份。逻辑备份是利用 SQL 语言从数据库中抽取数据并存于二进制文件中的过程。业务数据库采用此种备份方式，其不需要数据库运行在归档模式下，不但操作简单，而且不需要外部存储设备。

逻辑备份与恢复工具主要包括 EXPORT 工具（使用命令 EXP 和 EXPDP）、IMPORT 工具（使用命令 IMP 和 IMPDP）等。

RMAN 通过备份在磁带库或者磁盘上的数据来进行恢复。

根据数据备份时数据库状态的不同，可将数据库备份分为冷备份和热备份。

（1）冷备份。冷备份是将关键性文件复制到另外的位置。冷备份发生在数据库已经正常关闭的情况下，此时会提供一个完整的数据库。对于备份数据库信息而言，冷备份是最快和最安全的方法。

冷备份必须在数据库关闭的情况下进行，当数据库处于打开状态时，进行数据库文件系统备份是无效的。对物理冷备份进行恢复时，只需停掉数据库，将文件复制回相应位置，重启数据库即可，也可以用脚本来完成。

（2）热备份。当需要一个精度比较高的备份，而且数据库不可能停掉（少许访问量）时，就需要归档方式下的备份，也就是热备份。热备份可以非常精确地备份表空间级和用户级的数据，由于它是根据归档日志的时间轴来进行的，所以理论上可以恢复到前一个操作，甚至前一秒的操作。

热备份的恢复，即对于归档方式数据库的恢复要求，不但要有有效的日志备份，还要求有一个在归档方式下所做的有效的全备份。归档备份在理论上可以做到无数据丢失，但是对硬件及操作人员的要求都比较高。在使用归档方式备份时，全库物理备份也是非常重要的。归档方式下数据库的恢复，要求从全备份到失败点的所有日志都完好无缺。

数据库备份是为数据库恢复服务的，所以建立数据库备份计划之前，应先考虑是否能利用该备份有效地恢复数据（在宕机允许的时间范围内），还应考虑系统允许的恢复时间目标和恢复点目标。

常用的数据库备份计划有以下 3 种。

（1）只有全备份。

在两个全备份之间的时间段发生故障时，数据会丢失，只能恢复到上一个全备份的数据，如图 8-1 所示。

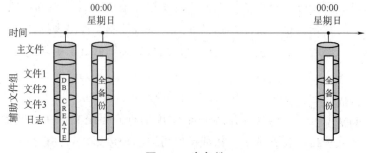

图 8-1　全备份

（2）全备份+日志备份。

在全备份之间加入日志备份，可以把备份时间点缩小到更小的粒度。可以在每天做一个全备份，每个小时或者半小时做一次日志备份。这样，如果在 23：59 发生故障，需要存储 1 个全备份和 23 个事务日志备份，则操作恢复的时间会比较长，如图 8-2 所示。

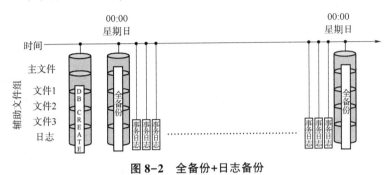

图 8-2　全备份+日志备份

（3）全备份+差异备份+日志备份。

在全备份之间加入差异备份（Differential Backup），差异备份之间有日志备份。至于选择哪一种备份策略，要根据实际的情况灵活确定，如图 8-3 所示。

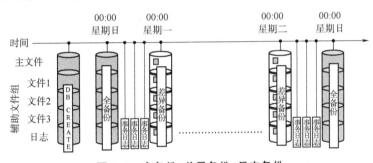

图 8-3　全备份+差异备份+日志备份

8.2.2　备份周期与存放

备份周期是指两次备份之间的时间间隔。对于企业级数据库来说，并不是备份越频繁越好，过于频繁的备份会对前端业务造成较大的影响，且备份管理员会发现后台数据量急剧增大到无法承受的地步。在确定备份周期时，可以主要考虑以下两个问题。

（1）如果没有数据库数据，企业的业务能力能支持多久？对于一些业务关键型数据，企业至少要做到一天备份一次，否则无法承担数据丢失的风险；对于另外一些重要性偏低的数据，可以选择较为宽松的备份周期，如三天备份一次或一周备份一次；对于长期不会发生变化的历史数据，可以只备份一次，但要多复制几个备份，以免备份介质损坏。

（2）数据文件的使用和更新频率怎样？如果数据文件的使用和更新频率非常高，则可以考虑每天做一次全备份，中间做几次增量备份；相反，如果数据文件的使用和更新频率不太高，则只需要每周甚至每月做一次全备份，在两次全备份之间做几次增量备份。

在时间允许的情况下，一般选择在凌晨没有用户访问数据库的时候进行数据库备份，或者选择在夜晚业务不太繁忙或者业务停顿的时候进行数据库备份，这样尽管备份时要占用较多系统资源，但对前端业务不会造成很大影响。

备份介质是系统数据进行存储或备份的载体，在选择备份介质时需要考虑 3 个方面的指标：备份经济成本、备份对前端业务的影响及备份恢复的速度。

一般而言，磁盘备份速度较高、对前端业务影响较小且备份恢复速度较高，但同时备份成本也较高。除磁盘外，还有磁带、光盘等更为便宜的备份介质，如果数据库不要求 7×24 小时业务连续运营，则可以采用磁带作为备份介质。同时，可以采用不同的备份介质来平衡成本和性能的要求。例如，先将关键业务数据备份到 SATA 磁盘中，再通过磁盘备份到磁带中。

此外，备份介质的存放需要引起高度重视，通常备份介质不会和数据库计算机放在同一机房中，以避免发生灾难时它们一同被毁坏。备份介质一般应存放在远离机房、不会被盗、不易遭到损坏的安全地方。

8.3　新技术在网络安全中的发展

8.3.1　大数据及其安全

数据成为信息时代的重要资源。随着数字化、网络化、智能化等相关信息技术的应用发展，数据的产生及获取日益方便，数据规模已超出了传统数据库存储及分析处理的能力范围，从而形成大数据的新概念。一般来说，大数据是指非传统的数据处理工具的数据集，具有海量的数据规模、快速的数据流转、多样的数据类型和较低的价值密度等。大数据的种类和来源非常多，包括结构化、半结构化和非结构化数据。大数据正在逐步影响着国家治理、城市发展、企业生产、商业变革以及个人生活。有关大数据的新兴网络信息技术应用不断出现，主要包括大规模数据分析处理、数据挖掘、分布式文件系统、分布式数据库、云计算平台、互联网和存储系统。

大数据是随着互联网（尤其是移动互联网）的普及和物联网的广泛应用而产生的。在互联网中，人人都是数据制造者。例如，在社交网络媒体上发表文章、上传照片和视频，在购物网站购物，利用搜索引擎搜索信息，利用支付宝或微信付费，都会产生大量的数据。据统计，一天内，互联网产生的全部数据至少刻满 1.68 亿张 DVD 光盘。此外，在物联网中，各类传感设备、监控设备等每天也会产生大量数据。与此同时，大数据应用也催生出一些新的、需要考虑的安全问题。

大数据已经渗透到当今每个行业和业务职能领域，成为重要的生产因素。人们对于海量数据的挖掘和运用，预示着新一波生产率增长和消费者盈余浪潮的到来。中国大数据应用技术的发展将涉及五大热点领域，包括多学科融合、人工智能、知识图谱等。目前互联网金融以及媒体领域已经大量使用大数据。

8.3.2　大数据的含义和特征

大数据也称为海量数据或巨量数据，是指数据量大到无法利用传统数据处理技术在合理的时间内获取、存储、管理和分析的数据集合。"大数据"一词除用来描述信息时代产生的海量数据外，也被用来命名与之相关的技术、创新与应用。

大数据具有海量的数据规模、快速的数据流转、多样的数据类型和较低的价值密度四大特征。

（1）海量的数据规模。2004 年，全球数据总量为 30 EB，在 2005 年达到 50 EB，在 2015 年达到 7 900 EB。根据国际数据公司（IDC）监测，全球数据量大约每两年翻一番。

数据存储单位之间的换算关系如下。

1 MB = 1 024 KB；

1 GB = 1 024 MB；

1 TB = 1 024 GB；

1 PB = 1 024 TB；

1 EB = 1 024 PB；

1 ZB = 1 024 EB。

（2）快速的数据流转。数据的产生、流转快速，而且越新的数据价值越高。这就要求对数据的处理也要快，以便能够及时从数据中发现、提取有价值的信息。

（3）多样的数据类型。数据的来源及类型多样。大数据除包括传统的结构化数据外，还包括大量的非结构化数据。其中，10% 是结构化数据，90% 是非结构化数据。

结构化数据是指可以使用二维表结构表示的数据，一般使用传统的关系数据库进行存储和管理；非结构化数据是指结构不规则，不方便使用二维表结构表示的数据，包括各类文档、网页、图像、音频、视频等。

（4）较低的价值密度。指数据量大但价值密度相对较低，挖掘数据中蕴藏的价值犹如沙里淘金。

如今，大数据在各行各业的应用无处不在，包括电商、金融、通信、物流、医疗、教育、农业、工业制造、城市管理等。相关企业和机构或自己搭建大数据平台，或与商业大数据平台（如腾讯大数据平台）合作，收集数据并挖掘数据中蕴藏的价值，从而洞察行业发展趋势、提升营销效率、优化生产流程、洞悉用户行为。

大数据技术是指使用非传统的方式对大量结构化和非结构化数据进行处理，以挖掘数据中蕴藏的价值的技术。根据大数据的处理流程，可将大数据技术分为数据采集、数据预处理、数据存储与管理、数据分析与挖掘、数据可视化展现等技术。

8.3.3　大数据面临的安全问题

如今，大数据产业在蓬勃发展的同时其安全问题日益凸显。大数据自身蕴藏的巨大价值和集中化的存储管理模式，使大数据环境成为网络攻击的重点目标，针对大数据的勒索攻击和信息泄露问题日益严重，全球大数据安全事件呈频发态势。

大数据发展与应用面临的安全挑战主要如下。

（1）数据集安全边界日渐模糊，安全保护难度提升。

（2）敏感数据泄露安全风险升高。

（3）数据失真与大数据污染安全风险升高。

（4）大数据处理平台业务连续性受到威胁。

（5）个人数据广泛分布于多个数据平台，隐私保护难度升高。

（6）数据交易安全风险升高。

（7）数据滥用现象增多。

在此背景下，大数据安全需求正在催生相关安全技术、解决方案及产品的研发和生产，但与大数据产业的发展速度相比，其安全技术领域的发展明显滞后。总体而言，大数据目前主要面临以下几个方面的安全问题。

1. 大数据平台基础组件的安全问题

大数据采用了与以往完全不同的软件产品组成平台。由于发展阶段的限制，大数据平台自身安全性不高，同时存在海量组件，极容易出现安全问题。以 Hadoop 为例，一个大数据平台至少包含 20~30 种软件，这些软件形成了非常广阔的供给面，黑客可利用供给面中的软件获得账户、密码及敏感数据，甚至整个集群的控制权。除了利用错误配置或漏洞对大数据平台实施入侵外，黑客也常利用勒索软件、挖矿软件等恶意软件攻击大数据平台。

与此同时，灰黑产对经济利益的渴求推动着大数据行业的变迁升级。随着加密货币市场热度的攀升，入侵挖矿的灰色产业随之扩大，而这种最有效的变现手段对算力不断扩大的需求，必然导致灰黑产的攻击聚焦于大数据平台。

为了应对上述安全问题，必须定期对整个大数据平台的所有组件进行安全检测和安全加固，且至少应包含漏洞检查、配置检查、木马检查及后门检查等。

2. 大数据流转中的安全问题

在大数据时代，数据作为一种特殊的资产，能够在流通和使用过程中不断创造新的价值。因此，在大数据应用场景中，数据流动是"常态"，数据静止存储才是"非常态"。可以预见，未来大数据业务环境将更加开放，业务生态将更加复杂，参与数据处理的角色也将更多元，而系统、业务、组织的边界将进一步模糊，使数据的产生、流动、处理等过程比以往更加丰富和多样。

数据频繁跨界流动，特别是在数据共享环节中，传统的数据访问控制技术无法解决跨组织的数据授权管理和数据流向追踪问题，仅靠书面合同或协议难以实现对数据接收方的数据处理活动进行实时监控和审计，极易造成数据滥用的风险，2018 年曝光的"剑桥分析"事件就是典型案例。未来，数据共享和流通将成为刚性业务需求，传统的静态隔离安全保护方法将不能满足数据流动安全防护的需求，需要通过动态变化的视角分析和判断数据安全风险，构建以数据为中心的、动态、连续的数据安全防护体系。

传统的信息安全侧重于信息内容（信息资产）的管理，更多地将信息作为企业/机构的自有资产进行相对静态的管理，无法适应业务上实时动态的大规模数据流转和大量用户数据处理的特点。

大数据的特性和新的技术架构颠覆了传统的数据管理方式，在数据来源、数据处理使用和数据思维等方面带来革命性的变化，这给大数据安全防护带来了严峻的挑战。大数据的安全不是大数据平台的安全，而是以数据为核心，围绕数据全生命周期的安全。数据在全生命周期各阶段流转过程中，在数据采集汇聚、数据存储处理、数据共享使用等方面都面临新的安全挑战。

1）大数据采集汇聚安全

在大数据环境中，随着物联网技术，特别是 5G 技术的发展，出现了各种不同的终端接入方式和各种各样的数据应用。来自大量终端设备和应用的超大规模数据源输入，对鉴别大数据源头的真实性提出了挑战：数据来源不可信、源数据被篡改都是需要防范的风险。

数据传输需要各种协议相互配合，有些协议缺乏专业的数据安全保护机制，数据源到大数据平台的数据传输可能给大数据带来安全风险。数据采集过程中存在的误差造成数据本身的失真和偏差，数据传输过程中的泄露、破坏或拦截会带来隐私泄露、谣言传播等安全管理失控的问题。因此，大数据传输中信道安全、数据防破坏、数据防篡改和设备物理安全等几个方面都需要着重考虑。

2）大数据存储处理安全

大数据平台处理数据的模式与传统信息系统处理数据的模式不同。传统数据的产生、存储、计算、传输都对应界限明确的实体（视为分段式），可以清晰地通过拓扑的方式表示。边界防护对这种分段式处理数据的方式相对有效。

在大数据平台上，采用新的处理范式和数据处理方式（MapReduce、列存储等），存储平台同时也是计算平台。采用分布式存储、分布式数据库、NewSQL、NoSQL、分布式并行计算、流式计算等技术，一个平台内可以同时采用多种数据处理模式，完成多种业务处理，这导致边界模糊，传统的安全防护方式难以奏效。

大数据平台的分布式计算涉及多台计算机和多条通信链路，一旦出现多点故障，容易导致分布式系统出现问题。此外，分布式计算涉及的组织较多，在安全攻击和非授权访问防范方面比较脆弱。由于数据被分块存储在各个数据节点，所以传统的安全防护在分布式存储方式下很难奏效，主要原因如下。

（1）数据的安全域划分无效。

（2）细粒度的访问控制机制不健全，用作服务器软件的 NoSQL 没有足够的安全内置访问控制措施，以致客户端应用程序需要内建安全措施，因此产生授权过程身份验证和输入验证等安全问题。

（3）分布式节点之间的传输网络易受到攻击、劫持和破坏，使存储数据的完整性、机密性难以保证。

（4）数据的分布式存储提高了各个存储节点暴露的风险，在开放的网络化社会，对于攻击者而言更容易找到侵入点，以相对低成本就可以获得"滚雪球"的收益，大数据平台一旦遭受攻击，损失是十分巨大的。

（5）传统的数据存储加密技术在性能和效率上很难满足高速、大容量数据的加密要求。

大数据平台的访问控制的安全隐患主要体现在：大数据应用中的用户多样性和业务场景多样性带来的权限控制多样性和精细化要求，超过了平台自身访问控制能够实现的安全级别，策略控制无法满足权限的动态性需求，传统的角色访问控制不能将角色、活动和权限有效地对应。因此，在大数据架构下的访问控制机制还需要对这些新问题进行分析和探索。

针对大数据的新型安全攻击中最具代表性的是高级持续性攻击（APT）。APT 的潜伏性和低频活跃性，使其持续性成为一个不确定的实时过程，其产生的异常行为不易被捕获。传统的基于内置攻击事件库的特征实时匹配检测技术对检测 APT 无效。大数据应用为入侵者实施可持续的数据分析和攻击提供了极好的隐藏环境，一旦攻击得手，失窃的信息量是难以估量的。

基础设施安全的核心是数据中心的设备安全，涉及传统的安全风险和特有的安全风险。特有的安全风险主要来自大数据服务所依赖的云计算技术引起的风险，以及云服务引起的商业风险等。

3）服务接口安全

由于大数据平台支撑的业务应用多种多样，对外提供的服务接口千差万别，这对攻击者通过服务接口攻击大数据平台带来机会，因此，如何保证不同的服务接口安全是大数据平台的又一巨大挑战。

4）数据挖掘分析使用安全

大数据的应用核心是数据挖掘，从数据中挖掘出高价值信息为企业所用，是大数据价值的体现。然而，使用数据挖掘技术，在为企业创造价值的同时，容易产生隐私泄露的问题。如何防止数据滥用和数据挖掘导致的数据泄露和隐私泄露问题，是大数据安全的主要挑战。

5）大数据共享使用安全

（1）数据的保密问题。频繁的数据流转和交换使数据泄露不再是一次性的事件，众多非敏感的数据可以通过二次组合形成敏感的数据，通过大数据的聚合分析能形成更有价值的衍生数据。如何更好地在数据使用过程中对敏感数据进行加密、脱敏、管控、审查等，阻止外部攻击者采取数据挖掘、根据算法模型参数梯度分析对训练数据的特征进行逆向工程推导等攻击行为，避免隐私泄露，仍然是大数据环境中的巨大挑战。

（2）数据保护策略问题。在大数据环境中，汇聚不同渠道、不同用途和不同重要级别的数据，通过大数据融合技术形成不同的数据产品，使大数据成为有价值的知识，发挥巨大作用。如何对这些数据进行保护，以支撑不同用途、不同重要级别、不同使用范围的数据充分共享、安全合规使用，确保大数据环境中高并发、多用户使用场景下的数据不被泄露、不被非法使用，是大数据安全的又一个关键性问题。

（3）数据的权属问题。在大数据场景下，数据的拥有者、管理者和使用者与传统的数据资产不同，传统的数据是属于组织和个人的，而大数据具有不同程度的社会性。一些敏感数据的所有权和使用权并没有被明确界定，很多基于大数据的分析都未考虑其涉及的隐私问题。防止数据丢失、被盗取、被滥用和被破坏存在一定的技术难度，传统的安全工具不再像以前那么有用。如何管控大数据环境中的数据流转、权属关系、使用行为和追溯敏感数据资源流向，解决数据权属关系不清、数据越权使用等问题是一个巨大的挑战。

3. 大数据中的个人隐私问题

近年来，我国网络购物、移动支付、共享经济等新兴数字产业发展迅猛，基于互联网、移动互联网、物联网的信息服务已经渗透到社会生活的方方面面。每日推荐、个人日报、免押租车等信息服务都是基于大数据技术对用户个人数据进行挖掘分析，逐步形成用户画像，进而提供定制化服务。然而，用户享受便捷服务的代价却是出让自己的个人信息安全。

在大数据应用场景下，无所不在的数据收集技术及专业化、多样化的数据处理技术，使用户难以控制其个人信息的收集情境和应用情境，用户对其个人信息的自决权利被大大削弱。特别是随着企业间的数据共享日益频繁，利用大数据的超强分析能力对多源数据进行处理，能够将经过匿名化处理的数据再次还原，导致现有数据脱敏技术"失灵"，直接威胁用户的隐私安全。

4. 大数据厂商缺乏安全意识的问题

大数据是一把双刃剑，大数据分析预测的结果对社会安全体系所产生的影响和破坏可能是无法预料和提前防范的。未来，基于大数据的智能决策将会在经济运行、社会生活、国家治理方面发挥更重要的作用，大数据可能对国家安全产生更加深远的影响。因此，必须要求从事大数据相关产业的企业和个人都从"大安全"的视角审视大数据安全问题，必须站在国家安全观的高度，严防大数据泄露可能给国家和民族带来的潜在危害和严重后果。

5. 大数据影响决策的安全问题

在信息化和工业化融合业务繁荣发展的背后，安全问题如影随形。针对大数据平台的网络攻击手段正在悄然变化，攻击目的已从单纯地窃取数据、瘫痪系统转向干预、操纵分析结果。攻击效果已从直观易察觉的系统宕机、信息泄露转向细小且难以察觉的分析结果偏差，其造成的影响已从网络安全事件上升到工业生产安全事故。

目前，基于监测、预警、响应的传统网络安全技术手段已难以应对上述网络攻击的变化发展，迫切需要进行理念创新，针对不断变化演进的网络攻击形态，设计构建更加完善的大数据平台安全保护体系，从而实现为上层跨行业、跨领域的业务应用提供基础性安全保障的目标。

8.3.4　大数据的安全策略

大数据正在成为经济社会发展的新的驱动力，日益对经济运行机制、社会生活方式和国家治理能力产生重要影响，大数据安全已经上升到国家安全的高度。在布局、鼓励和推动大数据发展与应用的同时，要提前谋划、积极应对大数据带来的安全挑战。建议从以下 3 个方面着手应对大数据面临的安全问题。

1. 建立完善的保护个人隐私的法律体系

在保护个人隐私的问题上，国外给予了相当的重视，并且制定了较为完善的法律政策。例如，美国制定了《联邦隐私权法》《电子通信隐私法》《儿童网上隐私保护法》；欧盟制定了《个人数据保护指令》《电信事业个人数据处理及隐私保护指令》《Internet 上个人隐私权保护的一般原则》等。

近些年，国内也从不同层面制定出台了加强个人隐私保护的法律法规，如《全国人民代表大会常务委员会关于加强网络信息保护的决定》《电信和互联网用户个人信息保护规定》《中华人民共和国网络安全法》《儿童个人信息网络保护规定》《个人信息出境安全评估办法》《信息安全技术 个人信息安全规范》《数据安全管理办法》《个人信息保护法》等。

但是，在大数据时代，这些保护条例或措施等尚不能很好地满足个人隐私保护的需求。因此，应根据大数据的特点及个人隐私数据的特征，建立完善的个人隐私保护法律法规，做到法律和行业规范与技术进步保持同步，从而规范各类主体对个人隐私数据的采集、存储、使用和发布。

2. 加强大数据安全标准建设

大数据安全标准是保障大数据安全、促进大数据发展的重要支撑。大数据安全标准化工作已经成为与大数据技术应用及产业发展并重的基础性工作。

国际上正在开展大数据标准化研究的工作组主要包括 ISO/IEC JTCI SC32、ISO/IECJTC1/WG9、ITU-TSG13、CSA 大数据工作组等。其中，CSA 大数据工作组对大数据安全标准方面进行研究，陆续发布了《大数据安全与隐私十大挑战》《大数据安全最佳实践》《基于大数据的安全情报分析》等大数据安全相关文件。

在国内，2014 年成立了"全国信标委大数据标准工作组"，该工作组于 2014 年 6 月发布了《大数据标准化白皮书》第 1 版，后续发布了《大数据标准化白皮书》（2018 版）。

2016 年 5 月，全国信息安全标准化技术委员会成立了"大数据安全标准特别工作组"，负责国家大数据安全标准的编制和修订工作。2017 年 12 月，全国信息安全标准化技术委员会发布了《信息安全技术 个人信息安全规范》《信息安全技术 大数据服务安全能力要求》等国家标准。

总体而言，国内大数据安全标准体系的建设还处于起步阶段，急需加强大数据安全标准相关工作，积极研究和明确我国的大数据安全标准化思路，尽快制定更多与大数据安全相关的国家标准，为我国大数据产业的健康发展保驾护航。

3. 加强大数据安全治理

在数据战日益激烈的大数据时代，数据资产的优劣已经成为组织间竞争的重要筹码，越来越多的组织开始重视数据治理，将数据治理视为组织发展的重要战略。为此，国内外的一些组织在该领域进行了相关研究与实践，并取得了一定成果。

例如，国际数据管理协会（DAMA）在其数据管理知识体系（DMBOK）中总结了数据管理的"十大职能"；数据治理研究所（DGI）从组织、规则和过程 3 个层面，总结了数据治理的十大关键要素，提出了 DGI 数据治理框架；IBM 数据治理委员会通过结合数据特性和实践经验，有针对性地提出了数据治理的成熟度模型和要素模型；国际信息系统审计协会（ISACA）提出的 COBIT5 对治理和管理作了严格的区分，是国际公认的权威信息技术管理和控制标准。2014 年 11 月，在荷兰召开的 SC40/WG1 第二次工作组会议上，中国代表提出了《数据治理白皮书》的框架设想。

大数据安全治理是一个体系化的过程，是指从零散数据的使用转变为对数据的统一使用；从缺少或缺失对组织及流程的治理，到对数据进行综合治理；从尝试梳理数据的混乱状况，到数据井井有条。大数据安全治理的作用，就是确保企业的数据资产能够得到有效的管控与使用，这需要从组织架构、原则、过程及规则等多方面将数据管理的各项职能正确地落地执行。

8.4 实战训练

8.4.1 使用 EasyRecovery 软件恢复数据文件

EasyRecovery（易恢复）是一款功能强大的数据恢复软件，它简单易用，可以恢复多方面的数据，如硬盘数据、U 盘数据、手机数据、相机数据、内存卡数据、光盘数据、Mac 数据等，其类型涵盖办公文档、电子邮件、照片、音频和视频文件等，如图 8-4 所示。此外，它还可以监控硬盘的运行状况，支持各种存储介质的数据恢复。

硬盘中的数据按照其不同的特点和作用大致可分为 5 个部分：主引导扇区（MBR）、操作系统引导扇区（OBR）、文件分配表（FAT）、目录区（DIR）和数据区（DATA）。数据区才是真正意义上的数据存储区，它位于目录区之后，占据硬盘中的大部分数据空间。通常所说的删除文件、格式化分区和重新划分分区，并没有把数据区的数据清除，只是重写了目录区、文件分配表或主引导扇区，这就是恢复硬盘数据的技术基础。

当误删除数据、误格式化某分区或对硬盘重新划分分区后，如果希望恢复数据，就不要

硬盘数据恢复

Mac数据恢复

U盘数据恢复

移动硬盘数据恢复

相机数据恢复

MP3/MP4数据恢复

光盘数据恢复

RAID数据恢复

电子邮件恢复

其他类型文件恢复

图 8-4　EasyRecovery 软件数据恢复类型

再在相关分区上进行读写数据的操作，否则会覆盖数据区中某些原来的数据。数据区一旦被破坏，要完整地恢复数据就很困难了。如果要恢复的分区是系统启动分区，那么应该马上退出系统，使用另外的硬盘启动系统。

EasyRecovery 软件能够恢复丢失的数据以及重建文件系统。EasyRecovery 软件不会向原始驱动器写入任何内容，它主要是在内存中重建文件分区表，使数据能够安全地传输到其他驱动器中。用户可以从被破坏或已经格式化的硬盘中恢复数据。

下面介绍安装 EasyRecovery 软件和使用 EasyRecovery 软件恢复数据的具体操作步骤。

步骤 1：安装 EasyRecovery 软件。

打开"安装向导"对话框，单击"下一步"开始安装，如图 8-5 所示。

图 8-5　"安装向导"对话框

进入"选择安装位置"界面，选择安装的具体路径，单击"下一步"按钮，如图 8-6 所示。

进入"选择开始菜单文件夹"界面，创建程序快捷方式，单击"下一步"按钮，如图 8-7 所示。

进入"选择附加任务"界面，选择是否创建桌面快捷方式等，单击"下一步"按钮，如图 8-8 所示。

进入"安装准备完毕"界面，单击"安装"按钮，如图 8-9 所示。

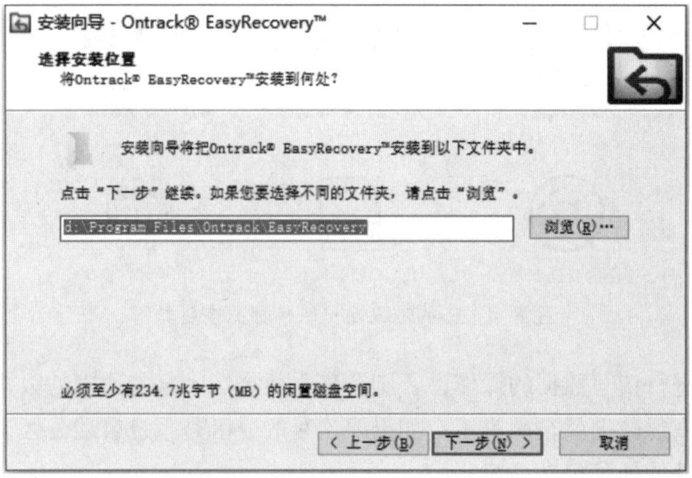

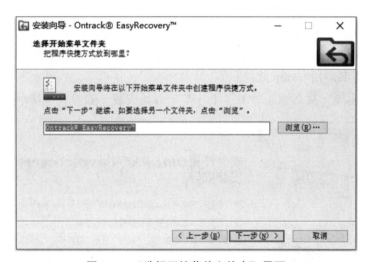

图 8-6　"选择安装位置"界面

图 8-7　"选择开始菜单文件夹"界面

图 8-8　"选择附加任务"界面

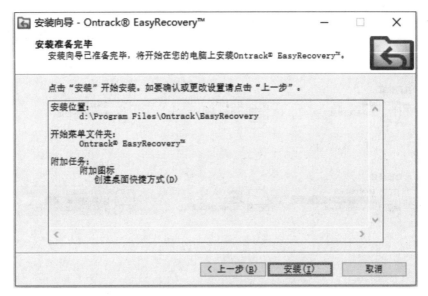

图 8-9　"安装准备完毕"界面

步骤 2：安装完毕后，运行 EasyRecovery 软件，出现"选择恢复内容"界面，包括"全部""文档、文件夹和电子邮件""多媒体文件" 3 个模块内容，此处勾选全部复选框，然后单击"下一步"按钮，如图 8-10 所示。

图 8-10　"选择恢复内容"界面

步骤 3：出现"从恢复"界面，此处选择 E 盘，然后单击"扫描"按钮，如图 8-11 所示。

步骤 4：开始扫描文件并显示扫描进度，如图 8-12 所示。

步骤 5：扫描完毕，显示扫描结果提示框，单击"关闭"按钮，如图 8-13 所示。

图 8-11 "从恢复"界面

图 8-12 扫描界面

步骤 6：从扫描结果列表中选择目标文件，然后单击"恢复"按钮，如图 8-14 所示。

步骤 7：在弹出的恢复对话框中指定要将目标文件恢复到的位置，然后单击"保存"按钮即可将其恢复。

图 8-13　扫描完成界面

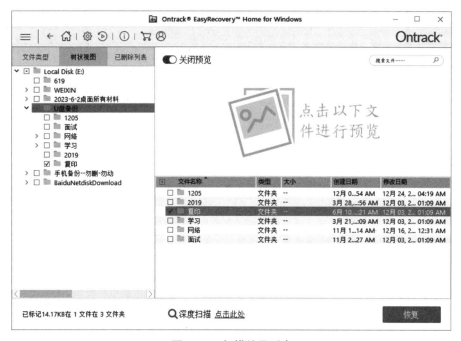

图 8-14　扫描结果列表

8.4.2　使用深信服企业级数据备份与恢复系统实现备份配置和恢复配置

数据备份与恢复系统是深信服科技股份有限公司研发的集备份、恢复于一体的软件产品，它提供了整机备份、整机定时备份、接管、恢复等功能。深信服企业级数据备份与恢复系统全面支持各操作系统版本（Windows 和 Linux）、虚拟化平台、超融合平台、数据库和服务器中运行的各类业务系统。

备份功能基于快照的整机备份+增量/差异备份技术，对客户端整机数据先做一次完整备份，后续根据设定的备份计划对客户端数据做增量/差异备份，仅备份有改变的数据，极大地减小了备份的数据总量，同时由于备份数据量的减小，通过网络传输的数据大幅减少，对网络带宽的影响被降到很低。

1. 备份配置

（1）选择需要备份的主机，选择"新建备份计划"选项，如图 8-15 所示。

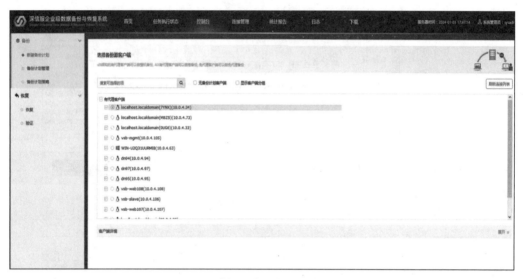

图 8-15 选择"新建备份计划"选项

（2）在客户端列表中，选择需要创建备份计划的客户端，然后单击"下一步"按钮，如图 8-16 所示。

图 8-16 选择需要创建备份计划的客户端

（3）选择备份策略，如图 8-17 所示。

（4）根据需要进行备份数据空间清理、备份资源占用及数据传输方式等设置，设置完成后，单击"下一步"按钮，如图 8-18 所示。

（5）根据需要上传开始备份时需要执行的脚本，上传".zip/.tar.gz"格式压缩包，并指定可执行文件名称、执行参数、执行路径以及解压路径，单击"下一步"按钮，如图 8-19 所示。

（6）单击"完成"按钮，如图 8-20 所示。

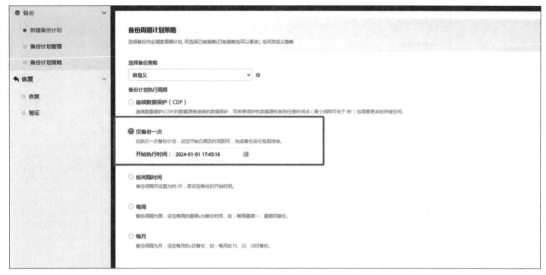

图 8-17　选择备份策略

图 8-18　进行备份设置

（7）单击"完成设置"按钮，将会创建备份计划，单击"立即备份"按钮，将创建备份计划任务并立即备份，如图 8-21 所示。

（8）新建备份计划成功后，可在任务执行状态中查看任务执行情况，或在"备份计划管理"界面中管理已创建的备份计划，如图 8-22 所示。

2. 恢复配置

1）文件恢复

使用文件恢复功能可以对卷、整机数据进行文件级恢复。文件恢复是为用户选择的备份点生成一个访问地址，并生成访问用户名及密码，用户用正确的用户名和密码以资源管理器的方式打开备份点，将需要的文件及文件夹复制出来。文件恢复同时支持以 NFS 方式访问文件，在网页中完成浏览文件的功能，并且可以将相应的文件下载。系统管理员登录后，打开"恢复"界面，选择恢复目标机及其对应时间点，单击"文件恢复"按钮，如图 8-23 所示。

选择需要恢复的时间点，单击生成的 URL 或者使用共享访问链接的方式进入文件恢复界面，如图 8-24 所示。

设置共享访问，输入共享访问地址，输入账户和密码，进入共享文件夹，如图 8-25 所示。

新建备份   ✕

备份执行脚本
开始备份时，需要执行的脚本。上传为.zip/.tar.gz格式压缩包，并指定运行该压缩包中的可执行文件或脚本。

可执行文件名：

执行参数：

执行路径：

解压路径：

上传压缩包

                                                                            选择文件

☑ 忽略脚本执行异常

                                                        «上一步   下一步»

图 8-19   上传备份执行脚本

新建备份   ✕

计划名称	备份mysql(172.29.16.3)2022-08-31
备份存储设备	本地存储ebd17822-6714-45e7-8187-d6a6cf76a8f7（可用：540.86GB）
备份类型	整机备份
备份源	mysql(172.29.16.3)
备份周期	连续数据保护（CDP），开始时间：2022-08-31 15:21:48
备份数据保留期限	1个月
至少保留备份点	5个
配额空间保留	200GB
连续数据保护(CDP)数据保留窗口时长	2天
超期合并时间点	23:55:00
连续数据保护(CDP)方式	业务优先
备份时限定占用的最大网络带宽	300Mbit/s
传输数据方式	不加密
备份方式	仅第一次进行完整备份，以后增量备份
源机数据区分析	智能分析
启用操作系统重复数据删除	是
启用备份重试策略	-
备份源存储读取队列深度	2
排除的磁盘	-

                                                        «上一步   完成

图 8-20   单击"完成"按钮

图 8-21 单击"完成设置"和"立即备份"按钮

图 8-22 "备份计划管理"界面

图 8-23 文件恢复

2）整机有代理恢复

有代理恢复指的是由安装了深信服企业级数据备份与恢复系统客户端程序（Agent 客户端程序）的客户端进行恢复。选择用户需要的目标客户端（有代理恢复是对目标客户端的整体磁盘覆盖，用户需考虑清楚覆盖目标机是否有不利的影响）后，深信服企业级数据备份与恢复系统会自动连接目标机。

（1）在系统管理员登录后，单击"控制台"按钮，在"恢复"界面选择主机，选择需要恢复的备份点，单击"整机恢复"按钮，如图 8-26 所示。

（2）选择需要恢复的时间点，选择已经安装 Agent 客户端程序的计算机作为恢复目标机，选择还原时间点，如图 8-27 所示。

（3）配置恢复后主机的 IP 地址，选择需要恢复的磁盘，确认恢复主机，以免误操作，如图 8-28 所示。

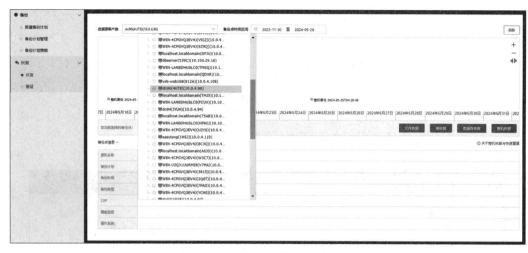

图 8-24　选择需要恢复的时间点

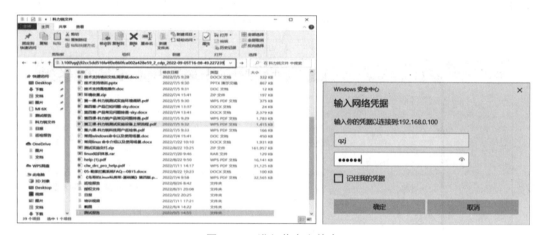

图 8-25　进入共享文件夹

图 8-26　单击"整机恢复"按钮

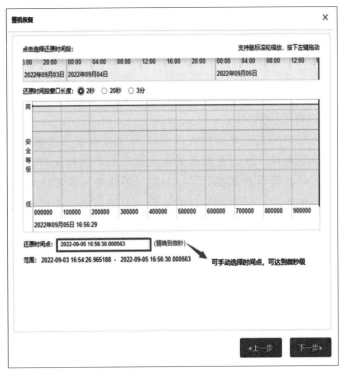

图 8-27　选择还原时间点

图 8-28　整机恢复高级设置

素养提升

《"十四五"大数据产业发展规划》解读

工业和信息化部发布《"十四五"大数据产业发展规划》（以下简称《规划》），为便于理解《规划》内容，做好贯彻实施工作，现就相关问题解读如下。

1.《规划》出台的背景和意义

当前，数据已成为重要的生产要素，大数据产业作为以数据生成、采集、存储、加工、分析、服务为主的战略性新兴产业，是激活数据要素潜能的关键支撑，是加快经济社会发展质量变革、效率变革、动力变革的重要引擎。面对世界百年未有之大变局、新一轮科技革命和产业变革深入发展的机遇期，世界各国纷纷出台大数据战略，开启大数据产业创新发展新赛道，聚力数据要素多重价值挖掘，抢占大数据产业发展制高点。

党中央、国务院高度重视大数据产业发展，推动实施国家大数据战略。习近平总书记就推动大数据和数字经济相关战略部署、发展大数据产业多次做出重要指示。工业和信息化部会同相关部委建立大数据促进发展部际联席会议制度，不断完善政策体系，聚力打造大数据产品和服务体系，积极推进各领域大数据融合应用，培育发展大数据产业集聚高地。经过 5 年的努力，我国大数据产业快速崛起，逐步发展成为支撑经济社会发展的优势产业，数据资源"家底"更加殷实，数据采集、传输、存储基础能力显著提升，大数据产品和服务广泛普及，特别是在疫情防控和复工复产中发挥了"急先锋"和"主力军"的作用。

"十四五"时期是我国工业经济向数字经济迈进的关键期，对大数据产业发展提出了新的要求。《中华人民共和国国民经济和社会发展第十四个五年规划和 2035 年远景目标纲要》（以下简称《国家"十四五"规划纲要》）围绕"打造数字经济新优势"，做出了培育壮大大数据等新兴数字产业的明确部署。为深入落实党中央、国务院决策部署，凝聚各方共识，敏锐地抓住数字经济发展的历史机遇，更好地推进大数据产业高质量发展，特制定出台《规划》，作为未来 5 年大数据产业发展工作的行动纲领。

2.《规划》的总体考虑

《规划》以习近平新时代中国特色社会主义思想为指导，全面贯彻党的十九大和十九届二中、三中、四中、五中、六中全会精神，立足新发展阶段，完整、准确、全面地贯彻新发展理念，构建新发展格局，统筹问题导向和目标导向，统筹短期目标和中长期目标，统筹全面规划和重点部署，聚焦突出问题和明显短板，充分激发数据要素价值潜能，夯实产业发展基础，构建稳定高效的产业链，统筹发展和安全，培育自主可控和开放合作的产业生态，打造数字经济发展新优势，为建设制造强国、网络强国、数字中国提供有力支撑。

一是释放数据要素价值。数据是新时代重要的生产要素，是国家基础性战略资源。大数据产业提供全链条大数据技术、工具和平台，深度参与数据要素"采、存、算、管、用"全生命周期活动，是激活数据要素潜能的关键支撑。《规划》坚持数据要素观，以释放数据要素价值为导向，推动数据要素价值的衡量、交换和分配，加快大数据容量大、类型多、速度高、精度高、价值高等特性优势转化，支撑数据要素市场培育，激发产业链各环节潜能，以价值链引领产业链、创新链，推动产业高质量发展。

二是做强做优做大产业。产业基础是产业形成和发展的基本条件，产业链是产业发展的根本和关键，打好产业基础高级化、产业链现代化的攻坚战不仅是"十四五"时期产业发展的必然要求，更是支撑产业高质量发展的必要条件。《规划》坚持固根基、扬优势、补短板、强弱项并重，围绕产业基础高级化的目标，坚持标准先行，突破核心技术，适度超前统筹建设通信基础设施、算力基础设施和融合基础设施等新型基础设施，筑牢产业发展根基。围绕产业链现代化的目标，聚焦产业数字化和数字产业化，在数据生成、采集、存储、加工、分析、服务、安全、应用各环节协同发力、体系推进，打好产业链现代化攻坚战。

三是推动产业生态良性发展。任何产业要实现高质量发展都离不开优质的企业主体、全面的公共服务、扎实的安全保障。经过 5 年的培育，大数据产业协同互促的发展生态初步形成，但是距离支撑高质量发展仍存在一定差距。《规划》坚持目标导向和问题导向，培育壮大企业主体，优化大数据公共服务，推动产业集群化发展，完善数据安全保障体系，推动数据安全产业发展，为产业高质量发展提供全方位支撑。

3.《规划》的主要内容和重点

《规划》在延续"十三五"规划关于大数据产业定义和内涵的基础上，进一步强调了数据要素价值。《规划》总体分为 5 章，具体内容可以概括为"3 个 6"，即 6 项重点任务、6 个专项行动、6 项保障措施。

其中，6 项重点任务如下。一是加快培育数据要素市场。围绕数据要素价值的衡量、交换和分配全过程，着力构建数据价值体系、健全要素市场规则、提升数据要素配置作用，推进数据要素市场化配置。二是发挥大数据特性优势。围绕数据全生命周期关键环节，加快数据"大体量"汇聚，强化数据"多样化"处理，推动数据"时效性"流动，加强数据"高质量"治理，促进数据"高价值"转化，将大数据特性优势转化为产业高质量发展的重要驱动力，激发产业链各环节潜能。三是夯实产业发展基础。适度超前部署通信、算力、融合等新型基础设施，提升技术攻关和市场培育能力，发挥标准引领作用，筑牢产业发展根基。四是构建稳定高效的产业链。围绕产业链各环节，加强数据全生命周期产品研发，创新服务模式和业态，深化大数据在工业领域的应用，推动大数据与各行业深度融合，促进产品链、服务链、价值链协同发展，不断提升产业供给能力和行业赋能效应。五是打造繁荣有序的产业生态。发挥龙头企业引领支撑、中小企业创新发源地作用，推动大中小企业融通发展，提升协同研发、成果转化、评测咨询、供需对接、创业孵化、人才培训等大数据公共服务水平，加快产业集群化发展，打造资源、主体和区域协同的产业生态。六是筑牢数据安全保障防线。坚持安全与发展并重，加强数据安全管理，加大对重要数据、跨境数据安全的保护力度，提升数据安全风险防范和处置能力，做大做强数据安全产业，加强数据安全产品研发应用。

《规划》的主要亮点可以归纳为"三新"。一是顺应新形势。"十四五"时期，我国进入由工业经济向数字经济大踏步迈进的关键时期，经济社会数字化转型成为大势所趋，数据上升为新的生产要素，数据要素价值释放成为重要命题，贯穿《规划》始终。二是明确新方向。立足推动大数据产业从培育期进入高质量发展期，在"十三五"规划提出的产业规模 1 万亿元目标的基础上，提出"到 2025 年年底，大数据产业测算规模突破 3 万亿元"的增长目标，以及数据要素价值体系、现代化大数据产业体系建设等方面的新目标。三是提出新路径。为推动大数据产业高质量发展，《规划》提出了"以释放数据要素价值为导向，以做大做强产业本身为核心，以强化产业支撑为保障"的路径设计，增加了培育数据要素市场、发挥大数据特性优势等新内容，将"新基建"、技术创新和标准引领作为产业基础能力提升的着力点，将产品链、服务链、价值链作为产业链构建的主要构成，实现数字产业化和产业数字化的有机统一，并进一步明确和强化了数据安全保障。

4. 《规划》在加快培育数据要素市场方面的举措

数据是新时代重要的生产要素，是国家基础性战略资源，这已成为全球共识。我国高度重视数据要素市场培育。十九届四中全会提出将数据作为生产要素参与分配，《关于构建更加完善的要素市场化配置体制机制的意见》和《建设高标准市场体系行动方案》明确提出"加快培育数据要素市场"。《国家"十四五"规划纲要》对完善数据要素产权性质、建立数据资源产权相关基础制度和标准规范、培育数据交易平台和市场主体等做出战略部署。广东、江苏等地就数据要素市场培育开展积极探索，深圳、天津、贵州等地在数据立法、确权、交易等方面已经取得了有益进展。

大数据产业作为以数据生成、采集、存储、加工、分析、服务为主的战略性新兴产业，提供全链条技术、工具和平台，孕育数据要素市场主体，深度参与数据要素全生命周期活动，是激活数据要素潜能的关键支撑，是数据要素市场培育的重要内容。推进我国数据要素市场建设，既对提升大数据产业基础能力和产业链现代化水平提出了更高要求，也为大数据产业发展带来更广阔、更丰富的价值空间。

为了充分发挥大数据产业在加快培育数据要素市场中的关键支撑作用，《规划》围绕数据要素价值的衡量、交换和分配全过程，重点部署以下工作。一是建立数据价值体系，制定数据要素价值评估指南，开展评估试点，为数据要素进入市场流通奠定价值基础。二是健全要素市场规则，发展数据资产评估、交易撮合等市场运营体系，鼓励企业参与数据交易平台建设，创新数据交易模式，建立健全风险防范处置、应急配置等机制。三是提升要素配置作用，加快数据要素化，培育数据驱动的产融合作、协同创新等新模式，推动要素数据化，促进数据驱动的传统生产要素合理配置。

5. 《规划》提出"发挥大数据特性优势"的原因

在党中央、国务院的坚强领导下，工业和信息化部联合相关部门，共同推动我国大数据产业发展取得了显著成效，市场规模快速扩大，产业基础实力增强，产业链初步形成，生态体系持续优化，应用价值链的广度和深度不断拓展。同时，大数据产业仍存在数据壁垒突出、碎片化问题严重等瓶颈约束，全社会大数据思维仍未形成，大数据容量大、类型多、速度高、精度高、价值高的"5 V"特性未能得到充分释放。

为了更好地引导支持大数据产业发展，需要从根本上遵循大数据的自然特性和发展规律，鼓励研发释放"5 V"特性的技术工具，探索符合"5 V"特性的模式路径，破解制约"5 V"特性发挥的堵点难点，以产业高水平供给实现数据高价值转化。经过研究论证，推动大数据"5 V"特性发挥需与产业发展的汇聚、处理、流动、治理与应用等核心环节紧密结合，多维度提升适应"5 V"特性的发展水平和能力。例如，对于"大体量"数据增长速度，需要适度超前部署数据采集汇聚的基础设施；对于"多样化"数据处理，需要大数据技术和应用不断创新；对于保护数据"时效性"价值，需要畅通数据高速流动、实时共享的渠道；对于保障数据"高质量"可用，需要提升数据管理能力；对于促进数据"高价值"转化，需要注重引导数据驱动的新应用、新模式发展。

基于上述考虑，《规划》提出"发挥大数据特性优势"，坚持大数据"5V"特性与产业高质量发展统一，通过"技术应用+制度完善"双向引导，重点推进"大体量"汇聚、"多样性"处理、"时效性"流动、"高质量"治理、"高价值"转化等各环节协同发展，鼓励企业探索应用模式，推广行业通用发展路径，建立健全符合规律、激发创新、保障底线的制度体系，实现大数据产业发展和数据要素价值释放互促共进。

6. 《规划》在构建稳定高效的大数据产业链方面的举措

国际格局的深刻调整给我国大数据产业链的稳定发展带来了不确定因素，同时也孕育着新的机遇。必须站在国家战略安全的高度，做大做强优势领域，聚焦薄弱环节补足短板，防范和化解可能面临的挑战，保障大数据产业链安全、稳定、高效。

在"十三五"时期，工业和信息化部会同相关部门共同努力，推动大数据产业发展取得长足进步，围绕"数据资源、基础硬件、通用软件、行业应用、安全保障"的大数据产品和服务体系初步形成，覆盖数据生成、存储、加工、分析、服务全周期的产业链初步建立，大数据应用广泛渗透到千行百业并已有众多成功案例，大数据产业逐渐成为国民经济中新的增长点。但发展过程中也显现出诸多不足，如在大数据分析、治理、安全等关键环节仍然缺乏可用、可信、可管的大数据产品和服务，预测性、指导性深层次应用缺乏，无法满足各级政府、社会组织和广大民众更高层次的需求。

《规划》坚持安全与发展并重，围绕破解关键产品和服务供给不足、应用层次不深、安全保障体系不健全等问题，推动产业链做优做强，重点部署了以下内容。一是打造高端产品链，建立大数据产品图谱，提升全链条大数据产品质量和水平。二是创新优质服务链，加快数据服务向专业化、工程化、平台化发展，创新大数据服务模式和业态，发展第三方大数据服务产业，培育优质大数据服务供应商。三是优化工业价值链，培育专业化、场景化大数据解决方案，构建多层次工业互联网平台体系，培育数据驱动的制造业数字化转型新模式、新业态。四是延伸行业价值链，加快建设行业大数据平台，打造成熟行业应用场景，推动大数据与各行业各领域深度融合，充分发挥大数据的乘数效应和倍增作用。

7. 下一步如何推动《规划》落实

（1）组织宣贯培训。面向地方各级工业和信息化主管部门、事业单位、大数据企业和行业应用企业等，详细解读和宣贯《规划》内容。

（2）建立推进机制。会同工业和信息化部相关司局以及业内外资深专家等组建推进工作机制，与各地工业和信息化主管部门做好对接，建立纵向联动、横向协同的推进工作机制，确保落实重点任务，及时沟通信息、交流经验。

（3）分解落实任务。抓紧制定形成可落地、可执行的重点任务分工表，落实推进责任。鼓励和指导地方工业和信息化主管部门结合区域特点，提出适合本地区实际情况的政策措施。

（4）开展试点示范。持续组织开展大数据产业发展试点示范项目、DCMM贯标，鼓励有条件的地方、行业和工业企业围绕技术创新、融合应用、数据治理、生态培育等重点任务先行先试，按照边试点、边总结、边推广的思路，探索可复制、可推广的实施路径和模式。

（来源：工业和信息化部网站）

 综合练习

一、单选题

1. 灾难恢复中最昂贵但恢复速度最高的方式是（　　　　）。

A. 本地备份恢复　　　　　　　　　B. 异地容灾恢复

C. 冷备份恢复　　　　　　　　　　D. 热备份恢复

2. 在一个以星期为周期的备份策略中，如果在星期六系统遭到意外破坏，则以下哪项

恢复策略是合理的？（　　　）

　　A. 仅使用星期一的完全备份进行恢复

　　B. 使用星期一的完全备份和星期五的累计备份进行恢复

　　C. 使用星期一的完全备份和星期一到星期五的所有增量备份进行恢复

　　D. 仅使用星期五的累计备份进行恢复

　　3. 在灾难恢复中，关于 RAID 技术的描述正确的是（　　　）。

　　A. RAID 0 提供了最高的磁盘容量利用率

　　B. RAID 1 提供了数据冗余，但没有提高读写性能

　　C. RAID 5 需要至少 3 块磁盘

　　D. RAID 6 提供了双数据冗余，但降低了写性能

二、简答题

1. 简述灾难恢复的基本步骤。

2. 简述灾难恢复的要素和指标。

三、操作题

　　下载、安装、运行 EasyRecovery 软件，恢复数据文件，对自己的 U 盘中的文件（也可以是自己的计算机中的文件）进行恢复。

M学习评价

知识巩固与技能提高（40分）				得分：
计分标准：得分＝5×单选题正确个数＋3×简答题正确个数＋19×操作题正确个数				
学生自评（20分）				得分：
计分标准：初始分＝2×A 的个数＋1×B 的个数＋0×C 的个数 得分＝初始分÷22×20				
专业能力	评价指标	自测结果		要求（A 掌握；B 基本掌握；C 未掌握）
灾难恢复	1. 灾难恢复的定义 2. 灾难恢复计划 3. 灾难恢复要素	A☐ B☐ C☐ A☐ B☐ C☐ A☐ B☐ C☐		理解灾难恢复的定义
数据库的备份与恢复	1. 备份方式 2. 数据备份 3. 备份周期与存放	A☐ B☐ C☐ A☐ B☐ C☐ A☐ B☐ C☐		掌握数据库的备份方式
大数据	1. 大数据的定义 2. 大数据面临的安全问题 3. 大数据的安全策略	A☐ B☐ C☐ A☐ B☐ C☐ A☐ B☐ C☐		理解大数据的定义和特征
实战训练	1. 数据恢复 2. 整机备份	A☐ B☐ C☐ A☐ B☐ C☐		掌握数据恢复与备份的基本工具； 使用数据恢复软件进行实操
小组评价（20分）				得分：
计分标准：得分＝10×A 的个数＋5×B 的个数＋3×C 的个数				
团队合作	A☐ B☐ C☐	沟通能力		A☐ B☐ C☐
教师评价（20分）				得分：
教师评语				
总成绩		教师签字		

参 考 文 献

［1］邓春红. 网络安全原理与实务 ［M］. 北京：北京理工大学出版社，2021.

［2］马利. 计算机网络安全 ［M］. 北京：清华大学出版社，2023.

［3］穆德恒. 网络安全运行与维护 ［M］. 北京：北京理工大学出版社，2021.

［4］胡道元. 网络安全 ［M］. 北京：清华大学出版社，2004.

［5］鲁立. 网络安全技术项目引导教程 ［M］. 北京：水利水电出版社，2012.